落ち葉は、昔から堆肥や育苗床土に利用されてきた。そこには、植物に親和性のある微生物が数多く生息しているという（撮影　赤松富仁）

八〇歳過ぎても、山の落ち葉で腐葉土づくり

たばこ栽培がさかんだった福島県三春町では、昔は落ち葉をたばこ栽培の温床づくりに利用していた。たばこの育苗が終わると、一年ほど積んで堆肥にする。渡辺一久さんも、落ち葉をたばこ栽培に利用していたが、三〇年ほど前からは、腐葉土をつくって販売している。ナラ、クヌギの林で落ち葉を集めて山積みにし、一年間雨ざらしにしておくと、自然に良質の腐葉土ができる。

撮影　倉持正実

山に１年おいて、腐熟途中の落ち葉

粉砕された落ち葉はふるいにかけられる

「腐葉土製造機」にかける。古い脱穀機を利用して自分でつくったもの

袋を閉じる器具も自分でつくった

１センチ目のふるいにかけたあとの腐葉土。地元の園芸店などで販売されており、いい苗ができると評判

生ごみで堆肥づくり

大阪府豊中市の門田幸代さんは、土のう袋を利用して、生ごみを堆肥にする方法を思いついた。うまく発酵させるために落ち葉などで「種」をつくり、その中に生ごみと米ぬかを混ぜる

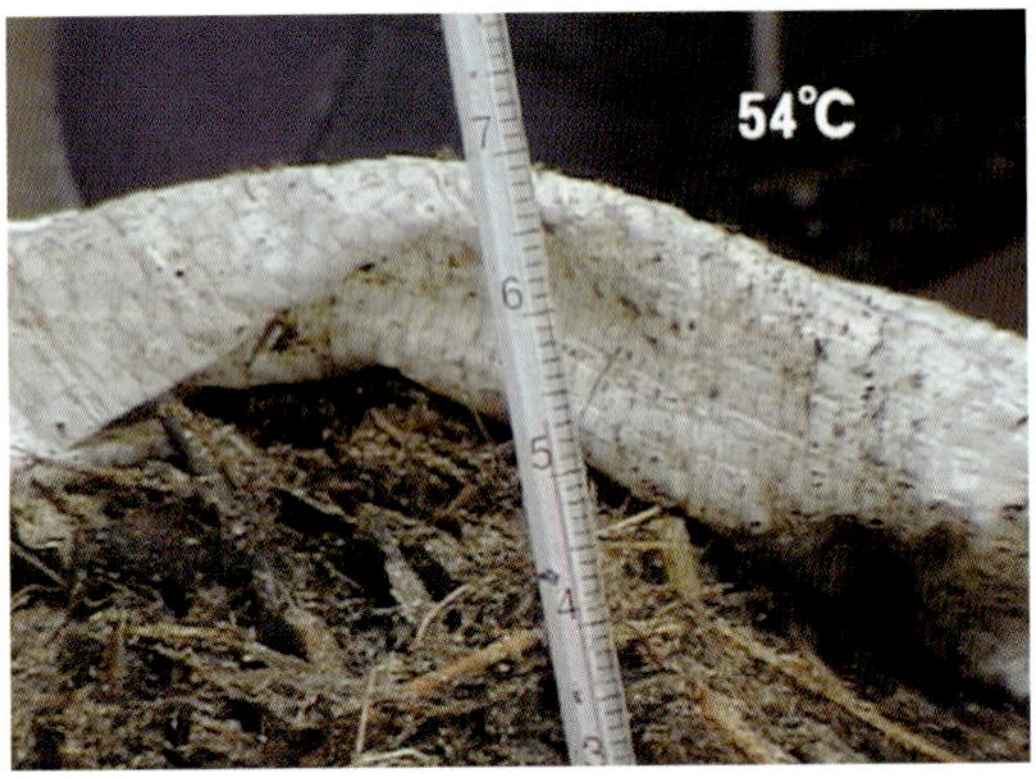

発酵がすすむと50℃以上になる

空気が入るように、レンガなどの上におく

門田幸代さん

土に埋めて熟成させる。埋める場所がないときは、袋の中に土を加えて2か月ほどおく

詳細は本文二一二頁～をご覧ください

生ごみをコンポストに変えるシマミミズ

神奈川県相模原市の関野てる子さん（相模浄化サービス）は、生ごみを堆肥化するミミズコンポスト容器、「みみ蔵」を開発した

ミミズの糞。ミミズの体内を通った生ごみは、きわめて肥沃な土に変わる

ミミズコンポスト容器の内部の様子。できるだけ新鮮な生ごみを与えるのがポイント

福島県三春町・佐久間いつ子さんの生ごみ堆肥。学校給食の生ごみ、わら、野菜くず、米ぬか、草、ボカシ、苦土石灰をまぜて堆積しておく。1年中つくれて低コスト

堆肥をマルチのように表面におく

撮影　赤松富仁　協力　中村好男氏

下葉も元気な原さんのトマト。ハダニ防除に殺虫剤を1回かけただけで、殺菌剤はかけていない。原さんの観察によると、「ハモグリバエは、堆肥でふえたクモだかダニだかが蛹を食べてしまうみたいだ」。堆肥マルチを始めてから病気や害虫が少なくなった

トゲダニ

ヤスデ

ワラジムシ：腐熟のすすんだ有機物を食べる

ムカデ

クモ

トビムシ：有機物も食べるが、菌をおもに食べる。体長1～2mm

ミミズの糞と堆肥が混ざっている

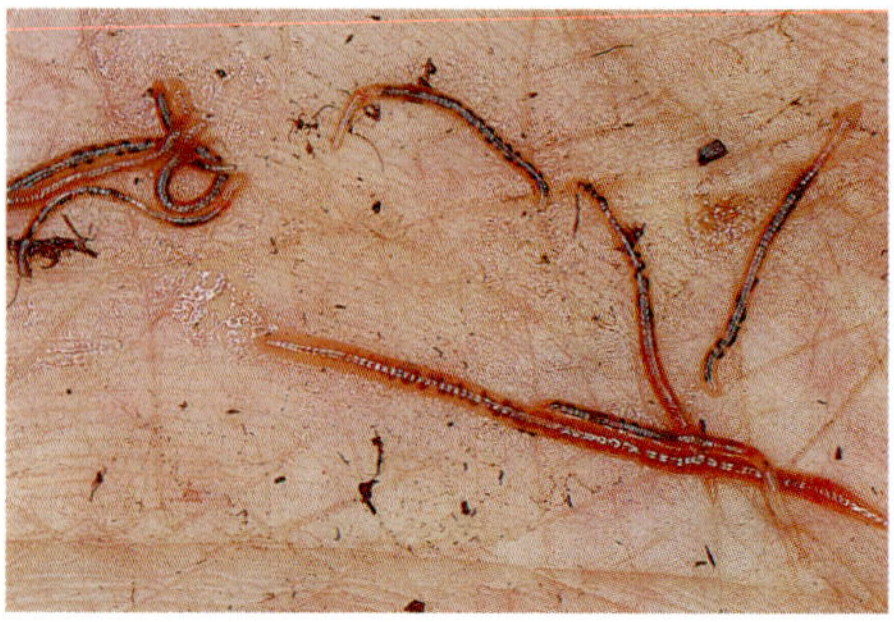

小さいのはヒメミミズで、長いのはツリミミズだと思われる

和歌山県でトマトを栽培する原眞治さん。7月にトマトの苗を定植し、9月に株元のかん水チューブの上に堆肥を反当1tくらいおいた。堆肥が乾燥しないように、さらにその上からポリマルチをかぶせている

きのこが生える畑はよくできる、作物が病気がでない

茨城県のきゅうり名人、松沼憲治さんのハウス。連年、もみがらと鶏糞の堆肥を入れている（撮影 橋本紘二）

足元にきのこが見える。松沼さんの記録写真には、11年前から畑にきのこが見える。かん水チューブの近くなど湿ったところから発生

和歌山県御坊市・瀬川和哉さんのハウスミニトマトにもきのこが生えてきた。茶殻とトマト残渣を投入している（撮影 赤松富仁）

大分県緒方町・西文正さんの露地ナス畑（7月下旬）。「きのこの生えた年ほどナスがよくできる」という。バーク中熟堆肥と、米ぬかボカシを使用（撮影　赤松）

千葉県沼南町・杉野光明さんのナシ園。「10年以上前からの馬糞堆肥5t投入と、5年前からのライ麦緑肥の成果でしょう」

山梨市のぶどう農家・野沢昇さん。米ぬかを全面にちらすと、白いカビ？が生える。灰色かび病がとまり、ぶどうの糖度があがったという

団地の落ち葉で堆肥づくり

横浜市青葉区では宅地開発が進んでいる。雑木林の落ち葉で堆肥づくりをしてきた徳江昭雄さんのところでも、丘陵地の雑木林がなくなった。遠くても落ち葉が集められる山を買わなければと思っていたとき、団地の住民から「落ち葉が困るほど出る」と教えられ、管理組合が集めた落ち葉を引き取るようになった

昭雄さんは野菜、奥さんは花づくりをしている

400袋ほどの落ち葉を無償で引き取った。団地側も焼却費用がかからず、お互いに都合がよい

落ち葉の半分は堆肥にし、残り半分は敷きわら代わりに使う

11人の仲間と、多摩プラザ駅前のJAの倉庫を借りて、直売所をつくった。朝採りの野菜は、開店後すぐに売れてしまう（撮影　橋本紘二）

大分県緒方町でトマトやナスを栽培する西文正さん。繁殖牛も飼っているので、牛糞とバーク（樹皮）で堆肥をつくり、たっぷりと畑に入れている（撮影　赤松富仁）

一万年以上つづく農耕の歴史の中で、化学肥料が登場したのは、一〇〇年ほど前のことである。それまでは、肥料というのは、家畜や人間の糞尿、草、落ち葉、わら、灰、緑肥、石灰、泥土などであった。野菜など栽培する作物が多様になってくると、扱いにくい糞尿と腐りにくいわらなどを組み合わせて、堆肥をつくるようになった。やがて、近代化の進展によって、農耕用の牛馬を飼う農家もいなくなり、重労働である堆肥づくりは次第におこなわれなくなった。畜産農家をのぞいて、堆肥を自分でつくるという人はわずかである。

化石燃料や鉱物資源の乱用が許されなくなった現代では、有機物やミネラルを循環させる堆肥の価値が見直されている。生ごみを堆肥化して、家庭菜園に利用したいと考える消費者も少なくない。ただ、生ごみにしても、有機廃棄物にしても、そんなに簡単にリサイクルできるわけではない。堆肥化の過程で、逆に資源やコストが高くつく場合もある。先人の知恵を生かしながら、個々の実情にあった新しい方法を見つけることが求められている。本書は、その試みのひとつである。

生ごみコンポスト

身近な素材——なんでもリサイクル
堆肥
とことん活用読本

カラーページ

Part 5 堆肥づくりの原理・素材の性質

あっちの話　こっちの話

レイアウト・組版　ニシ工芸株式会社

Part 1
身近な素材で堆肥づくり

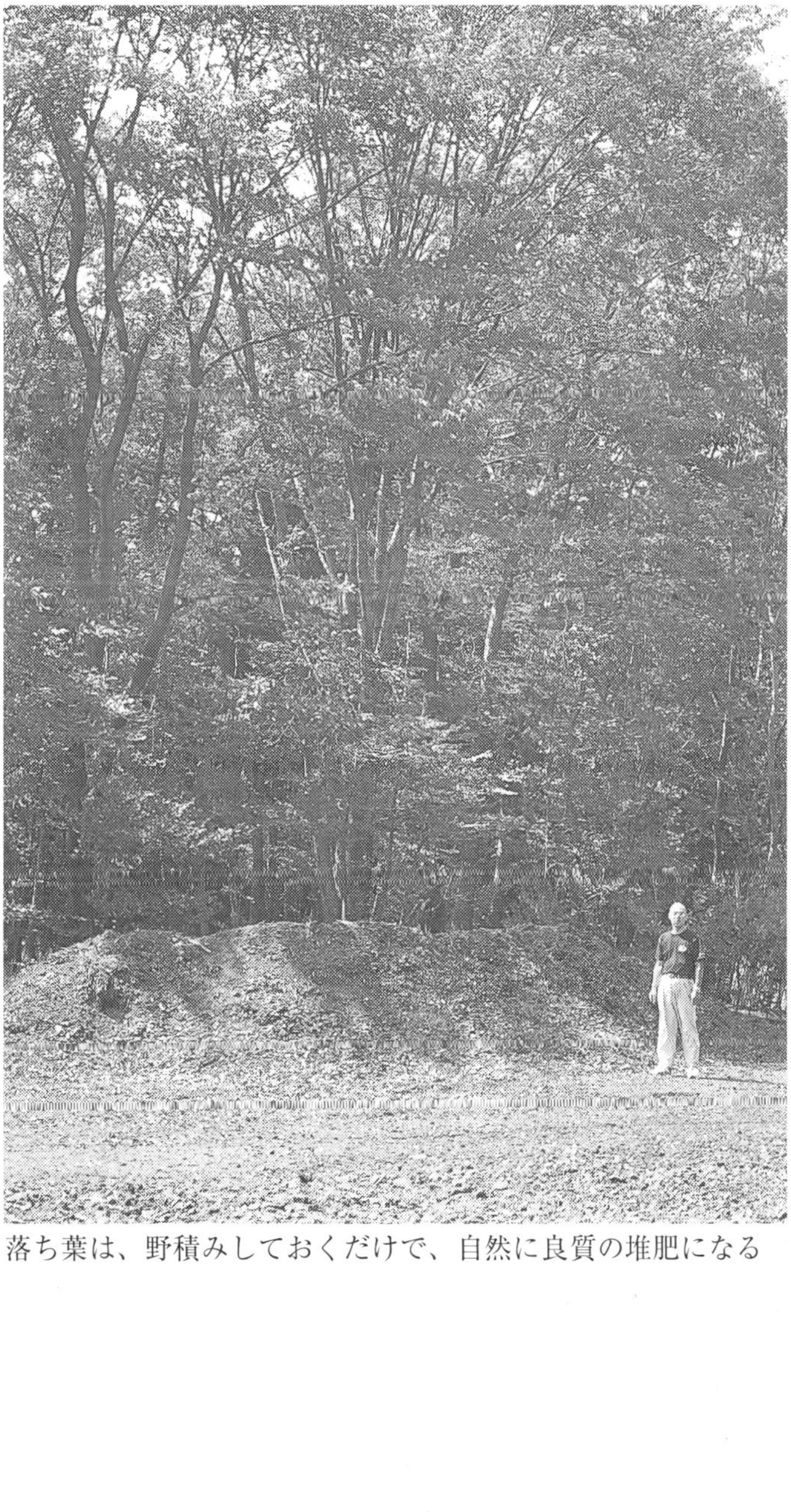
落ち葉は、野積みしておくだけで、自然に良質の堆肥になる

生ごみ・落ち葉
土のう袋で堆肥づくり

門田《もんでん》幸代　大阪府豊中市

子どものころ両親がつくっていた堆肥をつくりたい

私は農家に生まれて、田んぼや畑にかこまれて育ちました。その後田舎を離れて、父や母が頑張って農業をしていた年齢に自分がなってみると、むしょうに土や土からの恵みがなつかしくなりました。野菜や花を育て、それらが可愛くて一日中でも飽きることなくながめています。

植物を元気にして、また、おいしい野菜を収穫するためには何よりも土づくりが大切です。子どもの頃にさわった畑の土は柔らかくて温かでした。そんな土にしようと、よい堆肥、安全な堆肥をつくりたいとの思いで、さまざまな方法を試みましたが、どれも私の考えているものとちょっと違うのです。

子どもの頃に見た、あの有機物を積み上げられた上から湯気が出ている、温かい、あれがほしい、あれをつくりたいと、いつも頭の中で、そればかり考えていました。

堆肥をつくりはじめてから、土、堆肥、発酵といった言葉や活字には敏感に反応していました。関連の本を書店、図書館でさがして読みました。そのころ、山形県長井市のレインボープランで活躍しておられる、菅野芳秀さんの講演を二度聞きました。一度は最前列の席で私の疑問に思っていることを質問しました。菅野さんは、「発酵促進剤を使用するのは適切ではない。九州・北海道などの気候が異なる場所では、生息する微生物も違ってくる」と教えていただきました。目からウロコでした。もう一度は菅野さんの講演の司会をつとめました。

東京農業大学の小泉武夫先生の書かれた、『発酵』（中公新書）も、いつも自分のバッグに入れて読み返しています。微生物に関する興味深い内容に、何度もなるほどと思っています。

物置にあった土のう袋に着目

あの田舎の堆肥が温かいのは発酵熱で、空気の多いところを好む好気性菌の働きです。ときどき切り返しをして、さらに微生物の好む米ぬかを混ぜればいいのだろうと考えていました。

しかし家庭からでる少しの生ごみ、落ち葉でどうすればよいのだろうと思っていたとき、物置に土のう袋があったのです。目の前に！一度この袋でつくってみようと思いました。

袋に腐葉土を入れて生ごみに米ぬかをまぶ

自家菜園で収穫中の門田幸代さん

して入れ袋の口を閉じておき、二日後に中が温かくなっていました。うまくいったのです。このときは嬉しかった！一人で暗い物置で小さくバンザイしました。十月上旬でしたから発酵熱の上昇しやすい時期というのも幸いしたのだと思います。二〇〇〇年のことです。

土のう袋の中に入れた生ごみが温かくなったというのは、空気が通りやすく好気性菌の活動しやすいことと、少量でも袋で包み込むための効果が大きいと思いました。温かくなった土のう袋をビニール袋に包むと発酵熱は急激に下がります。また、袋の中味を外に出して置くと発酵熱は上昇しません。いろいろな袋を試しましたが、土のう袋が一番いいようです。土のう袋はどこにでもありますし、見たことのある人は多いでしょう。

なぜ土のう袋なのか

土のう袋は災害のときや、ガラ入れなどとして使用されていて、なじみのある袋です。土のう袋はホームセンターなどで販売しており、安価で手に入りやすく丈夫です。この空気を通す土のう袋を使って、生ごみを発酵させて堆肥をつくります。

空気を通すことはとても大切なことです。生ごみや有機物のものを発酵させ完熟堆肥をつくるとき、発酵熱が上昇します。これは好気性菌の働きです。

また、土のう袋堆肥はにおいが気になりません。生ごみ堆肥をつくるとき、生ごみが腐敗するのと、発酵して堆肥になるのとは大きな違いがあります。腐敗した場合はひどい悪臭がして、植物の栄養分として期待できません。発酵がうまくいった場合は、悪臭があまり発生しません。雨の後の雑木林を歩いているような懐かしいにおいです。そして、微生物に分解された生ごみは、植物にとって良質な栄養素となります。

土のう袋堆肥のつくり方

土のう袋を使用して、生ごみ堆肥、腐葉土堆肥、種をつくる方法を「カドタ式土のう袋堆肥」と名づけています。「カドタ式堆肥」には、発酵促進剤は使用しません。それぞれの土地には、その土地の気候風土に合った微生物が棲息しています。

人類有史以前から、ここに生きている微生物の活動しやすい環境をつくり、少し手をかけてやることで、植物を元気に育ててくれる安全な良い土になります。

種づくり

まず、生ごみを入れる種をつくります。種とは、ヨーグルトや納豆など発酵食品をつくるとき、「種菌」を使いますが、これと同じで、生ごみの発酵・分解をスムーズに行なわせるものです。

米ぬか、土、有機物（水以外の全部）を、混ぜやすい容器に入れて、よくかき混ぜます。最後に、しっとりする程度に水を加えてください。手できつく握ってみて水滴が落ちるよ

種の材料

米ぬか	0.5ℓ
土	2ℓ
落ち葉など有機物	2ℓ
水	約0.5ℓ
土のう袋	1枚

有機物とは、落ち葉、草、花がら、おがくず、わら、もみがら、おから、チップ（木材を機械で粉砕して細かくしたもの）など、土に還るもの。身近にある材料を使うようにする

うでは水分過多です。土、落ち葉などの分量はあまり厳密でなく、おおまかに考えてもよいでしょう。

落ち葉、草、わらなどと米ぬかをまぜ、水を加えて、生ごみを発酵させるための種をつくる。全体が、しっとりする程度によく混ぜて、土のう袋に入れる

混ぜた材料を土のう袋に入れて袋の口をねじります。ねじった方を下にしてレンガなどの上に（空気の通りをよくするため）二～三日置きます。夏場だと翌日には袋の中が温かくなります。冬場は四～五日で少し温かくなり、白いカビ（糸状菌）が見られます。この状態で袋の中味は発酵していて、種として使用できます。

生ごみを入れる

土のう袋に三ℓほどの種を入れておきます。その中に生ごみを入れて、上から米ぬかをふりかけます。あるいは、生ごみに米ぬかをまぶしてから袋に入れてもよいでしょう。

一回に入れる生ごみの量は、五〇〇gくらいまでにしてください。少なくてもかまいません。また、米ぬかの量は、生ごみ五〇〇gに対してふたつかみほどです。

生ごみは、細かく切ったほうが分解は早いですが、あまり気にしなくてもよいでしょう。最後に土の中に埋めますので、いずれ分解します。あまり神経質にならず、大切なことは続けることです。

米ぬかを入れたら袋の端を持ち、床に軽く

暖かい季節だと、翌日には発酵して温度が上がってくる

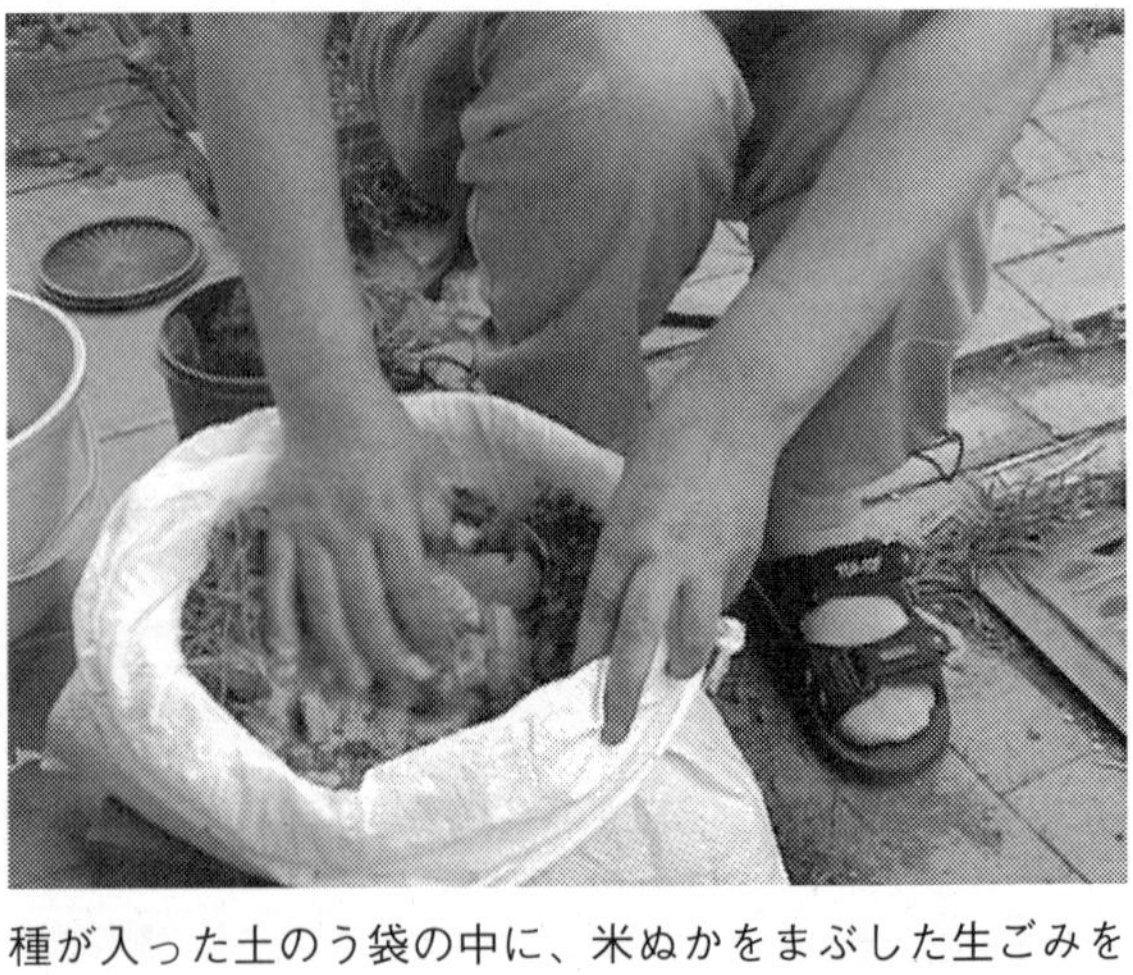

種が入った土のう袋の中に、米ぬかをまぶした生ごみを入れる

たたきつけるようにして、袋の中味をよく混ぜます。これは中に空気を入れるのと同時に、生ごみのかたまりをほぐすのが目的です。かたまりがあると、気温の高いときは虫がわきやすくなります。袋の中をよく混ぜることでこれを防ぐことができます。

一〜二か月かけて発酵させる

袋の口をねじり、ねじった方を下にして、雨があたらない軒下やベランダに置きます。

袋の口を下にして、レンガなどの上に置く

このとき、下にレンガなどを置いて空気の通りをよくし、余分な水分を蒸発させます。入れたばかりの生ごみは、八〜九割が水分なのです。空気を通し余分の水分を蒸発させて、発酵をすすめます。

そして、生ごみが出るたびに、米ぬかをまぶしてこの袋に足していきます。同じ袋に毎日生ごみを入れるより、二〜三日に一回程度にするほうが、発酵・分解しやすいです。生ごみのでる量が多い家庭では、種を入れた土のう袋を二つ用意して、生ごみを交互に入れていくのもよい方法です。

土の中に埋めて熟成させる

つぎつぎと生ごみを入れて、袋の中味が七割くらいになったら土の中に埋めます。埋める場所を決めておいて、熟成した堆肥を取り出して土のう袋に保管しておき、必要なとき堆肥として使ってください。また同じ場所に埋めると良いでしょう。

埋める場所がないときは、そのまま袋の中で堆肥化します。土（古い土でよい）四ℓほど入れてよく混ぜ、その後一週間に一度くらいかき混ぜて、乾燥していれば時々水を加えます。二か月ほどで堆肥として使用できます。土に埋めるより少し日数はかかります。

その他のポイント

①手で握って水滴がでるようなら、水分が多すぎます。手のひらが少し湿るくらいが最適な水分です。水分が多すぎるときは、乾いた落ち葉や米ぬかを入れて調節します。

②落ち葉は、秋〜冬にかけてあらかじめ集めておくと便利です。

③生魚などは煮るなどして軽く火を通しておくと、悪臭やハエの発生を少なくすることができます。

④堆肥を家庭菜園などで利用するときは、堆肥を土の中に埋めて一か月してから使用す

ることをおすすめします。

夏季の堆肥づくり

夏場、発酵熱が高くなっているときは、生ごみの分解は早く、袋の中では目に見えて生ごみの量が減っていきます。ただし、生ごみの水分が多くかたまりができるのはよくありません。

夏は虫が発生しやすく、虫を見るともう堆肥づくりは嫌だと思われる人もあるでしょう。そこで、夏場にはぜひ以下の方法で行なってください。

種の材料には、米ぬか・土・水・土のう袋を用意してください。このとき、米ぬか一に対して土を四にします。土は普通の庭の土でけっこうです。種の量は、全体で三ℓくらいになるようにします。種を土のう袋に入れて、レンガなどの上に置き、二〜三日すると、袋の温度が少し上がり、白いカビ（糸状菌）が出てきます。

生ごみに、米ぬかをまぶして袋の中に入れていきますが、夏場は分解が早いので、一日に一回は袋の端を持って床に軽くたたきつけるようにしてください。生ごみのかたまりを、袋の上からほぐすためです。

落ち葉などでつくった種とくらべると、土でつくった種は生ごみの水分を吸収しやすく、虫やにおいの発生が少なくなります。

冬季の堆肥づくり

気温が一〇℃以下の状態では、生ごみの発酵分解が遅くなります。袋の中で生ごみの量がなかなか減らず、発酵熱も上がりにくくなります。冬季は種の量を少しふやします（四ℓほど）。そして、生ごみを入れるときに、細かく切ってから入れると分解が早くなります。魚のあらなどは一度火を通すとよいでしょう。

土のう袋の中の種の部分の中心に、くぼみをつくり、そこに米ぬかをまぶした生ごみを入れ、周りの種をかけて、生ごみを包み込むようにします。また、夏場のように袋の中を毎日混ぜるのはやめます。微生物も寒いときは、みんなで集まって暖め合っているのです。

前回入れたところにくぼみをつくり、生ごみに米ぬかをまぶす、をくり返して、ゆっくり熟成させてください。寒さから保護するため、土のう袋にダンボールをかぶせておくのもよいでしょう。その際ダンボールの下部だけ開けて、袋の下には、レンガなどを置いて空気がぬけるようにしてください。

袋の中の量が六〜七割くらいまでになったら、土の中に埋めます。土の中は微生物にとって我が家ですから、少々寒くてもしっかり働いて生ごみをどんどん分解していきます。

生ごみ、落ち葉、花がらなどの多くは、可燃ごみとして燃やされます。しかし、これらはもともと大地から生まれた有機物であり、大地に還したいものです。

腐葉土堆肥のつくり方

山林で、落ち葉が積み重ねられて一〜二年たつと、自然の中で腐葉土ができます。

この腐葉土の肥料効果をさらに高めて、短期間で腐葉土堆肥をつくりたいと思います。

落ち葉など有機物と米ぬかをよく混ぜて、しっとりする程度に水を加えます。これを、土のう袋に入れて、空気が通るようにレンガなどの上に置きます。

夏場では翌日、冬場では四〜五日で発酵がはじまり温度が上昇してきます。一週間くらいすると、発酵熱は少しずつ下

腐葉土堆肥の材料

落ち葉など有機物	20ℓ
米ぬか	3ℓ
水	3ℓ
土のう袋	1枚

がってきます。その後、土の中に埋めて熟成させます。

この、土の中に埋める直前のものは、生ごみ堆肥づくりの種として利用できます。必要な分量を乾燥しておくと発酵がとまり、数か月は保存できます。使用するとき水を加えると、再び発酵がはじまります。

落ち葉がたくさんあるときや庭の木を剪定したときには、腐葉土堆肥をつくってください。落ち葉などを、可燃ごみとして出すのは、とてももったいないことだと思います。腐葉土堆肥をつくり土に還すことで、土はふかふかになり土が生きていると感じます。とくに、家庭菜園をしている人は、野菜の味が違うと思われるでしょう。

柔らかい土に変わった

私は庭の限られたスペースで野菜づくりをしています。初めのころの庭は、土が固く大きな石もごろごろしていて、スコップで掘るのも大変でした。雨が降ると土の表土が流れてしまったり、水たまりができていました。

庭の草を刈ったものや落ち葉で、腐葉土堆肥をつくり、生ごみ堆肥を入れるようになって、目に見えて土が柔らかくなりました。今では四〇cmくらいなら、スコップがスーと入ります。雨水はどんどんと土にしみ込んでいき、晴れの日が続いても少し掘ると土の中はしっとりしています。土の排水がよいこと、保水力のあることがいかに大切かを、身をもって知りました。

土が柔らかくなってきてから、野菜がよく出来るようになり、おいしくなりました。トマトやなすの皮がとてもやわらかいのです。毎年同じ場所で、同じような野菜をつくっていますが、問題なくよく出来ています。農薬は一年を通してまったく使用しません。肥料も自分でつくったものだけです。野菜の種類によっては、少しの化学肥料を与えたほうが立派なものが出来るかとおもいますが、うちでは、お店で売っているような見事な形にならないものもあるけれど味がよければそれで満足しています。「ほら私のつくった土を見てみて」と自慢したいところですが、もっと上手な方もおられるでしょうから、この辺でやめておきます。

梅雨のころ、懐中電灯で照らしながらナメクジ取りをしたり、みごとなヘチマの花に見とれたり…。冬に土を起こしたときミミズがいかにも寒そうにじっとしているのを見て、ごめんねとすぐ土を掛けてやったり…。私は土がないと生きていけないなと、感じることがしばしばです。

私は、発酵、土、微生物といったものが大好きです。これまでに堆肥づくりの講習会を行なってきましたが、堆肥づくりに興味をもっている方々と、堆肥の話をしている時がとても楽しく幸せです。

※門田さんは、生ごみの堆肥化についての講習会を開催しておられます。著書に『「生ゴミ堆肥」ですてきに土づくり』（主婦と生活社）。

えさは野菜くずなど生ごみ
木製ミミズ箱で極上コンポスト

関野てる子　有限会社　相模浄化サービス

「ミミズのいる土は良い土」というのは昔から良く知られている話です。そのミミズを使用して生ごみなどの有機物をリサイクルするのがミミズコンポストです。

ミミズは土壌動物の中でも体の大きなほうで、良い土に棲む生き物の代表のような存在です。ミミズがいれば他の土壌動物、土壌微生物も多く、肥沃な土の証明となります。ミミズによる有機物の堆肥化は、でき上がった堆肥の素晴らしさから、世界中で行なわれている方法です。英語ではミミズのことをアースワーム（earthworm）といいます。

ミミズは夏の暑さに弱い

ミミズは陸に棲むものだけでも三〇〇〇種以上の種類がいるといわれ、食性や生息する環境も多様です。ミミズコンポストで使用しているシマミミズは、栄養価の高い有機物（堆肥・生ごみなど）を大量に食べるため、人の管理下での養殖・活用が可能です。現在、商用の取引が可能な数少ない種類のミミズです。ちなみに、道端や畑でよくみかけるフトミミズ（ドバミミズ）はミミズコンポストには不向きです。ここではミミズコンポストの主役であるシマミミズをミミズと呼ぶことにします。

私がミミズに興味を持ったのは今から一〇年ほども前のことです。以来、ミミズの素晴らしさにとりつかれてしまい、オーストラリア製の養殖・コンポスト容器（キャノワーム）の斡旋・販売を始めました。これは、プラスチック製の容器で、どうも夏場にミミズが少なくなってしまう感じがありました。世界中で普及

シマミミズ
ミミズだけでも販売している。

している容器なので、初めは私の管理方法がよくないのかと思っていましたが、どうやら日本の夏特有の、じめじめした暑さが原因のようなのです。

　薄くて通気性が悪いプラスチック容器では、外気の影響をうけやすい上に、内部に熱がこもりやすいのです。暑い時期に内部の温度が上がって、ミミズがダメージを受けます。さらに、蒸れた内部では生ごみが腐敗してガスが発生しやすく、ミミズが弱ってしまうことがわかりました。

　また、蒸発した水分が壁やフタに結露し、その滴が再び垂れて、ミミズが生活する床全体が水分過多になってしまいます。すると、生活床の通気が悪くなります。欧米向けに開発された容器なので、ガレージや地下室など屋内仕様となっていて、屋外に置くと雨水が入って中が水浸しになってしまうこともわかりました。

木製ミミズコンポスト容器「みみ蔵」
内部が蒸れにくく、ミミズが元気に活動する。
前面の扉を開けると内部の様子が観察できる。
オープン価格

日本の気候にむくコンポスト容器「みみ蔵」

　そんな高温多湿の日本でも、①出来るだけ外気の影響を受けにくい②中が蒸れにくい③ミミズへの負担が少ない素材でミミズコンポスト容器を作ろう、ということで出来たのが木製の「みみ蔵」です。

みみ蔵の内部の様子
ミミズは光が苦手なので、すぐにもぐってしまう

「みみ蔵」は通気性をよくし、夏場に直射日光が当たっても内部の温度が外気以上には上がらないよう屋根と壁を頑丈にしました。炎天下の屋外にも置くことができます。また、木材なので、余分な水分を吸収することもできます。

　ミミズコンポスト容器を自分でつくることも可能です。ただし、プラスチック製の衣装ケースやポリバケツでは、日照や外気温の影響をうけやすいので、暑い時期や寒い時期の管理に注意が必要です。

えさ＝生ごみの与え方

　それでは、ミミズに生ごみをどのように食べさせるのかについて説明いたします。生ごみはミミズの食べ物ですので、「えさ」と呼ぶことにします。

　通常、堆肥を製造するときは、材料の水分を六〇％くらいに調整します。水分が多すぎるとうまく堆肥化しないので、生ごみを十分に乾かすのがコツとなりますが、ミミズコンポストの場合、ミミズが生息するのに好む環境は、水分が八〇％程度です。そこで、通常の堆肥づくりに比べて、水分が多い状態に保つ必要があります。また、えさそのものにも十分な水分が必要で、乾燥したものだと自分のえさだということがわからなくなってしまいます。生ごみは乾かさず、台所で調理の際にでた野菜の皮などを、できるだけ早くコンポスト容器に入れるようにします。

ミミズのえさとなる生ごみは、野菜くず全般・果物の皮（カンキツ以外）・茶殻・ご飯粒などです。傷みかかったもの、腐ったものはミミズに悪影響を与えます。肉・魚などの動物性のものはウジがわきやすく、コンポスト内部の環境が悪くなることがあります。肉・魚は入れないようにするか、少量を床の中に埋め込むようにします。また、加熱したり味付けした残飯や汁物も、塩分の残留・濃縮によって、床内の環境が悪化しやすいので避けます。ミミズにとって有害な成分を含むたばこや合成洗剤は厳禁です。

気候や気温、えさの種類・形状によって差が出ますが、大まかな目安として、ミミズは一日に自分の体重の半分〜同量程度の有機物を食べ、その半量の糞を出します。ですから、一日に入れられるえさの量は、ミミズ五〇〇gに対して二五〇gが目安です。野菜くずは約九割が水分ですから、食べたものに比べ排出される糞はおよそ二〇分の一かそれ以下になります。

ミミズにえさを与えるポイント
①生ごみは、できるだけ新しいもので傷んだものはいれない
②細かく切るほうがよい
③固まりにせず薄く広げ、床の土と軽く混ぜる
④いちどに大量に入れない

新鮮なものを砕いて入れる

生ごみ堆肥をつくったことがある方ならご存知と思いますが、腐ったものを堆肥化しようとすると、悪臭や虫などが発生しやすくなります。ミミズコンポストの場合でも同様です。ミミズは腐ったものを食べると思っている方がいらっしゃいますが、じっさいは腐敗で発生するガスのため元気がなくなり、えさに集まらなくなります。とくに夏場には、アメリカミズアブの幼虫も発生しやすくなり、コンポストの環境が悪化します。そのため、必ず傷んでいない新しい野菜くずを入れる必要があります。

ミミズには歯がありません（ちなみに目も鼻もありません。皮膚で光を感じることはできます。呼吸も皮膚でします）。自分の体から出した粘液や土壌微生物の作用で、やわらかくなったところからなめ取るようにして野菜くずを食べていきます。そのため、大きいまま入れるよりも、細かく砕いたほうが、繊維が断ち切られてより早くミミズの食べやすい状態になります。また、細かくすると野菜くずから水分がでるので、いっそうえさを食べやすくなります。

また、生ごみをコンポストに入れた後も、えさが傷みにくい環境を整えることが重要な鍵となります。そのために、蒸れにくく、えさが腐敗しにくい木製素材の箱のほうがミミズにより適しています。

生活床にはミミズ糞、ココナツ繊維、畑の土

ミミズコンポストでは、えさだけでなくミミズの活動の場となる生活床《せいかつどこ》が必要になります。生活床には、ミミズ糞、ココナツ繊維、畑の土（農薬、化成肥料を使用していないもの）などを用います。

生活床にミミズ糞を使用すると、糞に棲みついている土壌微生物の働きで、より早く野菜くずをミミズが食べやすい状態にすることができます。また、ミミズコンポストを開始してすぐに、後述するミミズ液肥を使用することもできます。

ミミズコンポストに関心のある方から、腐葉土を床の材料に使用できないかというお問い合わせをよくいただきます。市販の腐葉土には発酵促進のために米ぬかなどの副素材を添加しているものがあり、水を含んだときに発酵・発熱してミミズが弱ることがあります。落ち葉や他の素材が原形をとどめないほど十分に腐熟し、すでに土のにおいがするものを使用してください。

家畜糞堆肥の場合は、ミミズは堆肥を食べ終わるまで生ごみを食べませんので、あまりおすすめできません。

新聞紙を床材に使用する方法もありますが徐々に新聞が水分を吸って団子状になり、通気が悪くなったり水分調整が難しくなることがあります。夏場はコバエや悪臭が発生しやすく、日本の気候にはあわないように思います。

設置場所

みみ蔵は、直射日光があたっても内部の温度は外気以上に暑くなることがないので、邪魔にならない場所ならどこでも設置可能です。一日中日があたっていてもミミズに悪影響は出ません。雨ざらしでも大丈夫ですが、木製のため木材が日焼け、劣化はします。ただし、冬季に生活床が凍ると、ミミズが死んでしまいますので、寒冷地では玄関など屋内に移動させます。

プラスチックの容器では、夏場に直射日光があたると、内部が五〇～六〇℃になってしまうことがあります。日陰の風通しの良い場所や屋内に置くようにしてください。

ミミズは気圧の変化に敏感に反応する生き物です。自分のすみかに食べ物があり、生活床の水分が自分の好みの状態になっているときは、どんな天候であろうとその場におとなしくとどまっているのですが、雨が近いときや雨降りの夜に食べ物がないと、新しい環境を求めて集団で脱走しようとします。なぜ雨の夜にミミズが活発に行動するのかについてはよく分かっていないのですが、じっさいにミミズコンポストを始めてみると、どなたでも一度はこの不思議な行動を目にするはずです。

ミミズコンポストならすぐに使用できる

ミミズコンポストが他の堆肥と大きく異な

ミミズコンポストでできた土は肥沃そのもの

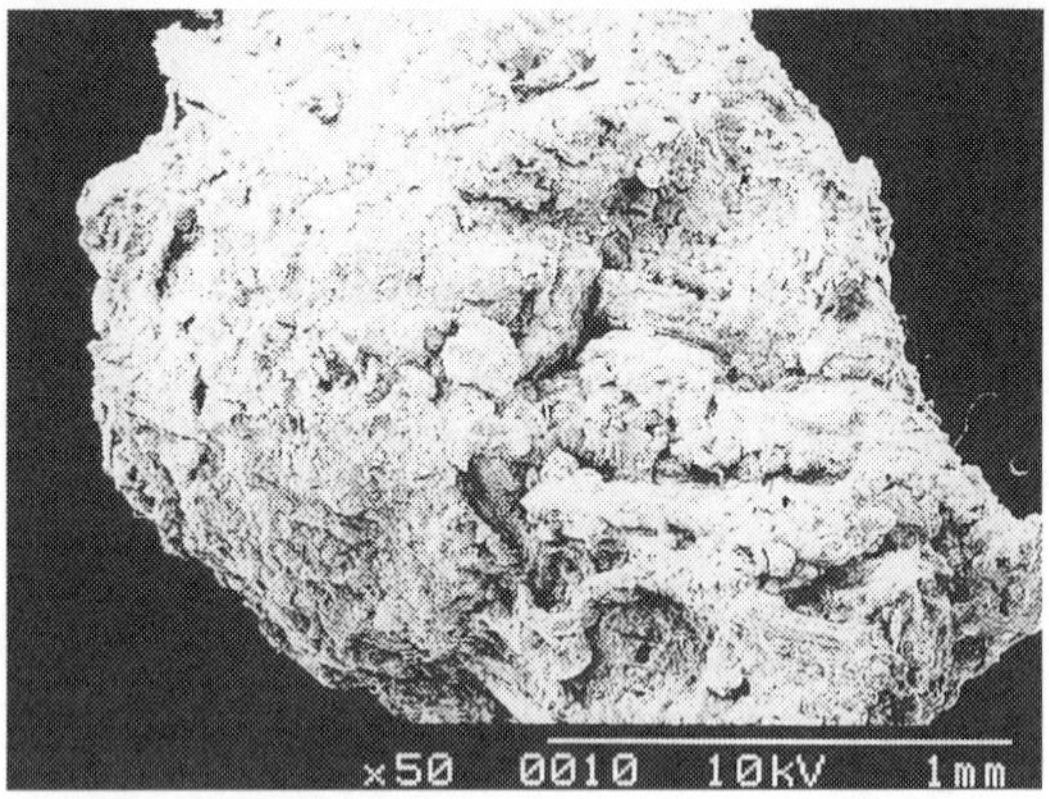

フトミミズの糞の表面
割ってみると中は隙間だらけで、この隙間にササラダニやトビムシ、微生物が棲みつく（写真提供　中村好男氏）

る点は、ミミズのお尻から出たばかりの糞でも、すでに発芽が可能なほど無機化が進んでいるという点です。ふつう、家畜糞やわらなどの堆肥化では、数か月の熟成期間を置く必要があり、未熟のものでは作物が根傷みを起こしたり発芽しなかったりすることがあります。一方、ミミズ糞で作物が根傷みや生育障害を起こすことはなく、含まれている肥料分は即効性のために育苗用の培土にも適しています。私がミミズコンポストを始めて驚いたのは、えさとして入れたかぼちゃやすいかの種が発芽してしまうことです。これはミミズコンポスト以外の堆肥化の途中ではまず見られないことです。生き物を扱うために少々手間がかかるミミズコンポストを皆さんにおすすめするのは、ミミズのお腹を生ごみが通って、肥沃な土に変わることをぜひ実感していただきたいからです。

また、ミミズの糞は、土壌団粒そのものです。しかもきわめて崩れにくい団粒で、水はけ・水もちがともに優れています。また、糞には微細な隙間が多くあって、そこが土壌微生物のすみかになるとともに、悪臭を吸着する働きも備えているといわれています。じっさい、脱臭剤として製品化されているほどの脱臭効果があります。そのおかげで、ミミズコンポストでは、生ごみの嫌なにおいが気になりません。

ミミズ糞は、市場に出回る際には二四〇円／ℓもする、高価な資材です。家庭から出る野菜くずをつかって、ぜひミミズコンポストにチャレンジしてみてください。

ミミズ液肥

ミミズの糞はもとの生ごみの二〇分の一以下になってしまうため、畑に施すほどの量を作るためには、かなりの量のミミズや生ごみが必要になります。しかし、「ミミズ液肥」をつくれば、少量であってもミミズ糞の素晴らしさを体験することができます。

ミミズ糞一に対して水四の割合（体積比）で一晩漬けておくだけで、ミミズ液肥ができます。そして、液だけくみ出して、残った糞にまた水を入れれば、薄くても色が出ている限り何度でも採取できます。このミミズ液肥を、水やりのときに水代わりにかけてみてください。花や葉の色が格段に変わります。

◆

ミミズコンポストの本当の醍醐味は、ミミズが土づくりをする過程を間近に見ることができるところにあります。自然のしくみ、土の世界の巧妙さ、命の循環を身近に体験できるのです。ミミズを見てかわいいと感じる人は少ないかもしれませんが、きっと土づくりの面白さを教えてくれますよ。私自身もミミズには人生観が変わるほどいろいろなことを教わりました。ミミズや土の生き物に感謝の日々です。

有限会社　相模浄化サービス
〒二五九−一一〇三神奈川県伊勢原市三ノ宮一一六
TEL〇四六三−九〇−一三三二
FAX〇四六三−九五−九六六七
ホームページ　http://www.mmjp.or.jp/mimichan

あっちの話こっちの話

雑草で作るカンタン堆肥

比留間有紀子

「雑草を抜いてそのまま捨てるのはもったいない。これを何かに使えないか?」と考えたのは、大分県狭間町のイチゴ農家・佐藤和子さんです。

考案したのは、雑草でつくる簡単堆肥。抜いた雑草を、そのまま肥料袋に詰めるだけ。空気が入る隙間がないくらい押し込むのがポイントです。あとは、肥料袋の口を折り込んで、そのまま袋をひっくり返して約半年間熟成させます。これで、絶品の堆肥ができるそうです。

自家用野菜に、この堆肥を使っている義姉さんも「いい堆肥ね」と太鼓判を押すほどの自信作。

こんな堆肥なら、学校でもご家庭でも、気軽にできそうですね。

二〇〇一年十一月号

土着微生物も甘酒、ビールが好き?

朽木直文

寒い夜、残りご飯やくず米で甘酒をつくって漬物といっしょにお茶代わりにいただく。体がホカホカと温まって、布団にもぐり込むとそのまま気持ちよく眠りにつくことができます。ところが甘酒は飲むだけでなく農業にも利用できるというお話です。

岩手県野田村の小野レイ子さんも甘酒が大好き。残った甘酒を堆肥にかけておいて、これを春先に、雨よけほうれん草の畑に散らしてうない込みました。

すると自分では初めは気がつかなかったのですが、近所の友達がハウスに入ってきていうのです。「小野さんとこのほうれん草は色が濃いねえ。品種が違うのかね」確かに、よその畑のほうれん草と比べるとくず葉が少ないし、根や茎の部分が太い。それになんといっても、原色に近い、目がさめるような濃緑色なのです。

その後の小野さんの観察によると、甘酒の底に沈むおりが入ると土の中でカビが生えるそうですが、こして汁だけかければカビは出ないそうです。また、この話を聞いたとなりのおばあさんは、甘酒の代わりに、おじいさんが隠して忘れていたビール(五年前のもの)六本を堆肥に混ぜて、同じように畑に施したところ、やはり小野さんと同じように立派なほうれん草がとれたそうです。

一九九五年四月号

生ごみコンポストは一年中つくれて低コスト

佐久間いつ子　福島県三春町

秋が色とりどりの絵の具で山々に落書きを始めたかと思うや、冷たい風が吹いてそのパステルカラーを一枚ずつはがしていく。こんな自然の情景に目を向けるようになったのも、私が百姓を始めたからでしょうか。

わが家の主役の「マーちゃんコンポスト」

有機農業をやる私にとって、一月から二月にかけての肥料の仕込みは大切な仕事です。

現在私が取り組んでいるのは、土着菌ボカシにEM菌ボカシ、それともみがらボカシと生ごみコンポストの全四種類です。もみがらボカシはおもに堆肥のように使います。EMボカシは田んぼに、力があって肥効の長い土着菌ボカシはたいていの野菜の基本肥料。「マーちゃんコンポスト」はさしずめ土壌改良と味付け肥料、というとこでしょうか。畑の状態、作る野菜によってこれらは使い分けていますが、中でも、生ごみコンポストは一年中作れて、しかも低コスト。はじめ土壌改良にと教えていただいて今年（二〇〇〇年）三月から作り始めて、今ではわが家の主役です。このボカシで作った野菜も宅配のお客さんには好評で、返事をもらうたびににこにこ。とくにこれだけで作った大根はジューシーで甘味があり、大人気でした。

昨年は自己流で、肥料の上に種を播いたら「股かかり」（二股）の大根ばかりで、半分以上は売り物になりませんでした。今年は師匠（義母）の教えに従い、肥料のわきに種を播いたら、

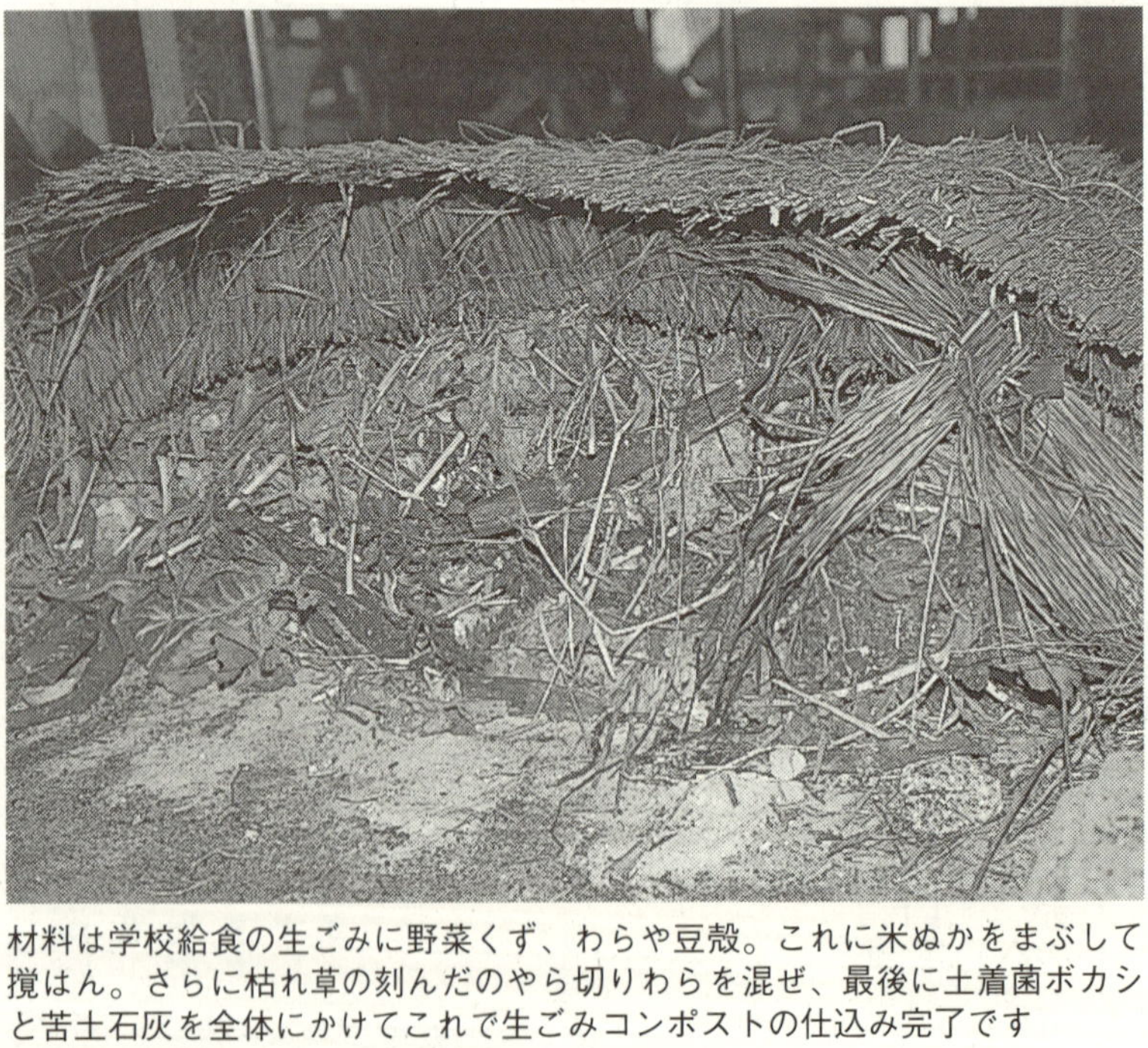

材料は学校給食の生ごみに野菜くず、わらや豆殻。これに米ぬかをまぶして撹はん。さらに枯れ草の刻んだのやら切りわらを混ぜ、最後に土着菌ボカシと苦土石灰を全体にかけてこれで生ごみコンポストの仕込み完了です

わが家の畑の大事な肥料「マーちゃんコンポスト」（撮影　小倉かよ）

ほとんどはずれなしで、味のよさに加えてきれいな大根に仕上がりました。

寒い時でもこの生ごみコンポストの切り返しに精を出していると、身も心もホッカホカ。残念なことに、コンポストとの出会いを作ってくれた方が私に思いを託したまま帰らぬ人となってしまいました。私はその方の名前からこれを「マーちゃんコンポスト」と名付けました。

「マーちゃんコンポスト」のおかげで少しずつ土が元気になっている。そう思うと、春の作付けが今から楽しみになってきます。

イタリア野菜は面白い

イタリアンブームもしだいに家庭に浸透し、宅配のお客さんにも喜ばれるようになりました。作り始めはルッコラとズッキーニだけでしたが、今では、トレビス、ちりめんキャベツ、リーク、パプリカと品数も増えています。

イタリアンレストランから注文の多いルッコラとズッキーニはなるべく長く収穫できるように挑戦してみました。ルッコラは十一月から翌年五月頃まではハウスに入れてほとんど年間通して出荷できるようになりましたが、ズッキーニは太陽を浴びて育つ夏の野菜らしく、九月頃ハウスに数本定植したものの思うように育たず、やむなく抜き取りました。

リーク（ポロネギ）は日本のネギ同様に秋に播種したのが、あまり発芽せず、春三月に稲の育苗箱に播いた（隣で専門的にネギを作っている人に管理を頼んだ）のがよく育って、秋の収穫時には、太いもので直径二〜二・五cmぐらいになりました。トレビス、パプリカ、ちりめんキャベツも、ふだん自分ではあまり買わないけれど、「珍しい」、といってお客さんは喜んでくれます。チコリ、アーティチョークは、主人が勤めの合間を見て挑戦中です。

ルッコラなど葉物は、説明書には直播とありますが、私はほとんどポットに種を播き、苗を育てて定植しています。シュンギク、コマツナなども同様です。何といっても種が無駄にならないし、均等に同じものができるのが利点です。これも師匠から伝授された大切な知恵です。

ルッコラ（左のうね）はハウスも使って1年中出せるように。私が前にしているのは、ハーブのフェンネル

F_1品種から採種したら…

ちょっと面白かったのは、プッチィーニという小さなかぼちゃ。一度作って種を採り、翌年またその種を播いたら、とんでもなく大きなラグビーボールのかぼちゃができたのです。一代交配なので原種に戻ってしまったというわけ。おかげで畑にラグビーボールがゴロゴロ。どうしたものかと困っていたら、どうもこれもイタリアの野菜らしいですね、運よくレストランに引き取ってもらえたので助かりましたが、もうF_1の自家採取はこりごり。主人は、F_1を翌年作ると原種が見られるといって興味津々ですが。

でも、私は、F_1品種にこれというこだわりはありませんが、なるべく避けるようにしています。

今年は紫いもを成功させたい

お客さんの希望で今年新たに作付けを計画しているのは、セロリー、クレソン、芽キャベツ、生食ほうれん草。クレソンは主人が休耕田に水をため、すでに挑戦中。芽キャベツは近所の人にいただいたのがとてもおいしかったこともあって採用することに。生食ほうれん草は、昨年春早くに密植したものがヒョロヒョロと育ち、大きくならないうちにサラダで食べたらけっこうおいしくて、作ってみようと思いました。でも、これはいかさま。本物のサラダほうれん草とやらを作ってみたいと思います。

そしてもう一つ。昨年、親苗を買って自分で苗を仕立てて植えたけど失敗に終わった紫いもはどうしても成功させたいものです。南のほうではよく作られていますが、関東以北で作っている方、また苗をゆずっていただけるところをご存じの方がおられましたら教えて下さい。

お客さんとの交流で絆を強く

産直は一方通行ではダメだと日頃から思っています。「野菜を届けるお客さんに何かできるお手伝いはないか」と思い、知り合いのボランティアグループ（東京都中野区で一人暮らしのお年寄りに食事サービスを行なっている紫陽会）に相談したところ、地域のお祭りに参加してみないか、とのこと。中野といえば私の第二のふるさと。高校を出てすぐ勤めた区役所のある町です。話は早い。さて、何を販売しようか。あれこれ検討した結果、お餅はどうかとなりました。

隣の船引町で、いろいろな加工品の研究に取り組んでいる農家のお母さんで面川ハルノさんという方がいます。わが家の遠縁にもあたる方です。訪ねて相談してみると、キビとモロコシを分けて下さり、お餅のつき方も教えてくれました。これにヨモギも加えて、できたのがカラフル三色餅です。

じつはこのヨモギを加えたのは主人のアイデアで、はじめ秋のヨモギなんてどうかと思ったのですが、何度か草を刈ったところの柔らかいものは春のものに劣らず、きれいな色と香りが出ました。

ふだん野菜を利用して下さっている方たちの応援のおかげで、お餅（切り餅）とお汁粉はあっという間に完売。わずかですが収益金は地域センター周囲の花壇の維持費にあてていただくことになりました。

たんに野菜を売るだけでなく、このような交流を通して顔の見える農業がまた一段と楽しいものになっていきそうです。

二〇〇一年二月号　手応えばっちり生ごみコンポスト

早くて確実！　篠竹を使った土着菌の採取法

三春町の佐久間いつ子さんは、無農薬・無化学肥料で１年中野菜を作っては、東京のお客さんに宅配便で送っています。その合間に、野菜と一緒に送る「ベジタブル通信」というカラフルな新聞を作ったり、剣道五段の腕を磨く、素敵なお母さんです。

そんないつ子さんの畑の土をふわふわの状態に保ってくれているのが土着菌ボカシ肥。作り始めたときは『現代農業』に書いてあるとおりに近くの竹薮でハンペンを探してきました。でも、結構面倒だし、増やすのに時間がかかると思っていたら、畑の近くに生えている篠竹で土着菌をたっぷり集める方法を発見しました。堆肥の材料にしようと畑の近くに生えているヤブから篠竹や雑草を刈って寝かせておいたら、ハンペンによく似た白いカビが生えてきたそうです。

やり方は簡単で、篠竹を雑草などと一緒に刈ってきて残条カッターで５㎜ほどに砕きます。それを庭にあるハウスの片隅に、小さな山に積んで、そこへ下に染み出すぐらいに水をかけます。そしてシートをかぶせておき、夏なら２～３日もおいておくと、真っ白なカビがわいてくるそうです。

これを肥料袋につめ２袋分を元菌にして、油粕、魚粕、骨粉、鶏糞をそれぞれ60kg、米ぬか45kgを混ぜてボカシ肥を作ります。また、生ごみのコンポストにも入れて発酵、分解させています。「この様子がおもしろい」と当初は無農薬栽培にまったく興味を示さなかったサラリーマンの旦那さんが、毎日一緒に土の温度を測って、パソコンに打ち込んでくれるようになったそうです。身近な材料でできるので、ぜひお試しください。（細川恭子）

2000年10月号　あっちの話　こっちの話

肥料分豊富な生ごみ堆肥
ビタミン
脂質
バランスのよい栄養分
炭水化物
たんぱく質
ミネラル
生ごみ堆肥上手につくるポイント
臭いはどうすればおさえられる?
炭やコーヒーかすを入れると臭いを吸収してくれる。
虫がわかないようにするには?
虫に卵を産みつけられないよう. ネットでふさぐ.
早く分解させるには?
生ごみと同量の枯れ葉を入れる
微生物の宝庫
微生物のエサとなる米ぬかを生ごみの10%以下の量をかけてやる。
水分の少ない土を生ごみの半分以下の量を入れる.
水分はどうしたらへらせる?
新聞紙にくるむ
ストッキングやネットに入れて吊るしておく.

生ごみにきのこの廃菌床を使う
ごみをもって
ごみを制す!?
静岡県・鈴木昭さん
宝の山だ。
近所のきのこ屋さんが処理に困っていた廃菌床（おがくず）を使って生ごみの消臭・分解を促進する「クイック」をつくりました。
配合
廃菌床（おがくず） 2.8
米ぬか 2
もみがらくん炭 1
素材はすべて農家の「ごみ」
生ごみ処理剤
クイック
全部まぜると50℃くらいで発酵を始める。2週間ねかせて、できあがる。
きのこ菌の力なのか生ごみの分解が早い。
まんべんなくふりかける
いずれこれも堆肥となれり。
昔の人の知恵に学ぶ
江戸時代の「糞養覚書」から
風呂水の利用
郡奉行だった人は、風呂の残り湯を菜園にまくよう家来に言いつけた。むらなくまくよう注意した。だが、二、三日して菜園に行ってみると、家来が手抜きして、ひしゃくで水をまいた形のとおりに、春菊の緑色が濃くなって育ちのよしあしが分かれていたという。

都会の街路じゃやっかいもの！
落ち葉・雑草は良質堆肥素材

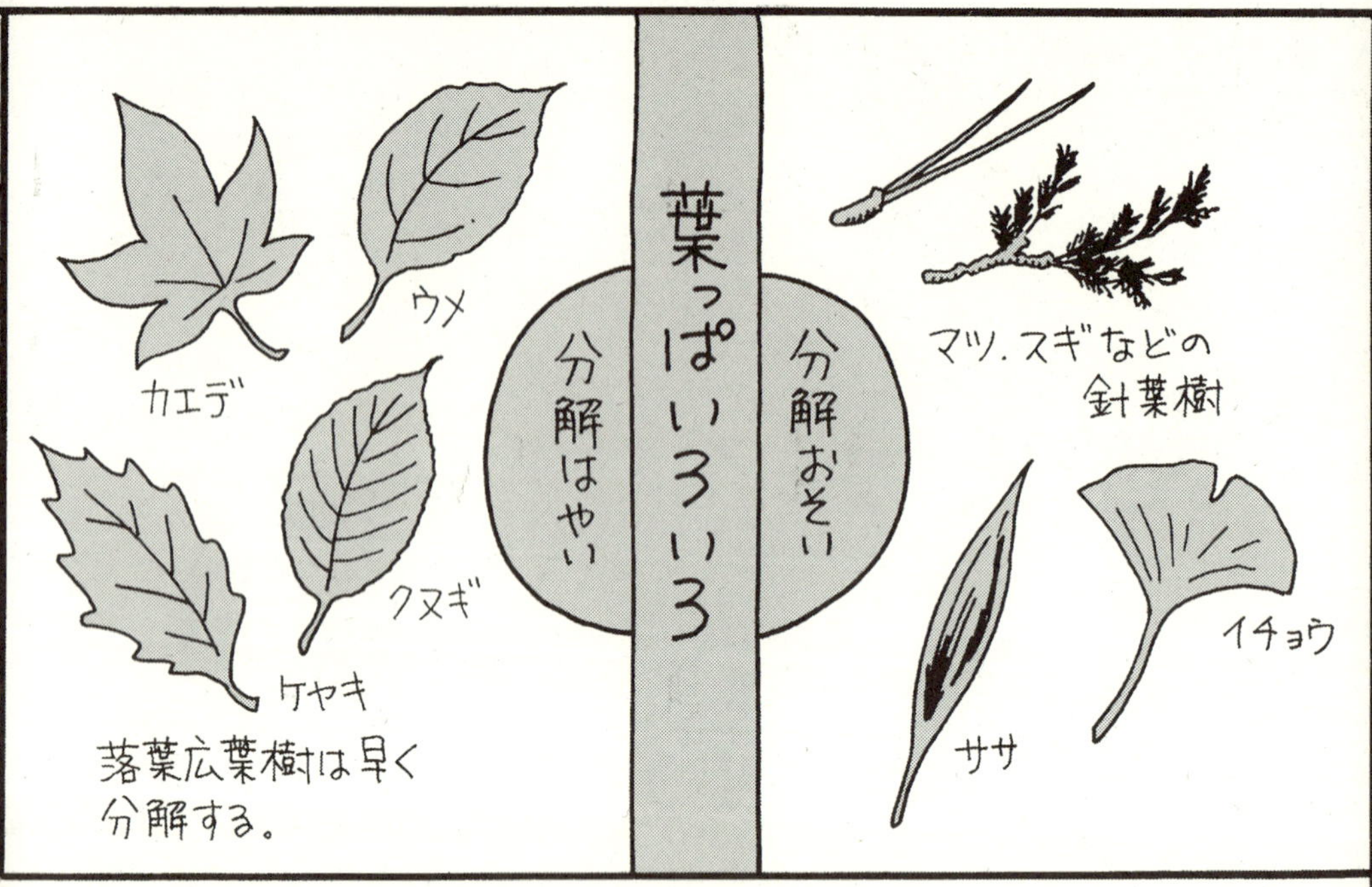
葉っぱいろいろ
分解はやい
分解おそい
カエデ
ウメ
ケヤキ
クヌギ
落葉広葉樹は早く分解する。
マツ．スギなどの針葉樹
ササ
イチョウ

ネット袋でつくる落ち葉堆肥

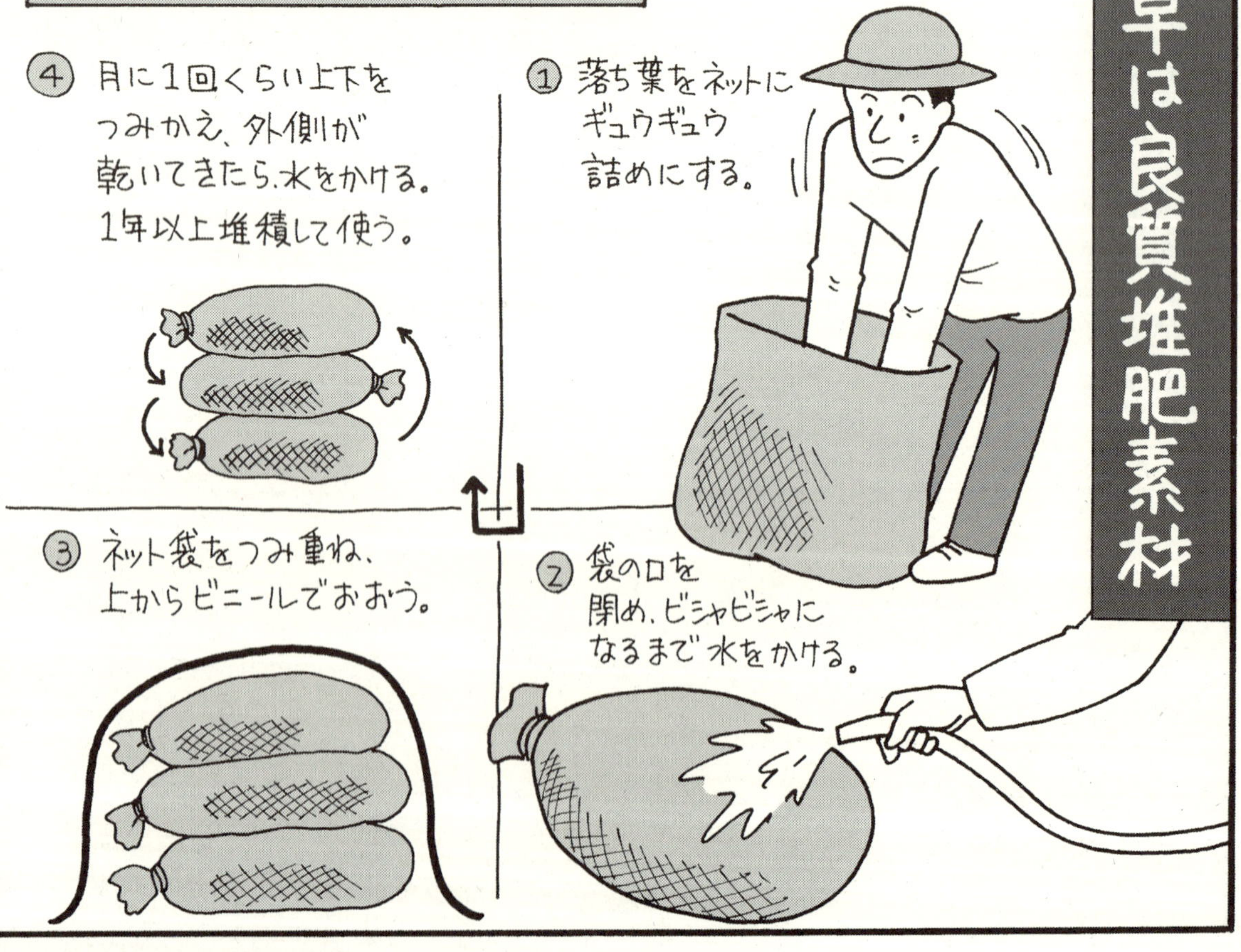
① 落ち葉をネットにギュウギュウ詰めにする。
② 袋の口を閉め、ビシャビシャになるまで水をかける。
③ ネット袋をつみ重ね、上からビニールでおおう。
④ 月に1回くらい上下をつみかえ、外側が乾いてきたら水をかける。1年以上堆積して使う。

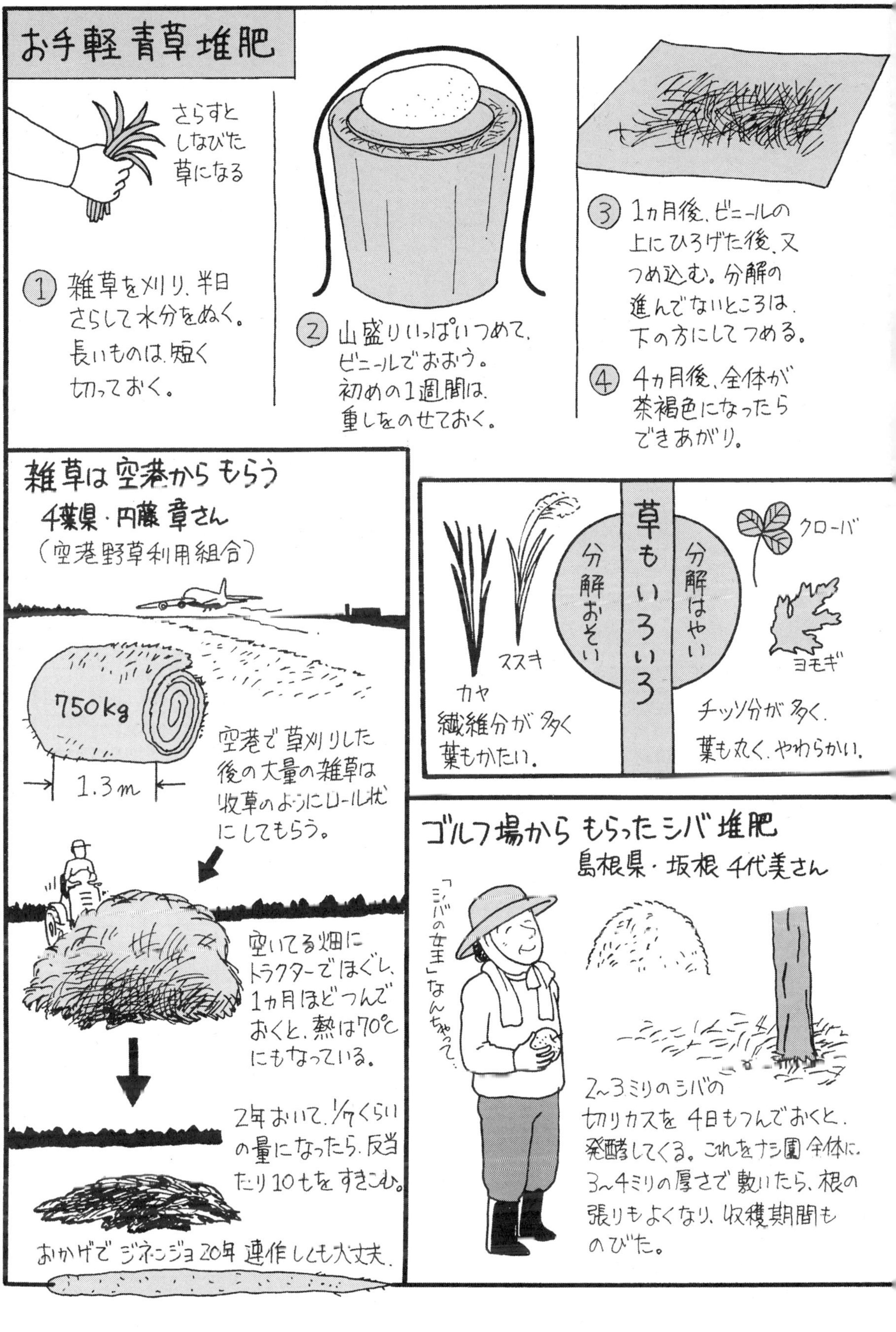
お手軽青草堆肥
さらすと しなびた 草になる
① 雑草を刈り、半日さらして水分をぬく。長いものは、短く切っておく。
② 山盛りいっぱいつめて、ビニールでおおう。初めの1週間は、重しをのせておく。
③ 1ヵ月後、ビニールの上にひろげた後、又つめ込む。分解の進んでないところは、下の方にしてつめる。
④ 4ヵ月後、全体が茶褐色になったらできあがり。
雑草は空港からもらう
千葉県・円藤 章さん
(空港野草利用組合)
750kg
1.3m
空港で草刈りした後の大量の雑草は牧草のようにロール状にしてもらう。
空いてる畑にトラクターでほぐし、1ヵ月ほどつんでおくと、熱は70℃にもなっている。
2年おいて、1/7くらいの量になったら、反当たり10tをすきこむ。
おかげでジネンジョ20年連作しても大丈夫。
草もいろいろ
分解おそい
分解はやい
カヤ
ススキ
繊維分が多く葉もかたい。
クローバ
ヨモギ
チッソ分が多く、葉も丸く、やわらかい。
ゴルフ場からもらったシバ堆肥
島根県・坂根 千代美さん
「シバの女王」なんちゃって…
2〜3ミリのシバの切りカスを4日もつんでおくと、発酵してくる。これをナシ園全体に、3〜4ミリの厚さで敷いたら、根の張りもよくなり、収穫期間ものびた。

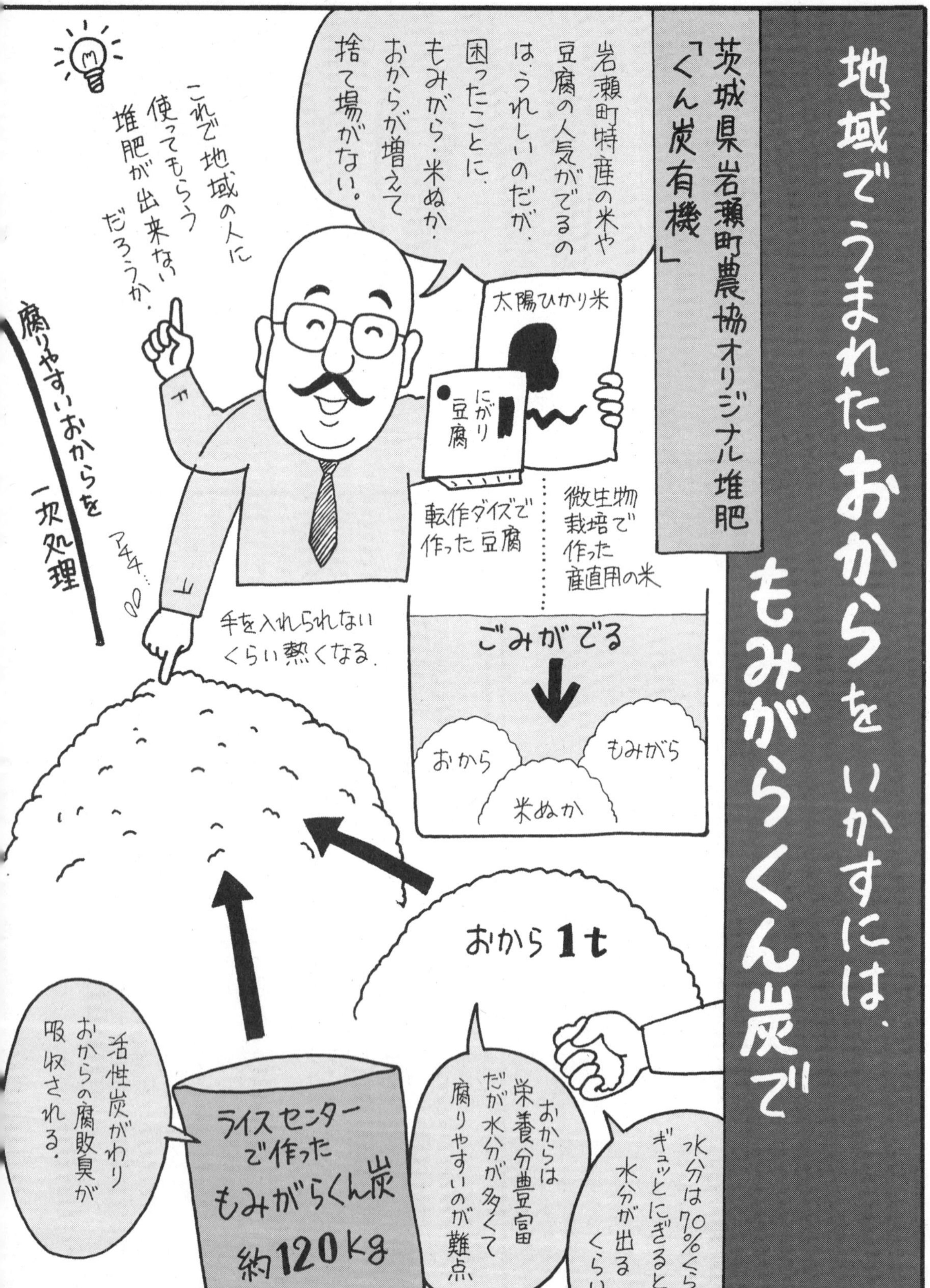
地域でうまれたおからをいかすには、もみがらくん炭で
茨城県岩瀬町農協オリジナル堆肥「くん炭有機」
岩瀬町特産の米や豆腐の人気がでるのはうれしいのだが、困ったことに、もみがら・米ぬか・おからが増えて捨て場がない。
これで地域の人に使ってもらう堆肥が出来ないだろうか。
太陽ひかり米
にがり豆腐
微生物栽培で作った産直用の米
転作ダイズで作った豆腐
ごみがでる
おから
もみがら
米ぬか
腐りやすいおからを一次処理
アチチ…
手を入れられないくらい熱くなる。
おから1t
水分は70%くらい。ギュッとにぎると水分が出るくらい。
おからは栄養分豊富だが水分が多くて腐りやすいのが難点
ライスセンターで作ったもみがらくん炭 約120kg
活性炭がわりおからの腐敗臭が吸収される。

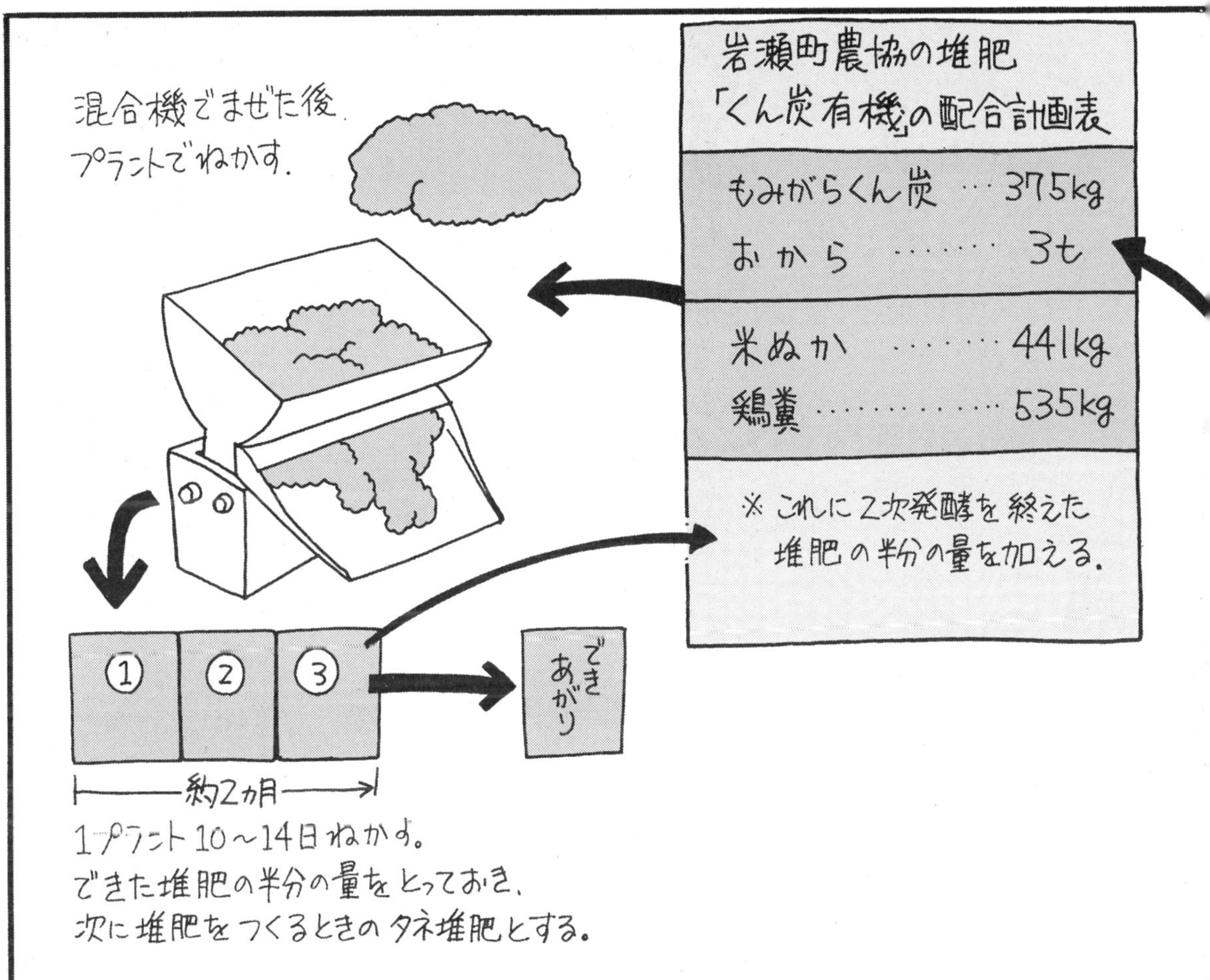
岩瀬町農協の堆肥
「くん炭有機」の配合計画表
もみがらくん炭 …375kg
おから ……… 3t
米ぬか ……… 441kg
鶏糞 ………… 535kg
※ これに2次発酵を終えた堆肥の半分の量を加える。
混合機でまぜた後プラントでねかす。
① ② ③
できあがり
約2ヵ月
1プラント 10～14日ねかす。
できた堆肥の半分の量をとっておき、次に堆肥をつくるときのタネ堆肥とする。

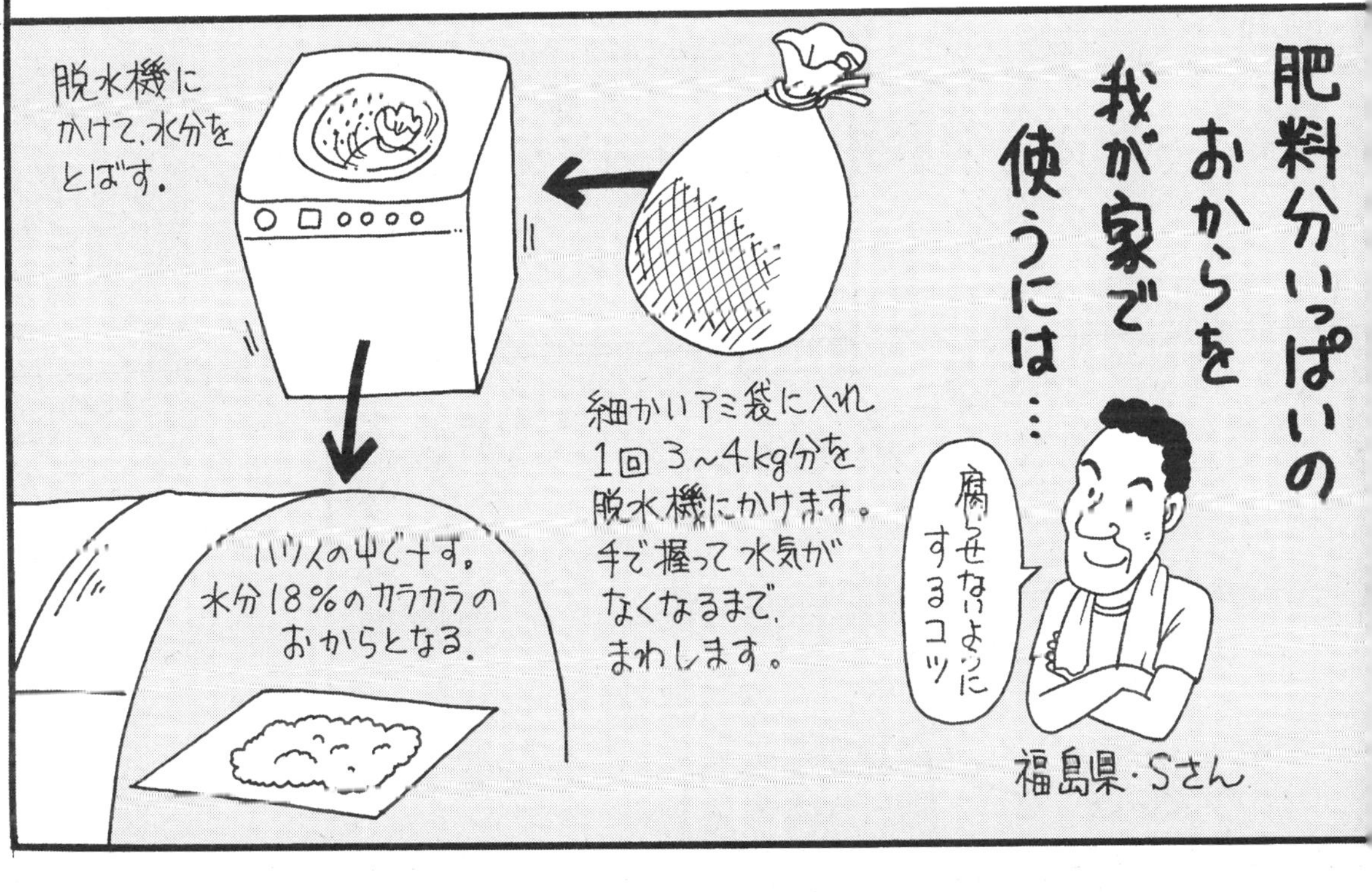
肥料分いっぱいのおからを我が家で使うには…

細かいアミ袋に入れ1回3～4kg分を脱水機にかけます。手で握って水気がなくなるまで、まわします。

脱水機にかけて、水分をとばす。

ハウスの中で干す。水分18%のカラカラのおからとなる。

腐らせないようにするコツ
福島県・Sさん

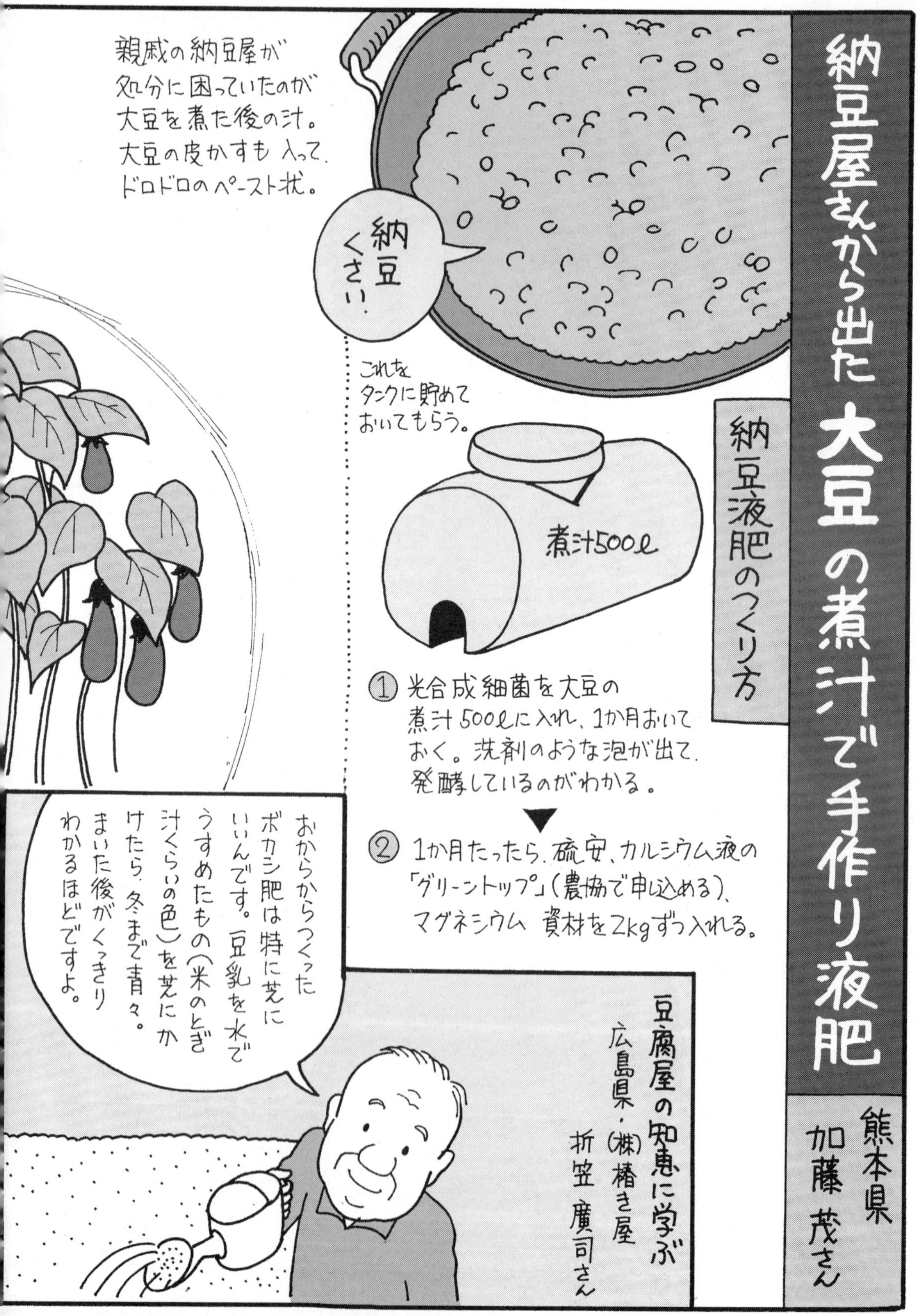
納豆屋さんから出た大豆の煮汁で手作り液肥
熊本県 加藤 茂さん
親戚の納豆屋が処分に困っていたのが大豆を煮た後の汁。大豆の皮かすも入って、ドロドロのペースト状。
納豆くさい！
これをタンクに貯めておいてもらう。
納豆液肥のつくり方
煮汁500ℓ
① 光合成細菌を大豆の煮汁500ℓに入れ、1か月おいておく。洗剤のような泡が出て、発酵しているのがわかる。
② 1か月たったら、硫安、カルシウム液の「グリーントップ」（農協で申し込める）、マグネシウム資材を2kgずつ入れる。
豆腐屋の知恵に学ぶ
広島県・(株)椿き屋 折笠廣司さん
おからからつくったボカシ肥は特に芝にいいんです。豆乳を水でうすめたもの（米のとぎ汁くらいの色）を芝にかけたら、冬まで青々。まいた後がくっきりわかるほどですよ。

どうだい この色艶のいいこと
「納豆液肥」は、1か月くらいおいたら使える。大体、水200ℓに納豆液肥を40ℓ入れ、他の液肥と同じようにかん水する。樹勢が弱いときは、葉面散布してもいい。
納豆液肥を使うようになってから灰かび病もすすかび病もピタリと止んだ。
納豆菌パワ〜〜！
おまけに秀品率もアップ
収穫の谷間もなくなってしまった。
納豆に含まれている酵素群は、たんぱく質（身体のアカ）や脂肪、でんぷんなどを分解してしまう。しかし、人工着色料や、添加物の分解はできないので、洗剤、石けんを一緒に使う。（現代農業96年12月号）
昔の人の知恵に学ぶ
江戸時代の「豆腐集説」から
大豆の煮汁の利用法
衣類の洗たくに用いる。
あかやあぶらがよくとれる。
さとう少々
塩少々
不安なら納豆2・3粒。
大豆の煮汁
福島県
薄上 秀男さん

海からもらおう
畑の力
ウニ殻堆肥でポンカンが隔年結果しない
宮崎県・小田原蔵義さん
いっぱい
ウニ殻
材料は近くの
魚港からもらってくる。
2月初旬から2〜3か月
でウニ殻が2tトラッ
ク10台分が集まった。
梅雨に
あてて塩分を
ぬく。
中は
60℃
自然につぶれて大豆
くらいの大きさになったら、
ローダーで発酵させた
牛ふんとまぜる。
ウニ殻1に
対して牛ふん
3の割合。
おいしそうな名前だこと。
ウニポンカン
味はいいぞ
ネーミングが
よかったのか、産直の
申し込みが500件以上！
これもウニのおかげ。
スコップで園内にまいて10年
隔年結果がなくなった。

カニ・エビ・シャコなどの乾燥した甲殻類の主成分
キチン質
たんぱく質
炭酸カルシウム
放線菌
キチン質を含む肥料を土に加えると、糸状菌や放線菌が増え、その力が病原菌を抑えてしまう。毎年少量でも入れてゆくと土壌改善にもなる。
キチン質が
エビ殻
カニ殻
キチン質は、昆虫の身体にも含まれている。山の土が連作障害をおこさないのは土の中に昆虫の死がいが沢山あるから？
昔の人の知恵に学ぶ
海から
海草
時化の後にうちあげられた海草（カジメなど）を広げ、塩分を雨水で流す。乾いたら、畑の畝の肩におき覆土した。
塩水
大事な木を荒らされてたまるか。
ポタ…
桐の葉をくい荒す毛虫には、塩水を根の回りにかける。夕方かけると塩気が梢にまでわきわたり、朝には虫が死んで落ちている。

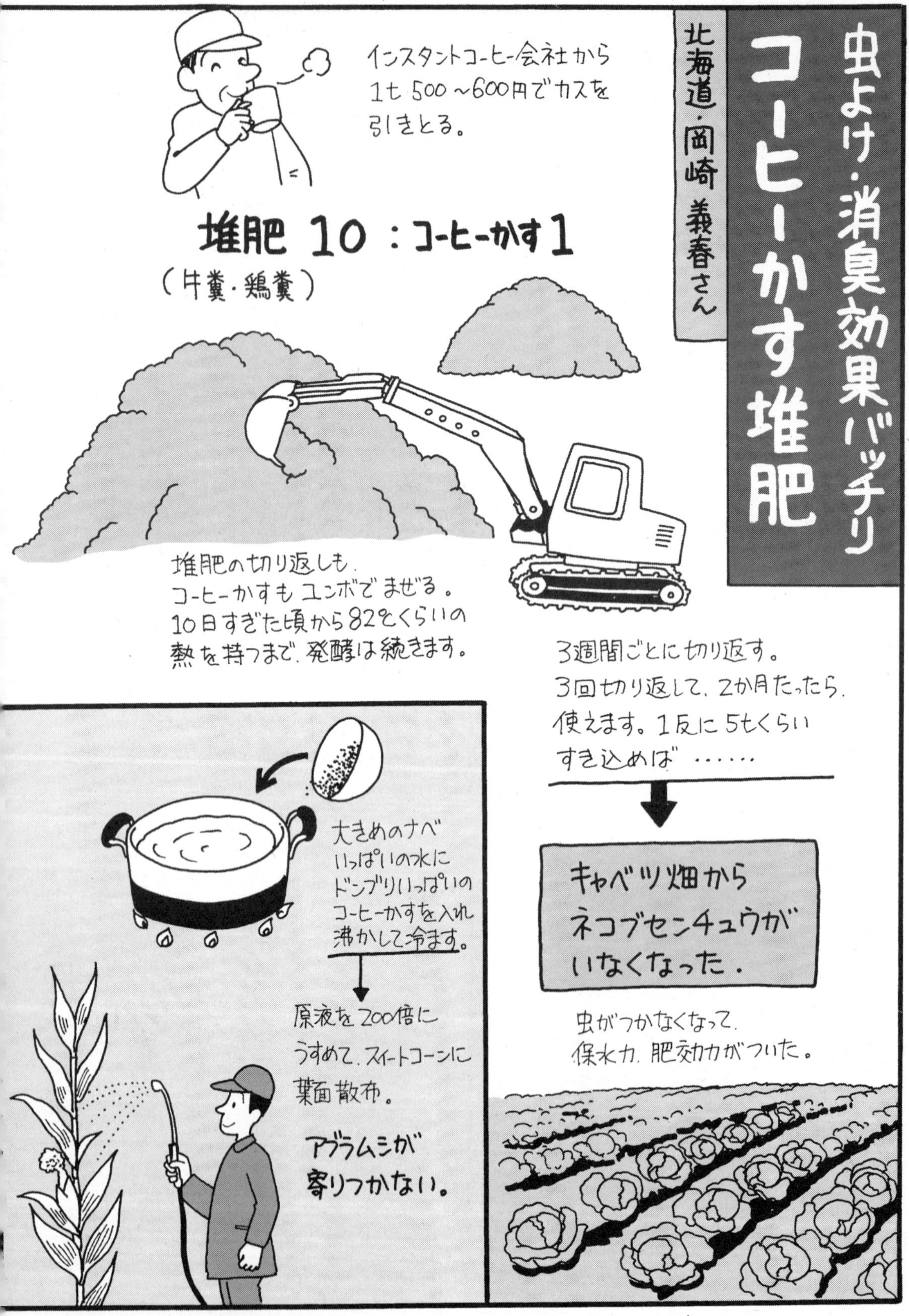
虫よけ・消臭効果バッチリ
コーヒーかす堆肥
北海道・岡崎義春さん
インスタントコーヒー会社から
1t 500〜600円でカスを
引きとる。
堆肥 10 ：コーヒーかす 1
（牛糞・鶏糞）
堆肥の切り返しも、
コーヒーかすも ユンボで まぜる。
10日すぎた頃から82℃くらいの
熱を持つまで、発酵は続きます。
3週間ごとに切り返す。
3回切り返して、2か月たったら、
使えます。1反に 5tくらい
すき込めば ……
キャベツ畑から
ネコブセンチュウが
いなくなった。
虫がつかなくなって、
保水力、肥効力がついた。
大きめのナベ
いっぱいの水に
ドンブリいっぱいの
コーヒーかすを入れ
沸かして冷ます。
原液を200倍に
うすめて、スイートコーンに
葉面散布。
アブラムシが
寄りつかない。

臭いを吸いとる
コーヒーかす
コーヒーかすや、茶かすに含まれているタンニンなどのフェノール性物質は、悪臭を抑える効果があり、堆肥とまぜると、臭い対策に効果あり。
堆肥は香りだな。
これ香肥なるかな。
コーヒーの臭いで
ネズミも逃げる
宮城県・石川正和さん
私のところは、コーヒー豆を加工する会社から、豆をいった後に出る皮をもらってきて、それをネズミ除けに使っています。
丁度、ラッカセイのカシャカシャの皮に似ています。玉ねぎの袋につめ、鶏舎の柱やはり、すき間においています。
1週間もすると臭いが弱くなるので、中身をとりかえます。
コーヒーかすのマルチで
草が生えない!?
島根県・横山美佐子さん
お店で毎日出るコーヒーかすをナスのうねにまいたら、いつまでも、草は生えないし、アブラムシも寄ってこない。
なぜかというと、コーヒーかすには、種子の発芽や、根の生成を抑える働きがあるためです。
※ただし、野菜の生育も抑制しないよう、一度に大量のカスを土に直接入れないように。

貝原浩原図を改変

有機物マルチに割り肥に
畑に欠かせないカヤ堆肥

大坪夕希栄　岐阜県下呂市

畑にはわらではなくカヤ（萱）

九月になったら時間のあいたときにカヤを刈り取って、切り返しの必要がないラクトバチルス菌で堆肥を作っています。カッターで切って、米ぬかとラクトバチルスを混ぜたものを交互に重ねてゆきます。このときばかりは主人が主役となります。

わらは耕うん機の刃にからみつくのですが、カヤだとボソボソとして扱いやすいので気に入っています。わらのほうは全部田んぼに入れて、畑にはカヤを入れています。

カヤは庭木用の畑の法面《のりめん》から刈ってきます。この畑の耕地整理をしてくれたのが私の父だったので、「ああしてこうして」と注文の付け放題。カヤもそのへんから株を集めて法面に植え付けてもらいました。おかげで今では十分すぎるほどの量が刈れるようになりました。

カヤも青いうちに堆肥にしたほうが水分があってよいと思うのですが、それでは運ぶのに重すぎるので、刈ったあと一か月ほど置いておきます。乾燥すると一束二〇kgほどになります。昨年は四〇束ほど集めました。

カヤ堆肥をマルチ代わりに

カヤ堆肥の使い方ですが、コオロギの心配がない時期はベッドにたっぷりと敷き詰めて堆肥マルチとしています。苗物を定植したあと、前年の秋に発酵させたカヤ堆肥を葉が隠れないようにしながら敷き詰めます。厚さは三cmぐらいになります。レタスやキャベツ、モロヘイヤなどにも全面に敷き詰めます。雨が降っても泥が跳ねないので、葉の裏側もきれいです。黒いポリマルチだと使用後の処理が面倒ですが、カヤ堆肥マルチだと次の作付けの準備のときにうないこめるのでラクです。

クモなどいろいろな生き物のすみかとなって、害虫も少なくなるようです。

わらをマルチすると、作が終わってからうないこむときに、耕うん機の刃にわらがからみついて邪魔なのですが、カヤだとボッボッ折れて砕けます。土によくなじむようです。

カヤ堆肥のマルチにはクモなどの天敵がすみつくのか、害虫も少ない。厚めに敷き詰めて種を隠せば鳥よけにもなるようで、このスナックエンドウも去年は鳥よけのパオパオをかけなくても大丈夫でした

うね間を次作の割り肥にする

ジャガイモのうね間にもどっさりと入れま

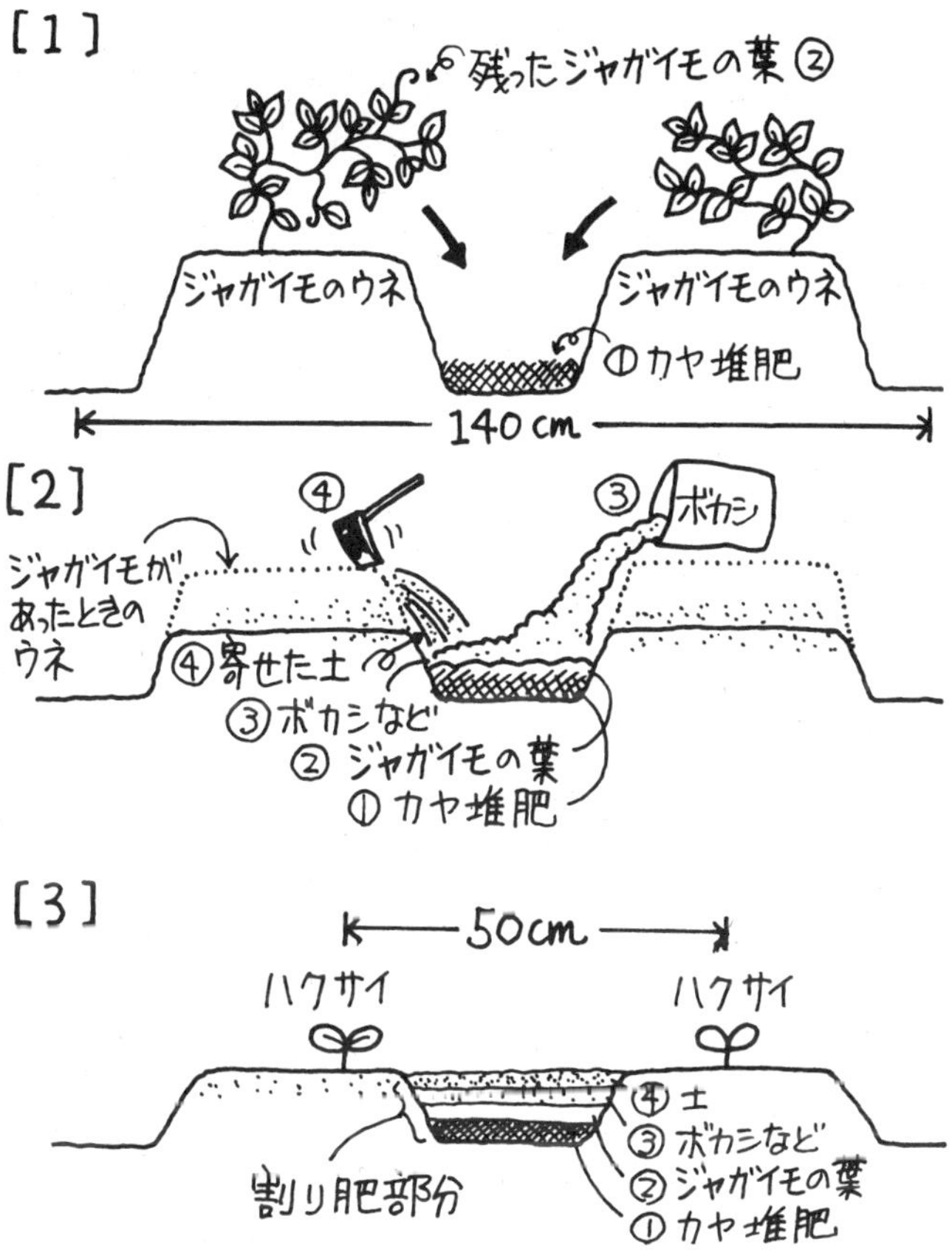

カヤ堆肥(①)を敷き詰めたうね間に、収穫後に残ったジャガイモ葉(②)を入れる

さらにうね間を埋めるようにして、ボカシや鶏糞(③)を入れる。ジャガイモのうねだった部分にもまいて浅く耕し、次に植える白菜の元肥とする。うね間を埋めるよう土を寄せる(④)。土でふたをするかんじ

うね間がそのまま割り肥部分になった平床ベッドになる。こうやってジャガイモの後作はいつも白菜、と決まっている

す。うねのほうには黒マルチをしているので、ジャガイモ畑には草が生えることはありません。

そして収穫後はカヤ堆肥の上にジャガイモの葉を落とし、うね間を埋めるようにしてボカシや鶏糞などを入れて土を寄せれば、簡単に割り肥(待ち肥)入りの平床ベッドが完成します(図)。うね間がそのまま割り肥部分となって、うねを連続利用できます。うね幅がちょうどよいので、毎年、ジャガイモのあとに白菜を作っています。

ただし、秋のタマネギにはカヤ堆肥ではなくもみがらをマルチします。カヤよりも保温効果が高いのと、ちょうどカヤ堆肥が底をついて、もみがらのほうが手に入りやすい時期になるからです。カヤ堆肥は葉をよけて敷き詰めないといけませんが、もみがらは苗の上からでもガバッガバッとかけられるので扱いがラクなのも気に入っています。

不耕起・鎮圧、控えめかん水 トマトのその後

今年はハウストマトを、村松安男さんと養田昇さんの本を教科書として作ってみました。重点は硬いベッド、吸水根と吸肥根のすみわけ、節水です。

ベッドの部分は黒ポリマルチ、通路の部分にはカヤ堆肥を敷き詰めているので、乾燥が続いた七月末に一回だけ一分ほど水をあてただけでした。それでもしおれず、生長点を見る限り、養分も途切れていないように見受けられました。今までのように樹が暴れるということもなく、葉が小さく樹も細いです。樹が一気に太ると幹に「メガネ」とよばれるくぼみができるのですが、今年はできませんでした。

本には糖度の高いトマトはベースグリーン

（へたの近くの緑のところ）が濃く、中心部に星模様があって、その線が長いとあります。今年のトマトは、下の段はそれほどではなかったのですが、上段になるにつれ、糖度も上がっている感じがします。空洞果もなく、味も濃く感じました。「たしかに今年のトマトはうまい」と主人もたくさん食べてくれます。

ただ、初期の台風の影響で傷が目立ちました。また、ハウスの端は雨水が侵入するせいか、いくぶん樹も太く、葉も大きくなっています。

ここまではうまくいっているような気もしたのですが、一つ大事なことが抜けておりました。葉かび病対策です。予定では苗の段階から木酢液などを散布して丈夫に育てるつもりでした。でも、実際は定植間際の数日間やっただけとなり、初期の管理があまかったようでした。七月の中頃に初期の症状が現れ、米酢二〇倍液や木酢液・焼酎・HB―101・EMなどを三日おきに四回散布しましたが、だんだんと広がっていきました。私のような無農薬栽培は、一度病気が広がってしまうと、もうお手上げです。こうなったらきっぱりとあきらめるより仕方がありません。

ただし、ハウスの中は酢のにおいが漂っていたせいなのか、害虫などの被害は例年に比べると少なかったようです。養田さんも「苗の時代に木酢液を使用するなどして徹底的に消毒を」と書かれているように、育苗中のこまめな対応が大事だと反省しています。

二〇〇四年十月号　有機物マルチに割り肥に畑に欠かせないカヤ堆肥

カヤ堆肥のつくり方

毎年これぐらいのカヤを集めてくる。畑の法面にカヤを植え付けて増やした

乾燥したカヤをわら切りカッターにかけて、枠の中に飛ばしながら入れて、詰める。枠はL字アングルを溶接してコンパネをはめ込み、内側をビニールシートで囲んである

米ぬかにラクトバチルスを混ぜたものをまく。メーカーによると乾燥したカヤだけの場合は1tに400〜600gのラクトバチルスが必要。さらに上から水をたっぷりとまく。一緒に木酢液（300倍）も散布。水分は60%といわれますが、私の場合は適当。カヤ→米ぬか＋ラクトバチルス→水＋木酢液と何回か繰り返し、最後にビニールシートでふたをして上に重しを載せて完了

あっちの話こっちの話

もみがらの発酵促進には木酢、三か月で極上堆肥に

中島弘智

千葉県長南町の鶴岡英一さんは、農協を定年退職後、本格的に農業に取り組んでいます。協業で、地域の田んぼ二〇ha分のもみすりをやりながら、もみがら堆肥を作って販売もしています。そんな鶴岡さんのもみがら堆肥づくりに欠かせないのが木酢。炭焼きもしているので、木酢も自家製のものを使います。

もみがらは水をはじいて一年経ってもなかなか発酵が進まないのですが、木酢を使うとじつによく発酵し、三か月ほどで良質の堆肥になるといいます。

材料はもみがら、米ぬか、鶏糞、約二〇〇倍に薄めた木酢。

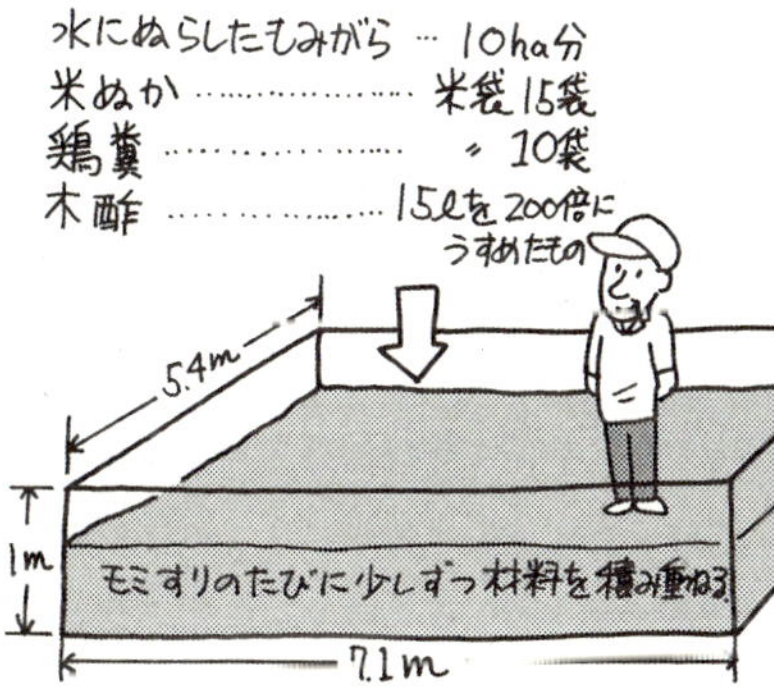

もみすりをしてもみがらが出るたびにそれらを少しずつ積み重ね、表面を足で踏み込んでビニールシートをかけておきます。温度が七〇度くらいになったら、表面を軽く削ってそこに水をかけます（木酢をかけると発酵が進むので、このときは木酢ではなく水を使用）。温度が上がらなくなったところで、今度は木酢をかけて切り返し。

濃い桜色で黒砂糖のようないいにおいになったら出来上がり。完成までの目安は三か月ほどで、その間切り返しは二回くらいしかしないそうです。木酢入りのこの堆肥を、鶴岡さんは自家用のレンコンなどに使っていますが、腐敗病などが減ったとのこと。病害虫予防にもなると、自家菜園のお母さん方の間ではとくに人気があるんだそうです。

二〇〇五年三月号

いい土をかければ何でも腐る

瀬戸和弘

もみがらは堆肥にすると結構重宝に使えるものですが、なかなか腐らないので発酵菌を使う方も多いと思います。仙台市の伊深勝行さんは、しかしそういうのはあまり好まれないようで、土をかけておけば何でも腐ると言います。発酵菌は皆もともと土の中にいるものなので、それをわざわざ買ってまで入れる必要はないということなのです。

伊深さんの言うには、どこか堆肥場の近くにでも、一坪か二坪くらいの場所を設け、そこにまずミミズが棲むような土をつくる。つまり、十分に堆肥を入れた畑をつくります。その畑の土を、こんど堆肥を積む時に利用するとのこと。土を取ったらその分また堆肥を補給しておけば、翌年使える土になると言います。

堆肥作りに挑戦してみようという方、試してみてはいかがですか。

一九九三年五月号

コンポスト容器のじょうずなつかい方

松崎敏英

コンポスト容器は温度があがりにくい

　農家や堆肥センターによる堆肥づくりでは製造中に高温を発生するのに対し、コンポスト容器による堆肥づくりは、外気温を大幅に上回るような高温にはならない。一〇〇～二〇〇ℓの容量では、たとえ発熱しても放熱量が多いから高い品温を維持することができないからである。また、容器が密閉されている方式が多いため、発熱を伴う好気性発酵が行なわれにくい。

　悪臭が少なく、普通の堆肥に近いものをつくろうとするなら、容器に入れる生ごみは、できる限り水分を低くし、落葉や枯草などを添加するしかない。それでも、容器の中の環境は、好気性微生物の生活環境にとって好ましいものではなく、悪臭やハエが発生することを覚悟しなければならない。

　対策としては、今のところ生ごみと土壌を交互にサンドイッチ状に堆積するのがもっとも効果的である。土壌が悪臭を吸収し、ハエなどの侵入を防ぐばかりでなく、土壌中の微生物が生ごみの分解を促進するからである。

悪臭やハエの発生を防ぐポイント

　コンポスト容器では次のような気配りをすれば、かなり上手に堆肥をつくることができる。

①台所の生ごみは、三角コーナーで水を切り、かたく絞ってから容器に入れる。

②庭の落葉、雑草、土手の草、その他水気のあるものは、簡単でよいから天日で乾かして、水気を少なくしてから容器に入れる。

③気温が高くなると悪臭やウジ、ハエ、コバエ、ヤスデなどが発生する。そんなときは、土で生ごみを覆う。

④臭いやハエの発生が多かったり、気温の高い夏期は、蓋をしたままほうっておいてもよい。涼風が吹くころになって蓋を開ければ、きれいな堆肥になっている。

⑤魚や肉類などのたんぱく質の多いものを入れると悪臭の発生は防げない。気温の高い季節には、たんぱく含量が多いものは容器に入れないか、少なくする。

⑥庭木の剪定くずは、最高の堆肥材料である。そのままでは腐りにくいので剪定ばさみで小さく切ってから入れるようにする。

⑦台所の排水口（おとし）に使い古しのストッキングのごみ受けを取り付けゴム輪でとめておく。生ごみがたまったらかたく絞って容器に入れる。

簡単な堆肥化の方法

　畑に幅四〇cm、深さ三〇～四〇cmの溝を掘る。これに端から生ごみを入れ、上まで一杯になったら土をかけておくだけの簡単な方法である。

　春から秋にかけては、生ごみは簡単に腐ってしまうが、冬は腐りにくい。夏はハエやコバエが発生するから、生ごみを入れたらすぐに土をかけておく。いろいろな方法を試みたが、これが一番簡単で効果的な方法のようである。

　一三〇～二〇〇ℓ程度の大きさのコンポスト容器でも、三～四人家族の生ごみ処理は可能である。しかし、悪臭やハエやウジの発生を少なくし、ある程度まともな堆肥をつくるには、二個のコンポスト容器を用意したい。よい堆肥をつくるには、剪定くず・枯葉・刈り草・雑草などを入れたり、防虫や脱臭のため、かなりの量の土を入れなければならないからだ。

　コンポスト容器による生ごみの堆肥化処理は、ぜひ一度はチャレンジする価値があると思う。わが家の場合、今の家に移り住んでから二五年になるが生ごみは一切町の収集車のごやっかいにならず、自家用の堆肥にしている。自分でつくった堆肥で育てた野菜の味は格別であり、草花もひときわきれいに見えるものである。

（元神奈川県農業総合研究所）

『有機廃棄物資源化大事典』（農文協）より

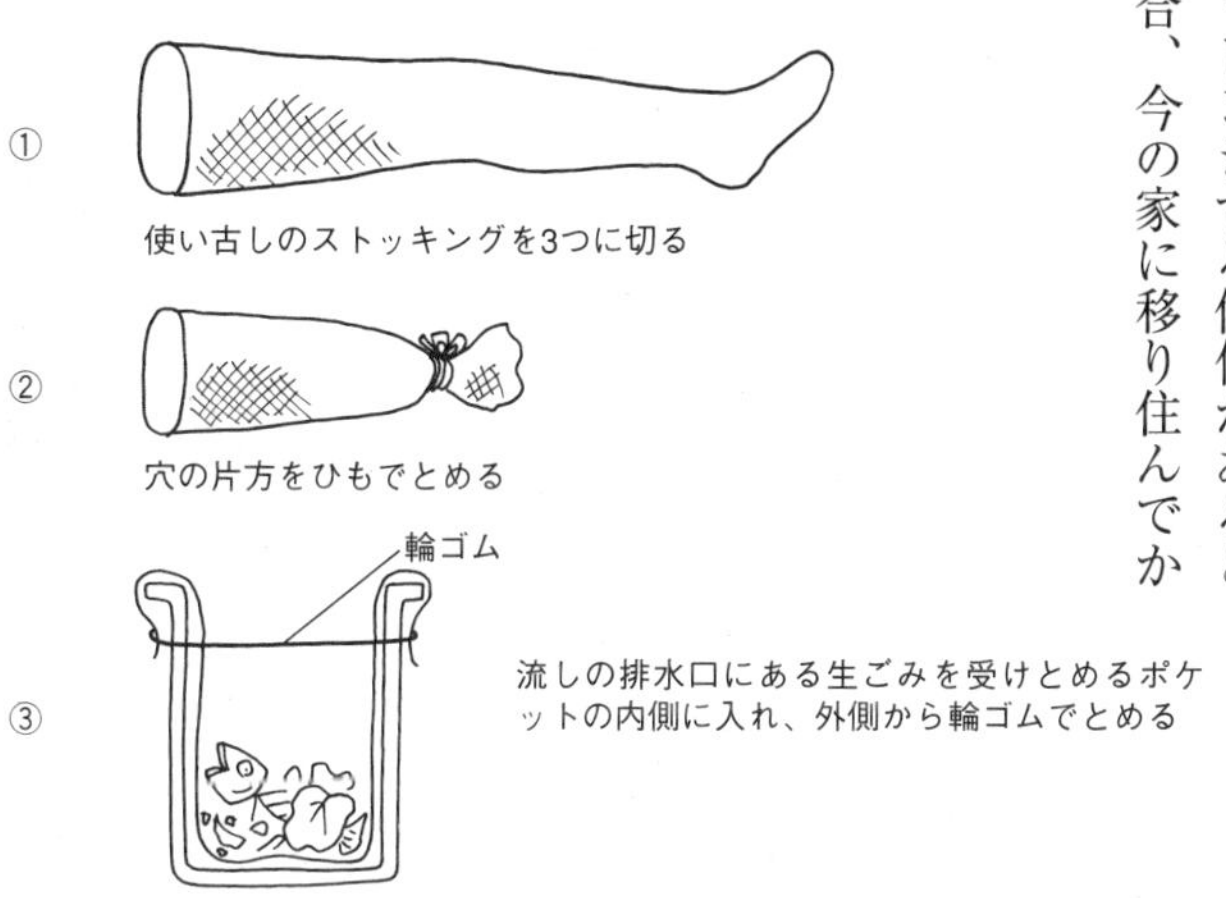
①
使い古しのストッキングを3つに切る
②
穴の片方をひもでとめる
③
輪ゴム
流しの排水口にある生ごみを受けとめるポケットの内側に入れ、外側から輪ゴムでとめる

ストッキングを利用した流しの残渣（おり）とり

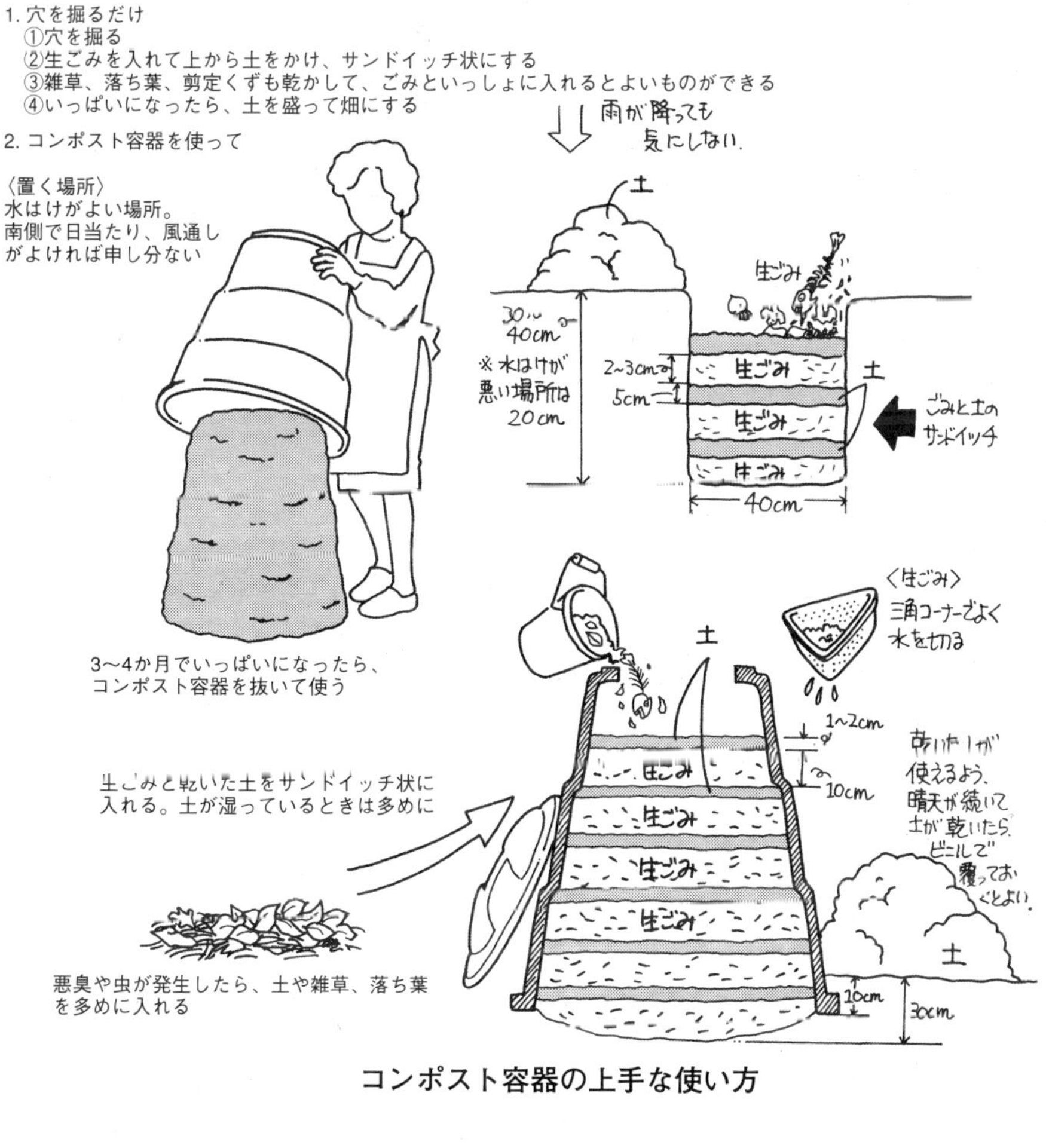
1. 穴を掘るだけ
①穴を掘る
②生ごみを入れて上から土をかけ、サンドイッチ状にする
③雑草、落ち葉、剪定くずも乾かして、ごみといっしょに入れるとよいものができる
④いっぱいになったら、土を盛って畑にする
2. コンポスト容器を使って
〈置く場所〉
水はけがよい場所。
南側で日当たり、風通しがよければ申し分ない
雨が降っても気にしない
土
生ごみ
30～40cm
※水はけが悪い場所は20cm
2～3cm
5cm
ごみと土のサンドイッチ
40cm
3～4か月でいっぱいになったら、コンポスト容器を抜いて使う
〈生ごみ〉
三角コーナーでよく水を切る
1～2cm
10cm
乾いた土が使えるよう、晴天が続いて土が乾いたら、ビニールで覆っておくとよい。
生ごみと乾いた土をサンドイッチ状に入れる。土が湿っているときは多めに
悪臭や虫が発生したら、土や雑草、落ち葉を多めに入れる
10cm
30cm

コンポスト容器の上手な使い方

発酵堆肥枠
生ごみ・野菜くずで土づくり

西村久枝　滋賀県竜王町

自分で作れる堆肥枠

同じ野菜苗を同時に定植しても、植えた場所によって生育がかなり異なることがあります。土質を変えることはできませんが、土づくりによって、よい土にすることは可能です。

化成肥料さえやれば万全といった農家の風潮が一時期ありました。土は食物を生み出し、後世へ残さなくてはならない宝物です。〝その時よかれ〟の風潮に危機感をおぼえ、昔から堆肥の必要性を感じていました。

私たちは、発酵堆肥枠を利用した土づくりにグループで取り組んできました。この堆肥枠は、器用な方なら日曜大工で作ることができます。残飯、わらくず・米ぬか・雑草の処理ができ、同時にいい堆肥がつくれます。

にんにくでモグラを防ぐ

堆肥を入れることで、父から受け継いだ畑にはミミズが多くなり、弾力性に富んだよい土になってきました。ただし、ふえたミミズをねらってモグラが大あばれして仕方がありません。

今年のトマト（桃太郎）は生育がよかったのに、いよいよ色づき直前になって木の勢いが急になくなってきました。モグラ（ネズミ？）の仕業と気がついた時はすでに遅く、泣くにも泣けない悔しさでした。『現代農業』の桑原光子さんの記事を読んで、シシトウが一本やられたときに、にんにくの一片を穴の中に埋めたらモグラ被害がピタリと止まりました。いいことを教えていただきありがとうございました。

野菜くずや川藻も土に還す

冬場に育苗ハウスで栽培する野菜は収穫量が多い分、不良品も多く出ます。また宅配以外の市場出荷の大根などは葉を切り落とします。これらの野菜くずを切りわら・鶏糞・米ぬかなどと一緒に、田んぼで箱寿しのように積肥（つみごえ）にします。ビニールで覆って乾燥を防ぎますが、逆に雨の日は少しの間ビニールをはがして、水分を補給します。こうしておくと、冬の間に堆肥になってしまいます。こうしてできた生ごみ堆肥を、夏野菜を作付るところにすき込みます。

畦畔の草刈りはほとんど機械で作業がこなせますが、排水溝の草は手で刈ります。近年は排水溝の水が富栄養化するためなのか、たくさんの川藻が生えています。これを畑に上げて、花畑や野菜の元に施すと乾燥が防げます。肥料分が多いのか、だんだんといい土が肥えてくるようです。

堆肥を入れると肥料が長もち、野菜もおいしい

堆肥を十分に施した土は肥切れがしにくく、施した肥料が効率よく作物に吸収されるようです。ただし、三度豆、枝豆、グリーンピースなどの豆類の場合は、木ができすぎないよう追肥を控えなければなりません。

連作を嫌うグリーンピースでも、転作田に植えるようにすると、年々場所が変わっていくので連作障害の心配はありません。普通の野菜でも連作をさけるほうがいいのですが、いつ何を植えたのかの記憶が年齢とともに自信がなくなってきます。そこで春・夏・秋・冬の畑の作付け状態がわかるように、図にして記録しています。

宅配に出す野菜は、市場出しとはちがい、お客様の反応がその日のうちに、伝わってきます。つい先日もナスが軟らかくてとてもおいしいという言葉をいただきました。親類や近所に配っても、やはり喜んでいただけます。だからますます堆肥づくり土づくりに力がはいります。

一九九四年十月号　発酵堆肥枠で土づくり

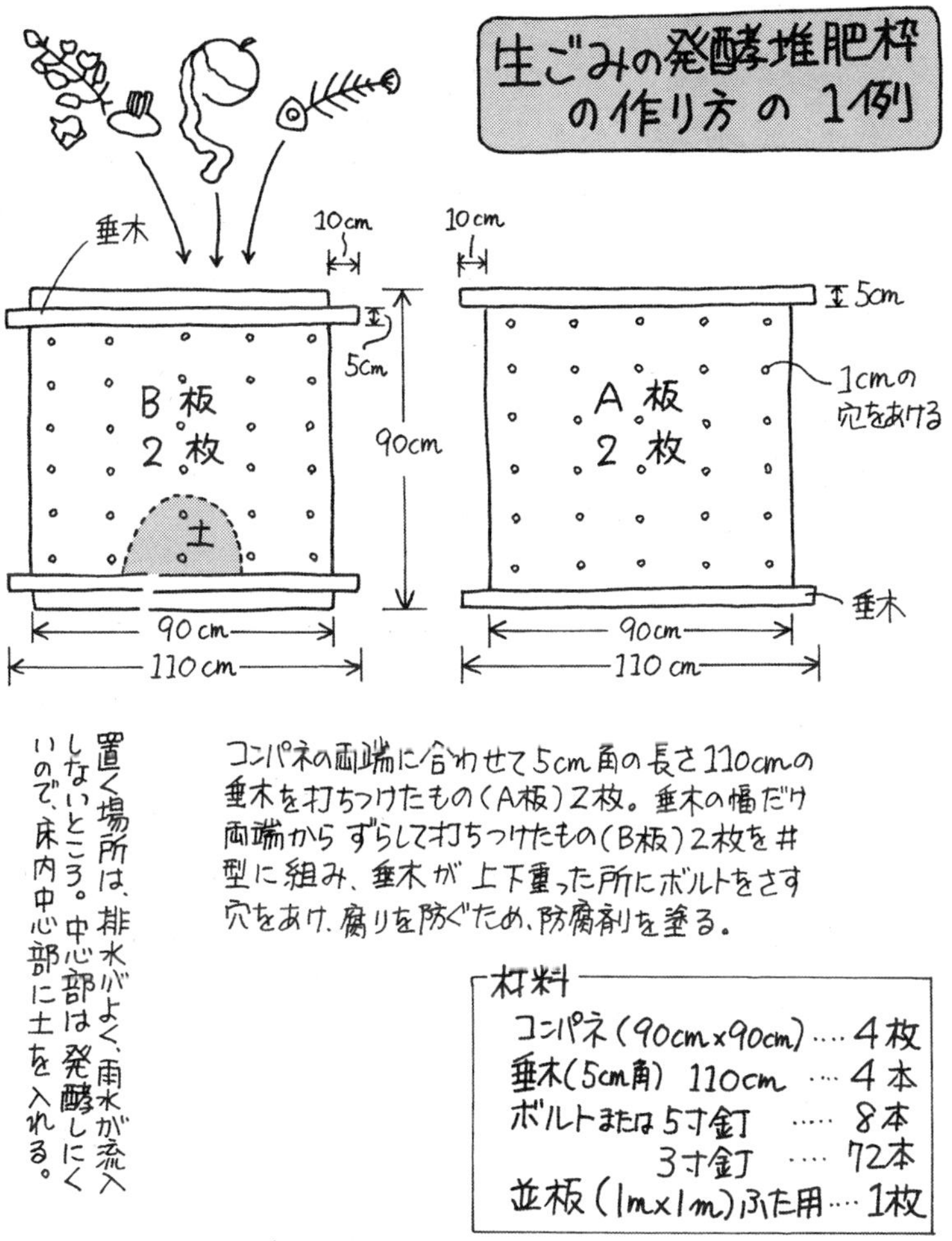
生ごみの発酵堆肥枠の作り方の1例
垂木
10cm
10cm
5cm
5cm
B板
2枚
土
A板
2枚
1cmの穴をあける
90cm
垂木
90cm
110cm
90cm
110cm
置く場所は、排水がよく、雨水が流入しないところ。中心部は発酵しにくいので、床内中心部に土を入れる。
コンパネの両端に合わせて5cm角の長さ110cmの垂木を打ちつけたもの(A板)2枚。垂木の幅だけ両端からずらして打ちつけたもの(B板)2枚を井型に組み、垂木が上下重った所にボルトをさす穴をあけ、腐りを防ぐため、防腐剤を塗る。
材料
コンパネ(90cm×90cm)……4枚
垂木(5cm角) 110cm……4本
ボルトまたは5寸釘……8本
3寸釘……72本
並板(1m×1m)ふた用……1枚

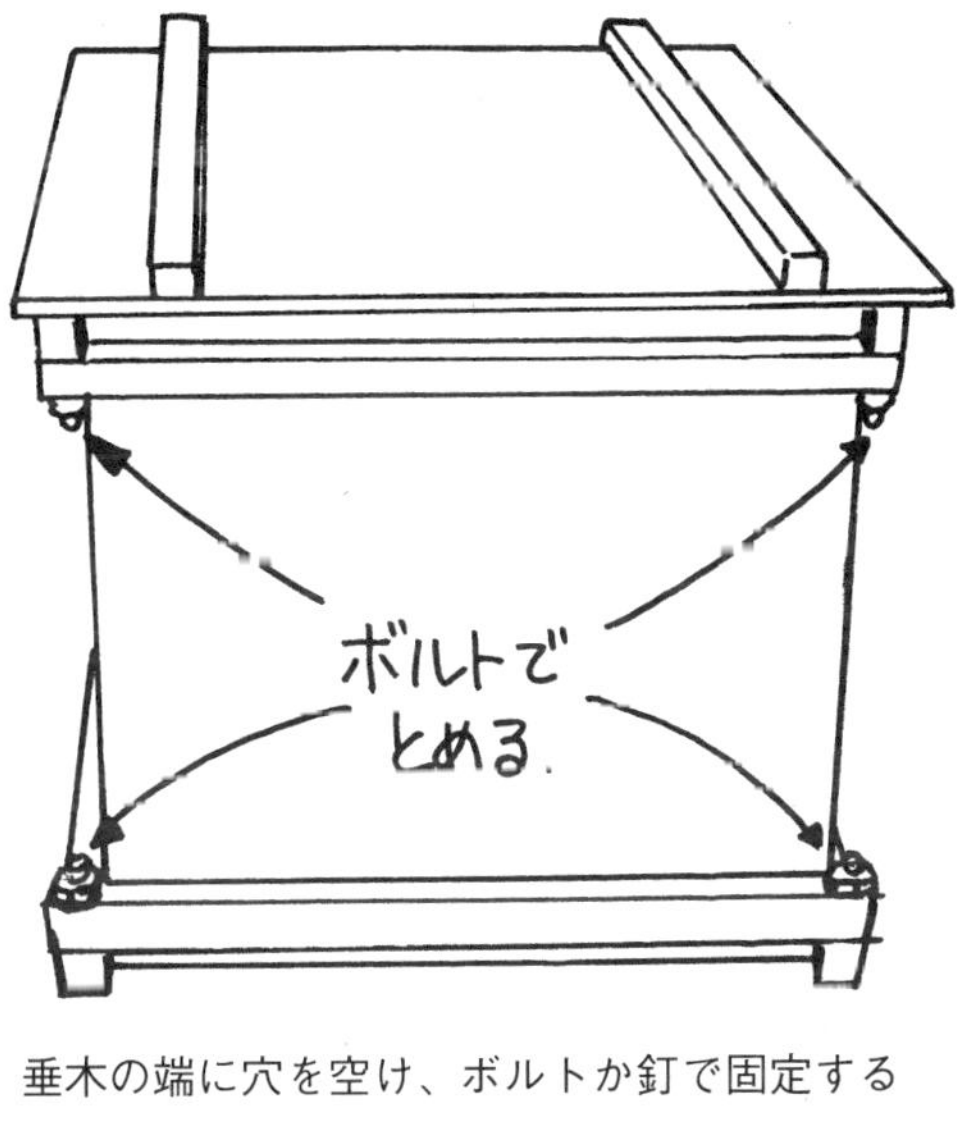
ボルトでとめる
垂木の端に穴を空け、ボルトか釘で固定する

枯れ草やわらで堆肥つくり

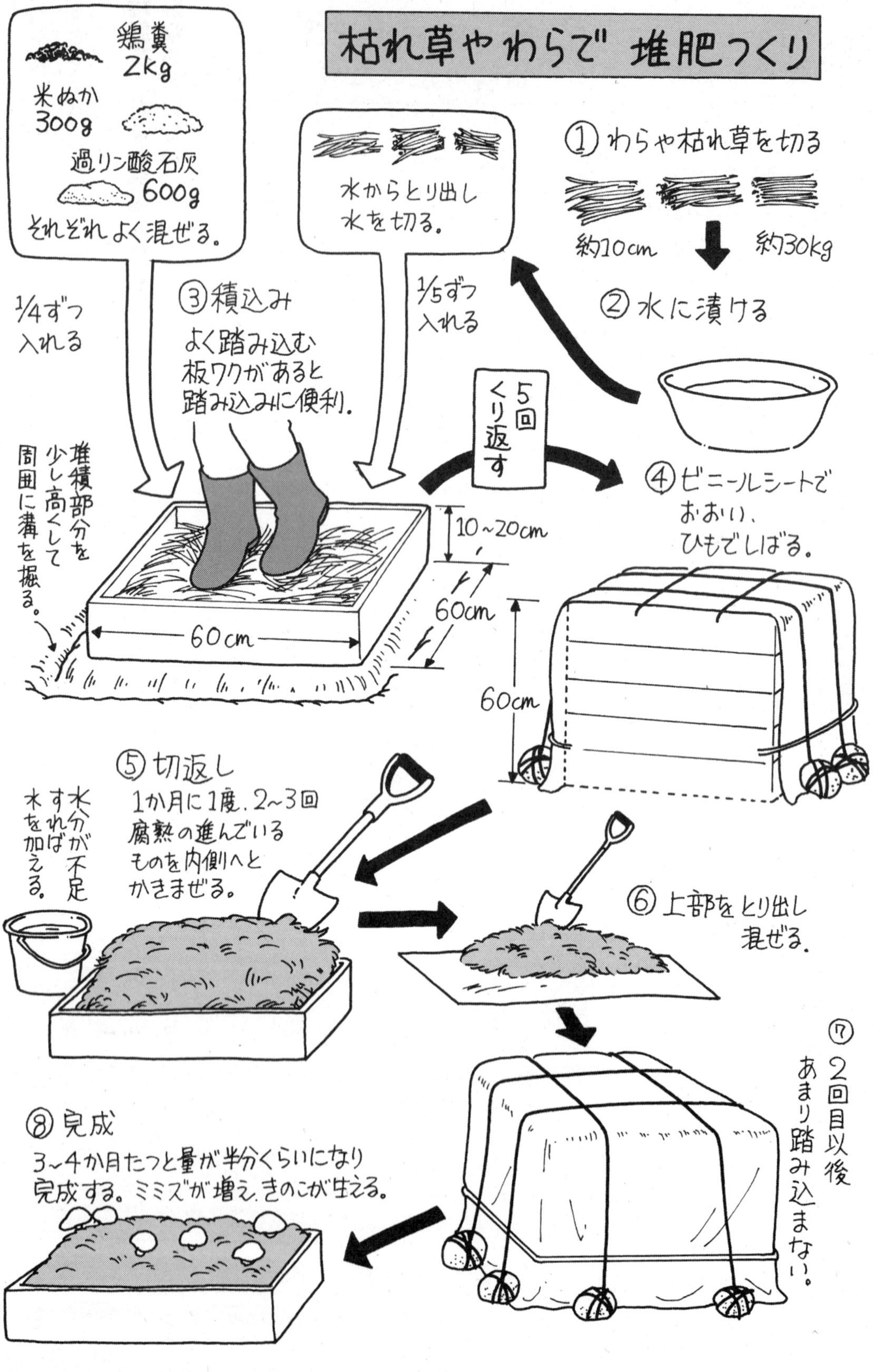

① わらや枯れ草を切る
約10cm
約30kg
② 水に漬ける
水からとり出し
水を切る。
鶏糞
2kg
米ぬか
300g
過リン酸石灰
600g
それぞれよく混ぜる。
1/4ずつ
入れる
1/5ずつ
入れる
③ 積込み
よく踏み込む
板ワクがあると
踏み込みに便利。
5回
くり返す
堆積部分を
少し高くして
周囲に溝を掘る。
10~20cm
60cm
60cm
④ ビニールシートで
おおい、
ひもでしばる。
60cm
⑤ 切返し
1か月に1度、2~3回
腐熟の進んでいる
ものを内側へと
かきまぜる。
水分が不足
すれば
水を加える。
⑥ 上部をとり出し
混ぜる。
⑦
2回目以後
あまり踏み込まない。
⑧ 完成
3~4か月たつと量が半分くらいになり
完成する。ミミズが増え、きのこが生える。

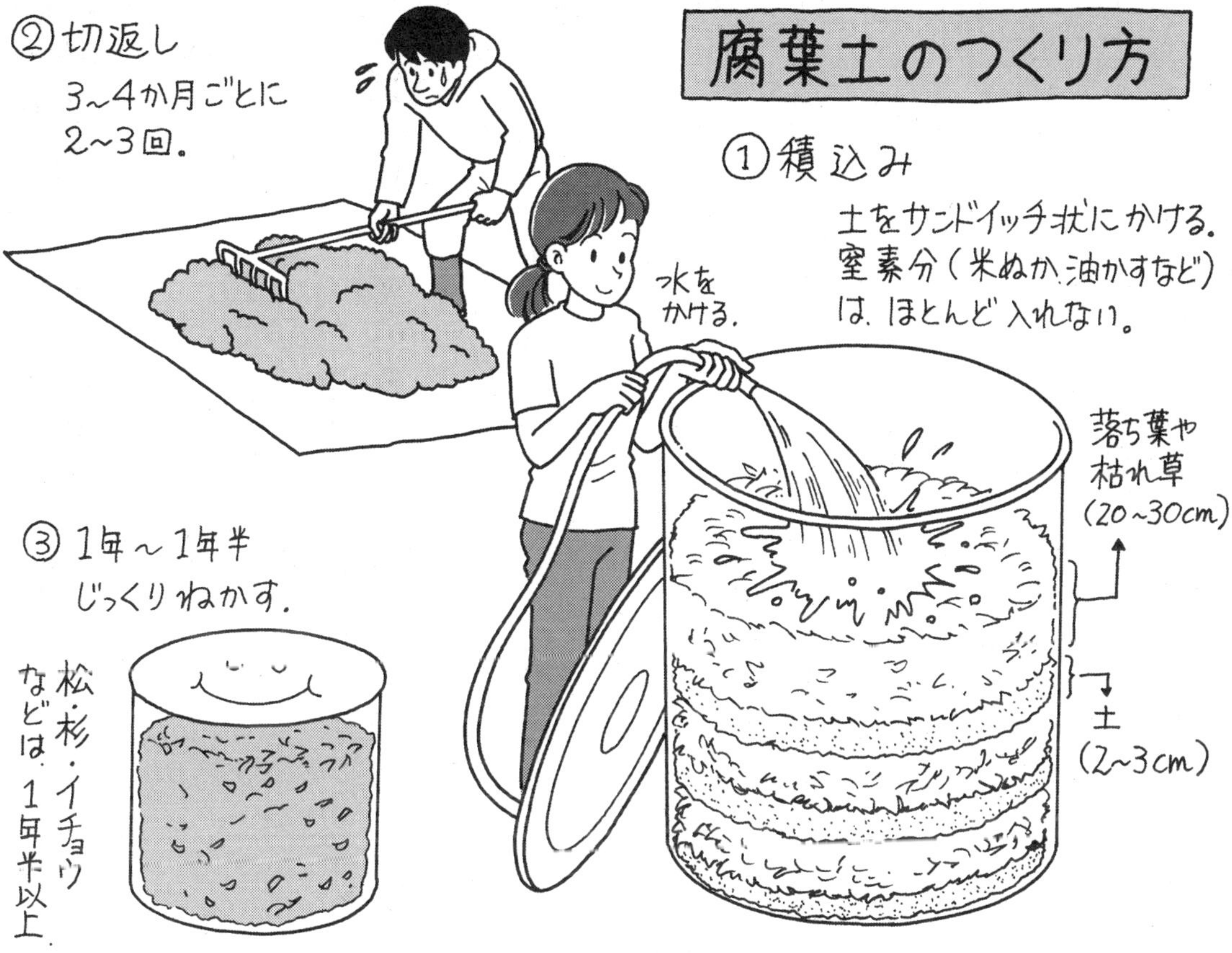
腐葉土のつくり方
①積込み
土をサンドイッチ状にかける。
窒素分（米ぬか、油かすなど）は、ほとんど入れない。
水をかける。
落ち葉や枯れ草（20～30cm）
土（2～3cm）
②切返し
3～4か月ごとに2～3回。
③1年～1年半
じっくりねかす。
松・杉・イチョウなどは、1年半以上。

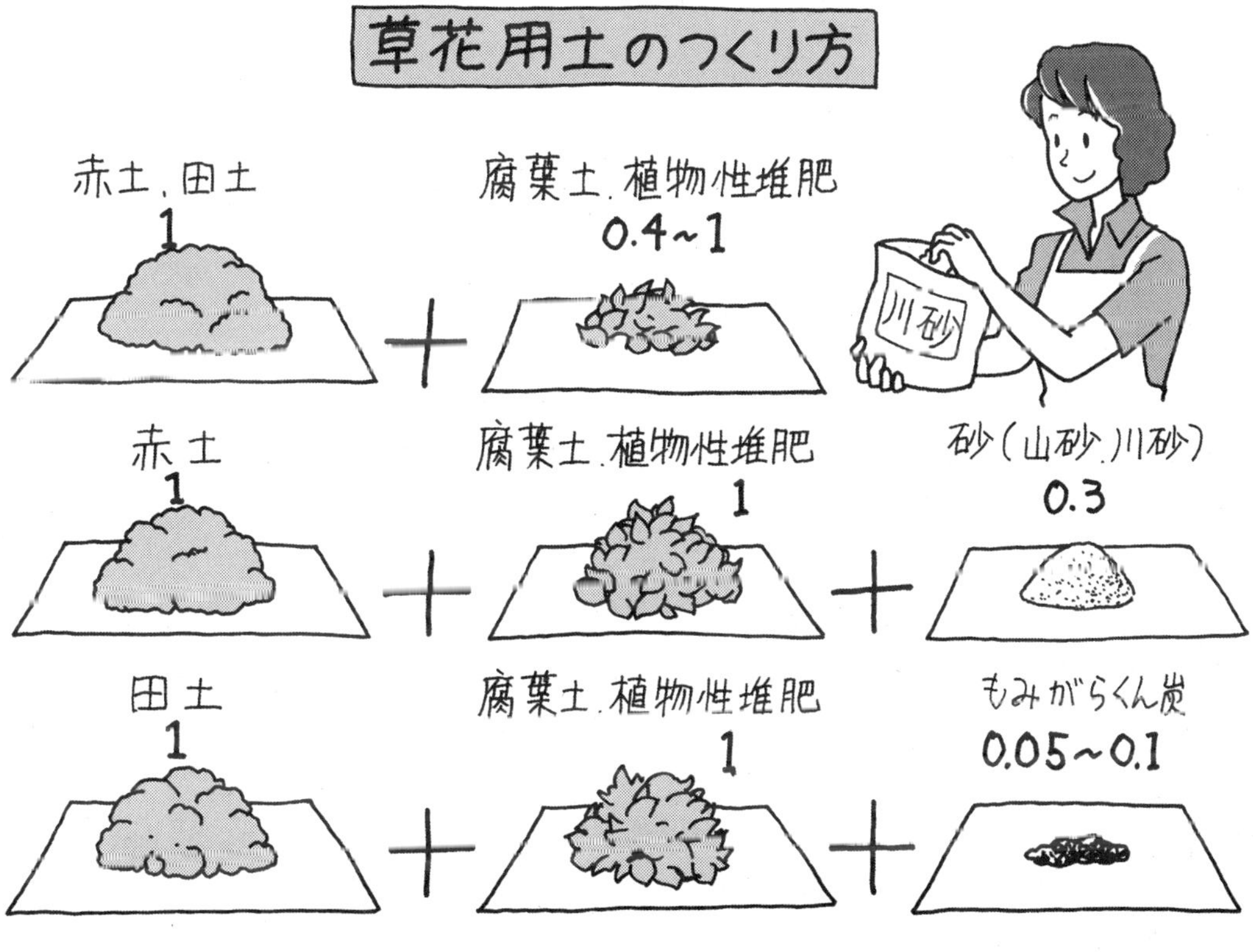
草花用土のつくり方
赤土、田土
1
腐葉土、植物性堆肥
0.4～1
川砂
赤土
1
腐葉土、植物性堆肥
1
砂（山砂、川砂）
0.3
田土
1
腐葉土、植物性堆肥
1
もみがらくん炭
0.05～0.1

『ベランダ・庭先でコンパクト堆肥』（農文協）より

武蔵野の雑木林が生み出した土と水の循環

松本富雄　武蔵野景観文化研究会

中世の武蔵野は萱原だった

国木田独歩の著書『武蔵野』には、「かつての武蔵野は萱原《かやはら》のはてしなき光景をもって絶類の美を鳴らしていたように言い伝えてあるが、今の武蔵野は林である。林は実に今の武蔵野の特色といってもよい。則ち木は重に楢《なら》の類で冬は悉《ことごと》く落葉し……」と武蔵野を描く。

武蔵野（注1）は中世までの記録では、萱原の続く原野として描かれているが、江戸時代の約二六〇年の間に一五〇カ村以上の畑作新田村が開かれ、屋敷林や雑木林（注2）が形成されていった。

武蔵野の林は、堆肥の確保、防風、燃料の確保、保水力などさまざまな効果をもたらし、武蔵野特有の循環型農業を発展させた。また、武蔵野の林の形成は、幕都江戸との関係においても循環構造や環境維持機能を確立させた。さらには、二一世紀の課題である地球環境再生へのヒントすら、この武蔵野の林は与えてくれる。

落ち葉堆肥で土を肥やす

現在、武蔵野の畑作と雑木林は少なくなっているが、北武蔵野、埼玉県側は、いまだに畑作新田開拓の景観を残し、環境と共生した農業を見ることができる。埼玉県入間郡三芳町から所沢市東部にひろがる三富新田は、県内でも有数の農業生産力を誇る地帯として知られる。

三富新田の開拓は、元禄七～九年（一六九四～九六年）に、川越藩によって実施された。村の中央に設けられた開拓道路に沿って、入植農家一軒ごとに、間口四〇間（約七三m）、奥行三七五間（約六八二m）、面積五町歩（約五ha）を均等に分与している。入植農家は、中央の道路に沿い屋敷を構え、その奥に畑を開墾し、最奥に雑木林をつくりあげていった。屋敷と屋敷林は、およそ五反（〇・五ha）を確保し、母屋の周囲には欅《けやき》、竹、檜《ひのき》、

三富新田に残る雑木林　冬には落ち葉が掃かれ、10aで約１tの落ち葉が得られる

杉、樫《かし》などの屋敷林をつくった。屋敷林は防風ばかりでなく、建築材や農具などにも利用された。畑は分与地の約半分の二・五～三haが確保され、整然と区画され効率のよい経営を可能にした。防風のために畦畔に植えられた茶の木は、狭山茶として特産となった。やせた畑に適したさつまいもは、川越芋というブランドを生み出した。

畑の土つくりには雑木林の落ち葉堆肥が大量に利用された。最奥の雑木林は、開拓地のおよそ四割、約二haを確保して、楢《なら》や橡《とち》、赤松などが育てられてきた。三富新田に残る記録には、川越の殿様（柳沢吉保）が、開拓農民に楢の苗を三本ずつ分け与え雑木林をつくらせたとされる。三富新田には、「畑一反に山一反」という言葉が残っている。畑一反には山一反の落ち葉の堆肥が毎年必要という意味で、雑木林の主要な役割が堆肥の確保にあったことを教えている。また、楢や橡は一〇～二〇年に一度伐採され、薪として活用され、灰や炭は畑に還元された。

このように、武蔵野の畑作新田の、屋敷林、畑、雑木林の三点セットは、極めて有機的に関連しながら、農業を持続させる循環システムをつくっていた。こうした関係は、江戸との関係においても成り立っていた。畑で生産された野菜や穀物、雑木林の薪は、江戸に供給され、反対に、食物残滓（厨芥）や灰や炭が江戸から運ばれ、畑に還元される。細かくあげればきりがないくらい、江戸と武蔵野の新田村は循環する関係を保っていた。

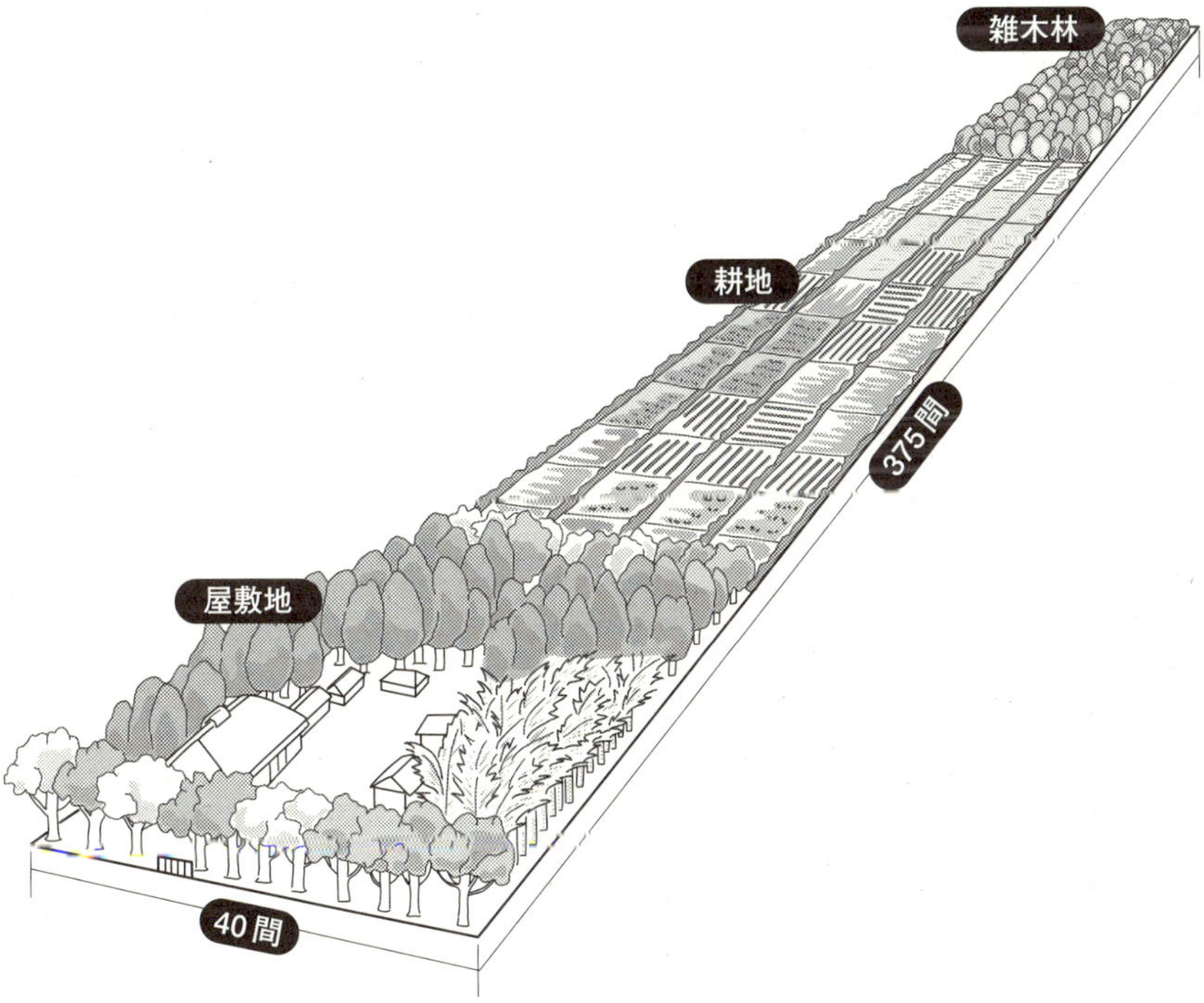

三富新田のうち上富村１軒分の屋敷割図（参考　埼玉県「三富新田とその周辺」）

雑木林が水をくみ上げる

また、こうした物資の動きだけでなく、雑木林や屋敷林は、水や気温の調整を通して、武蔵野の環境を持続するための循環システムをも生み出していった。

木は枝を張る分だけ根を張る。高さ二〇mの木は、根は深さ二〇mにまで張る。地下水の深い武蔵野では、水の欠乏に対処することは、極めて重要な課題であったが、木を植えたことによって、その課題は徐々に解決していった。木が育ち根を張ると、地中の水分を根が吸い上げ、やがて浅い地下に水脈層を形成する。ある武蔵野の農家で家を建て替える際に、家の周囲にあった屋敷林を伐採したところ、井戸水が涸れてしまったという例がある。このことは、木が水を吸い上げる力が、井戸の水脈をつくり出していたことを想像させる。

また、木は水分を葉から放散させることで、地下から水分を吸い上げている。雑木林のコナラの枝に、ビニールをかけ密閉しておくとその水を集めることができる。わずか二〇枚ほどの葉であるが、これだけの量の水分（五日で一〇㎜）を放出している。三富新田では、一軒の農家ですら二〜三haの雑木林や屋敷林を持っている。地下から吸い上げられた水が、いかに大量に空気中に放出されているかがわかる。大地と大気の水循環が、木を介してみごとに形成されているのである。

葉にビニール袋をかぶせておくと、葉から放出された水分がたまる。写真は5日間かぶせておいた状態

葉から水蒸気となって空気中に放出された水分は、空気の湿潤化をもたらし、さらには気温をも下げる。葉から放出された水分が気化する際に気化熱を奪うため、気温が下がるのである。雑木林の中の気温は、私が調べる限り、三富新田では、どんなに暑い夏でも三〇度を上回ったことはない。いわゆるヒートアイランド現象を食い止める作用を、雑木林や屋敷林は果たしているのである。

こうした地下水の確保や高温化防止という効果は、武蔵野の農村部を益するだけでなく、武蔵野台地の先端に位置する江戸をも益するものだった。雑木林の保全や再生は、現代の東京を砂漠化させないためにも重要な役割を持っている。

武蔵野の雑木林は地球環境再生のヒント

武蔵野の新田開拓は、開拓によって畑をつくる一方で、自然環境そのものを形成していった。現在、各地で自然との共存が課題となっているが、武蔵野の畑作新田の開拓に見習うべき点は多い。

現在、アメリカのアリゾナや、南米のチリ、中国黄土高原において、農地の砂漠化を食い止める方法として、三富新田などの雑木林の形成に習い、林を形成しながら農地を確保していく方法が実践され、地下水脈がよみがえり、沃野を取り戻しつつある。身近な武蔵野の雑木林が、二一世紀の地球環境の再生に大きなヒントを与えているのである。

注1　ここでは武蔵野を、青梅市を頂点とし、入間川・多摩川にはさまれ、東は東京の山の手の高台までのびた範囲と定義した。地理学・地質学での武蔵野台地のこと。

注2　武蔵野に暮らす人びとは雑木林とは言わず山（やま）という。林には役にたたない木、すなわち雑木は植えていないから雑木林ではないという。国木田独歩もそのことを知っていたらしく、『武蔵野』では、林と書いている。ここでは馴染まれた言葉として、雑木林と書く。

食農教育　二〇〇三年九月号　武蔵野の雑木林が生み出した土と水の循環

黒ボク土は縄文人がつくった

竹迫　紘

関東の黒ボクは一万年前から形成

黒ボク土は、台地上や山麓緩斜面に広く分布する黒色みの強い「ボクボク」とする軟らかな土壌である。黒い色は腐植であり、軟らかい物理性はこの高い腐植含量と火山灰が本来的にもつ多孔質の性質によっている。黒ボク土は火山灰から生成する土壌であるが、火山灰がすべて腐植を多く含む土壌に変化するのではない。それは黒ボク層の下層に「赤土」とよばれる硬いローム層が存在することでよく理解できる。

関東地域に分布する黒ボク土の腐植層は、今から一万年前から形成されたものが多い。そして厚い腐植層は時代を経ながら発達した、いく層かの腐植層が累積したものである。今から一万年前という時代は洪積世（更新世）と沖積世（完新世）を分ける時代であり、氷河期が終わり気候が温暖化しはじめる時代である。また日本における人類の歴史は旧石器（先土器）時代から縄文時代へ移行する時代で、人口の増加と、高い文化が形成されはじめた時代である。

多腐植の富士黒土層

南関東では「富士黒土層」といわれる多腐植層を見ることができる。この層は細粒質で、富士山の活動が静穏な時期に堆積したとされている。武蔵野地域で見られる富士黒土層の年代は、縄文時代前期から中期にいたる気温が温暖であった時代に相当している。この層の腐植含量は一〇％を超え、最も多い層は一四・五％も含まれている。このような多腐植層は土壌への有機物の供給量の多いススキなどの草原植生でなければ形成されないと考えられ、また、同一火山灰でも有機物供給量の少ない森林植生では黒ボク土は形成されず腐植含量の少ない褐色森林土になってしまうことが知られている。このような縄文時代に形成された多腐植層をもつ黒ボク土壌は、南関東の相模野、武蔵野、北関東では栃木県の山麓緩傾斜面や台地上に広く分布するほか、群馬県では赤城山麓に六世紀に榛名山二ッ岳から噴出した軽石層に埋没し広く分布している。

ススキと落葉広葉樹林が生みだした

縄文時代前期は気温が温暖であり、自然植生は関東内陸部でもうっそうとした照葉樹林であるとされている。しかしこの時代の植生は、考古学で発掘される住居跡の燃料材や湿地に残る植物遺体には照葉樹はほとんどなく、コナラ、クヌギ、クリなどの落葉広葉樹林であり、照葉樹林は千葉県や神奈川県の海岸に沿った地域に限定されることが知られている。

落葉広葉樹は食料となる堅果類を生産し、薪にすると強い火力が得られること、しかも伐採しても切り株から再び萌芽してくる性質をもっているので、照葉樹よりも人間生活にはるかに有益な樹目である。それゆえ、縄文時代人は照葉樹より落葉広葉樹を選択的に保全し、自然条件では照葉樹林となる植生を落葉広葉樹林に改変していたと考えられる。このような樹目の植生改変にあわせ、狩猟のための空間の確保や、燃料、保温、防水、住居材などの生活資材としてススキを生産するために、生活領域内に定期的な火入れを行なうことによって広い草原をつくりだしたものと考えられる。黒ボク土の腐植は、温暖な気候を背景とし、縄文人がつくりだした二つの植生から生産される枯草と落葉によって生成したものであり、とりわけ関東に広く分布する厚層多腐植質黒ボク土は縄文人のつくった土壌といえる。（『農業技術大系　土壌施肥編』第三巻より）

堆積後、4回目の切り返し前のイチョウ葉。葉柄部分はやや分解しにくいようだが、葉の部分はじつによく発酵する

イチョウの葉で堆肥づくり

清水昇　神奈川県相模原市

なぜか敬遠されるイチョウ葉

毎年十一月を過ぎると神奈川に住む私の周辺では、密集住宅地を除き、サクラ、ケヤキ、イチョウなどの落ち葉のたまりが見かけられる。これらの落ち葉は、学校や公共施設等で堆肥化されている分もあるが、いまだ一般ごみと共に焼却されている所も少なくない。

これらの中でイチョウ葉は、堆肥の材料としては不適と敬遠されているようで、現に筆者も幾人かにその不適の理由を問われたものの、明確な理由を答えられないまま今日に至った。そこで、イチョウ葉がなぜ堆肥、培養土として不適なのかを自分なりに解明すべく実験を行なった。

ケヤキ葉、イチョウ葉、どっちがよく発酵する？

平成十五年の十二月に、ケヤキ、イチョウ葉の乾物それぞれ二〇kgに、発酵補助材として米ぬか八・四kgずつを加え、一か月に一回切り返しをしながら、長さ約一・〇m、幅〇・五m、高さ〇・四mの長方形に六か月間堆積した。

堆積発酵温度は、初めの二か月間は明らかにケヤキ区のほうが高かったが、三か月目を境に逆転し、以後はイチョウ区が一・八～二度も高く、全期間を通じてイチョウ区が〇・五℃高くなった（表1）。

水分が多いイチョウ葉 ミミズ大発生

外観的には、イチョウ区はベトつき気味である。逆にケヤキ区では乾き気味なので、加える水の量を六〇％増とした。この差は、もともとイチョウ葉はケヤキ葉より水分含量が多く、さらに葉の形のちがいからも来ていると思われる。

イチョウ葉は表裏とも葉脈が小さく縦に平行で葉と葉が重なって、ひとかたまりになりやすい。いっぽうケヤキ葉は、表裏とも中肋が大きめで葉脈が斜めに互生しているので空気が入りやすく、乾燥しやすいのだろう。ちなみに、イチョウ葉のベトつき防止のため、イチョウ葉とケヤキ葉を一対一で使ってみたら、作業性がかなりよくなった。

また、良質の腐植土ほど微小動物、ミミズの生息数が多いといわれるが、切り返しの五〜六回目でミミズの発生が認められ、ケヤキ区で二七匹、イチョウ区では一一〇匹を数えた。

表1　切り返し回数とその時点の温度の推移（℃）

切り返し回数	ケヤキ(a)	イチョウ(b)	a—b	外気温
1	17.2	15.3	1.9	2.5
2	14.7	14.0	0.7	1.8
3	12.6	12.7	—0.1	3.6
4	16.4	18.3	—1.9	9.6
5	20.4	22.4	—2.0	15.6
6	22.3	24.1	—1.8	18.4
平均	17.3	17.8	—0.5	8.6

どっちのトマト苗がよくできたか?

六か月にわたる六回の切り返しで完熟状態の腐植となった両堆肥（腐葉土）に、市販の赤玉土を混合してつくった培土でトマトの育苗実験を行なった。結果は以下のとおり。

草丈　ケヤキ区ではA、B、C三区の平均値は三六・五㎝。いっぽうイチョウ区では三九・四㎝と、ケヤキ区よりも生長良好であった。またイチョウ区では、腐葉土の割合が高いほど生育がよい（図1）。

茎径　ケヤキ区では、腐葉土の割合の多いほど茎は細くなったが、イチョウ区ではその逆の結果となった。また三区の平均値も、イチョウ区のほうが〇・三㎜ほど大となった（図2）。

地上部重　両区とも腐葉土の多い区ほど地上部重は大となった。とくにイチョウ区のE、F区における差が目立った。なお、三区の平均値では、ケヤキ区の一〇・四gに対し、イチョウ区では一一・八gと一・四gもの差が認められたが、見た目にもイチョウ区のトマト苗のほうが、茎が太く葉も厚かった（表3）。

地下部重　地上部重とは対照的に、両区とも腐葉土の割合が多いほど減少する傾向が認められた。なお三区の平均値ではイチョウ区が〇・二gと優った（表3）。

ポットのpH　全体的には中性に近い値であるが、平均値ではイチョウ区が〇・一ほど高かった。また、両区とも腐葉土の割合の多い区で低くなる傾向が明らかとなった（表3）。

イチョウ葉でもよく発酵する

イチョウ葉はフェノールや油分を含み、抗菌性を有するため発酵しにくく、また前述の葉の構造上、ベトついて密着しやすいなどの特徴から堆肥には不適と説明されてきたものと考える。しかし本実験から次のような結果が得られた。

イチョウ葉を堆肥化するため堆積すると、ケヤキ葉よりよく発酵する。六か月で平均〇・五℃も発酵温度が高く、ミミズの発生も多く見られたことは、イチョウ葉が堆肥の原材料として他とまったく遜色のない材料であるということだ。

また、完熟した堆肥を用いてトマトの育苗試験をしたところ、草丈、地上部、地下部、茎の径ともイチョウ区がケヤキ区より優った。

二〇〇五年九月号 イチョウ葉は、じつは堆肥に向いていた

各試験区の生育のちがい

C. ケヤキ75%　　D. イチョウ25%　　E. イチョウ50%　　F. イチョウ75%

（%は培土に占める腐葉土の割合。表2参照）

腐葉土の割合が同じC区とF区では、イチョウ葉を使ったF区のほうが生育がいい。また、同じイチョウ葉区でも腐葉土の割合が増えるほど（D.E.F）の順に生育がよくなっている

表2　育苗培土の配合

材料＼区	ケヤキ			イチョウ		
	A	B	C	D	E	F
赤玉土（%）	75	50	25	75	50	25
腐葉土（%）	25	50	75	25	50	75

図1　各試験区の草丈のちがい

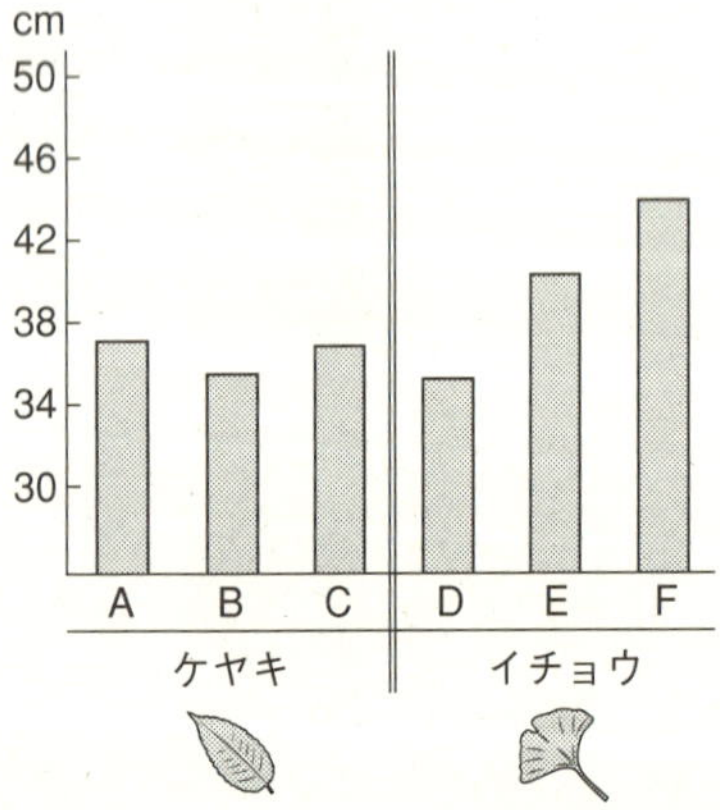

図2　各試験区の茎径のちがい

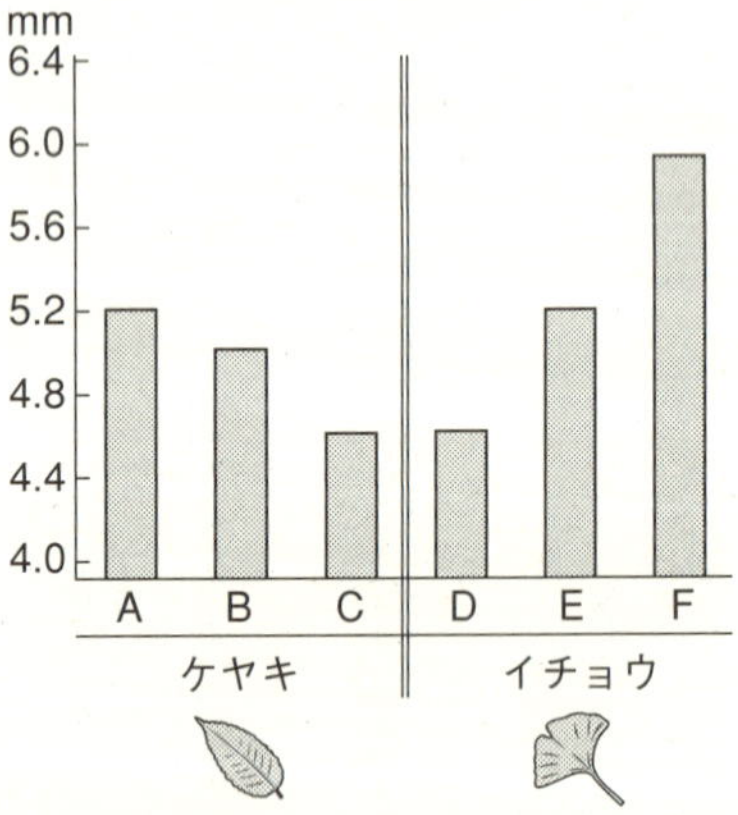

表3　トマト育苗試験の結果

区	ケヤキ				イチョウ			
項　目	A	B	C	平均	D	E	F	平均
地上部重（g）	10.3	9.6	11.4	10.4	8.4	12.4	14.6	11.8
地下部重（g）	1.7	1.3	1.3	1.4	1.7	1.7	1.4	1.6
pH	6.4	6.5	6.8	6.4	6.8	6.5	6.2	6.5

品種：トマト高農8号、播種：2004年6月4日、移植：6月20日、調査日7月10日
1区につき4株栽培。地下部（根）重は、抜き取った株の根についた土を水で洗い流し、半乾き状態で測定

うね上の堆肥を少し取り除いてみると、白い根がビッシリ。岩手県滝沢村で長芋を栽培する鈴木文雄さんは、去年、堆肥マルチを取り入れた。6月に堆肥でマルチしたところ、秋には雪が降ったあとのように白い菌が生えてきた。掘ってみると、深さ20cmくらいまで土が白くなっていたという。そのせいなのか、去年は例年よりもいい芋がとれた

堆肥――基本のつかい方

藤原俊六郎・加藤哲郎

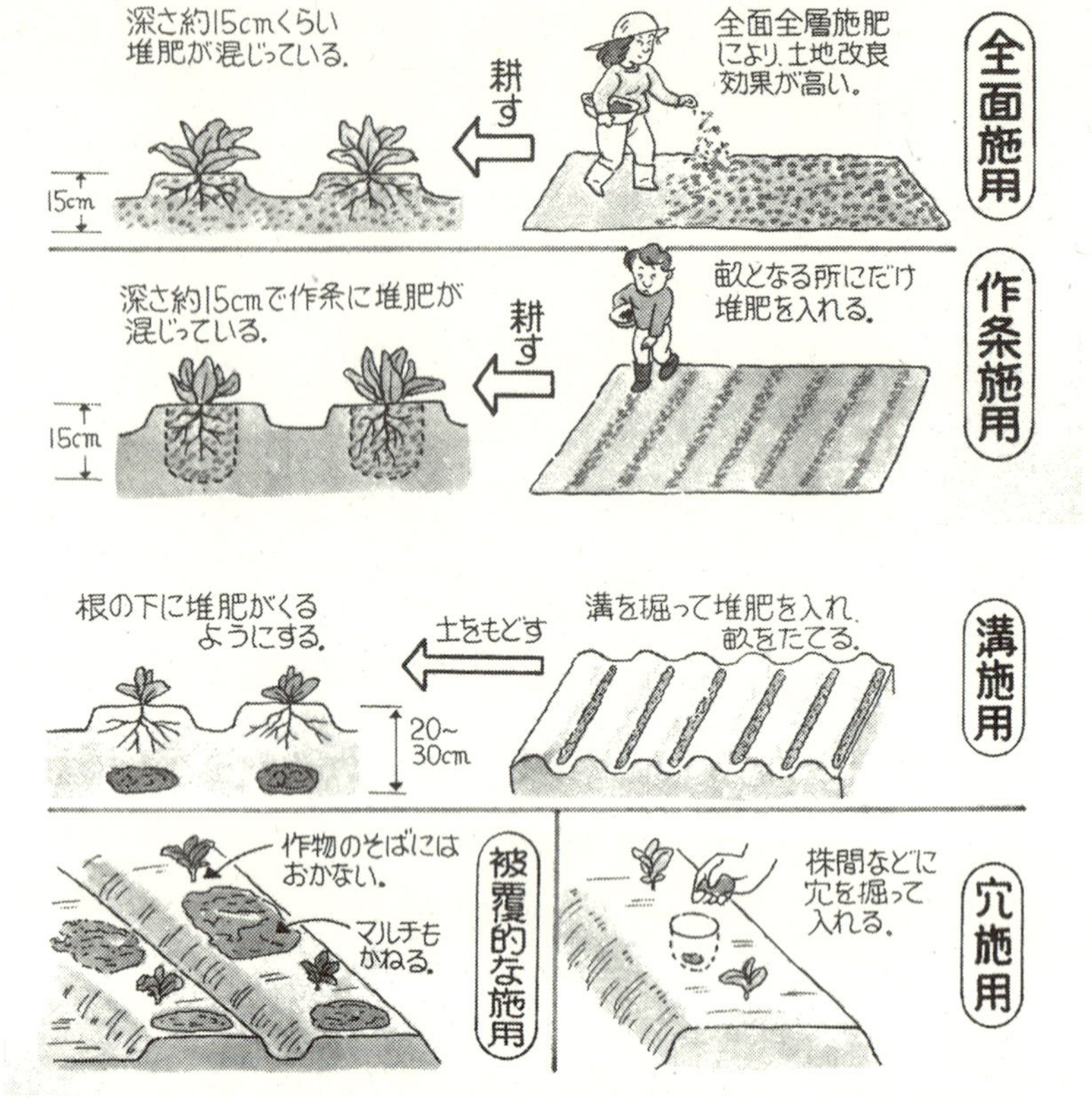

畑へ堆肥を施す方法には、大きくわけて、全面全層施用、局所的な施用、地表面への被覆的な施用があります。

全面全層施用

畑全面に堆肥を散布したあと、一五cmほどの深さで耕して、作土層全体に混和する方法です。十分な量の堆肥があるときに、畑全体の作土層を改良する効果があります。畑全体の土が軟らかくなります。ただし、堆肥が全体に分散して希薄になるので、少量では急速な効果が期待できません。逆に、成分の高い堆肥を施用するときに全面全層施用にすれば、濃度障害が比較的出にくくなります。

局所的な施用

堆肥を、作物を植えるところだけに施用する方法です。定植するとき植え穴にだけ点状に入れる植え穴施用、うねに沿って入れる作条施用（溝施用あるいは条施ともいう）、果樹や植木の樹冠下への環状施用などがあります。

植え穴施用や作条施用では、植え付ける作物の下層にまとめておくように施用することも、表面の土と混ぜるようにして施用することもできます。トマトやナスのように大きくなる作物には、植え穴施用が向いているでしょう。イチゴのように小さな作物にはうねに沿った筋状の施用が合っています。

どちらも畑に部分的に使用するので、肥料分が広く分散せず、作物は利用しやすくなります。堆肥の量が少ないときや、短期的に効果を期待したいときにはよい方法です。植え付けるうねの底のほうに入れれば、堆肥を施用後すぐに種をまいたり定植しても問題はありません。しかし、このとき成分が高く未熟なものを大量に入れると、ガスが出たりして根が傷むことがあります。

被覆的な施用

作物を植え付けたあとに、土の表面に被覆するようにおいて施用するやり方です。肥料的な効果や土そのものの改良効果はすぐには期待できません。表面から土壌水分が逃げるのを防ぐのが大きな目的です。虫がわいたり堆肥自体が風で飛ばされたりする問題はありますが、キュウリやナスには効果的な方法です。

被覆する堆肥は、繊維分の多い落ち葉堆肥やわら堆肥が向いています。完熟して軽くなったものや乾燥したものよりもそれほど完熟していないで水分の多いほうが飛ばされにくいようです。成分が高い、牛糞、豚糞、鶏糞利用の堆肥は、肥料分が逃げやすく、また作物に直接触れると焼けることもあるので、注意が必要です。

被覆的な施用法は、全面施用や植え穴施用、作条施用とも組み合わせることができます。作物収穫後は耕うんしますので、全面全層施用と同様に土壌有機物含有量を高めます。

堆肥の成分によって量を調節

堆肥の施用量は、作物の種類や散布の方法、土壌の種類、使う時期などによって少しずつ異なります。生長の早い作物や収量の多いものはど、また、全面に散布して深く耕すほど多めになります。

堆肥の最大の施用量は、中に含まれる成分量と、作物の養分必要量によってだいたい決まります。一般的に成分のあまり高くない落ち葉やわらの堆肥は、十分に完熟していれば一㎡あたり二〜三kg（水分五五〜六五％）以上施用できます。油かすや鶏糞を加えて腐熟させた堆肥は、成分が高いのでこれより減らす必要があります。完熟した有機質肥料だけの施用量だと、一㎡当たり成分の高い鶏糞なら〇・三〜〇・五kg、豚糞で〇・五〜一kg、成分の低い牛糞で一〜二kgです。堆肥に加えたこれらの量を考えて施す量を加減してください。未熟な堆肥や乾燥している堆肥を用いるときは、これよりもっと少なくします。使える堆肥が少ないときは、植え穴施用や作条施用（溝施用）が効果的です。

また成分の高い肥料を十分に施せば、元肥は必要ありませんが、成分の少ない堆肥や量が少ないときは、化学肥料や有機質肥料で補います。

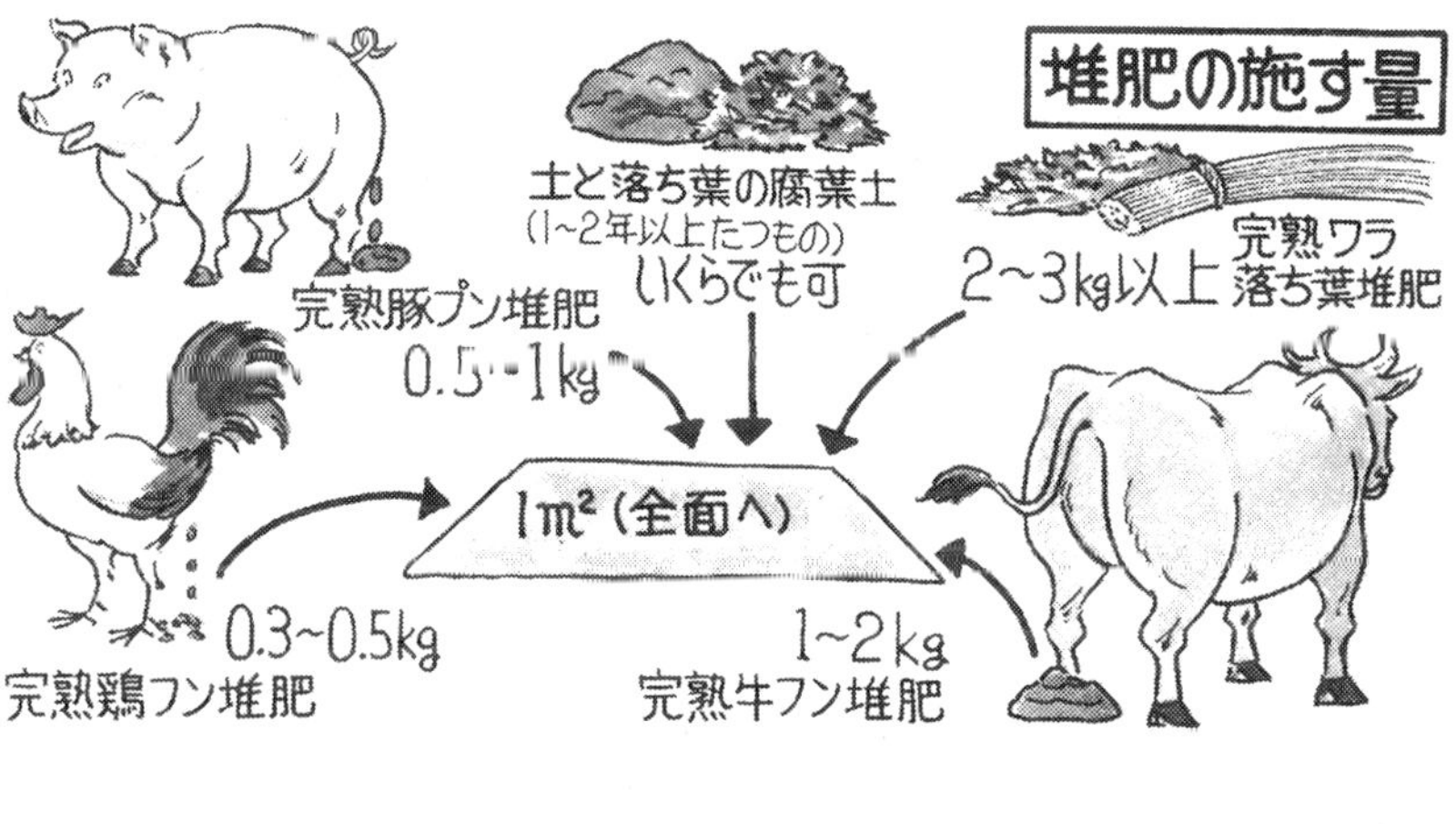

種まきや定植直前の施用は禁物

大切なことは、堆肥や有機質肥料は、施してからすぐには種まきや定植を控えることです。完熟堆肥でも数日前～二週間前に施して土になじませておきます。未熟な堆肥や有機質肥料は、二～三週間は最低必要です。一か月以上前に施せば安心です。多少未熟な堆肥は、植え付け後すぐに根に触れないように施すと害が少なくなります。

前作の収穫から次の植え付けまでに十分な時間がとれないときは、未熟なものは避け、必ずよく腐熟したものを使います。

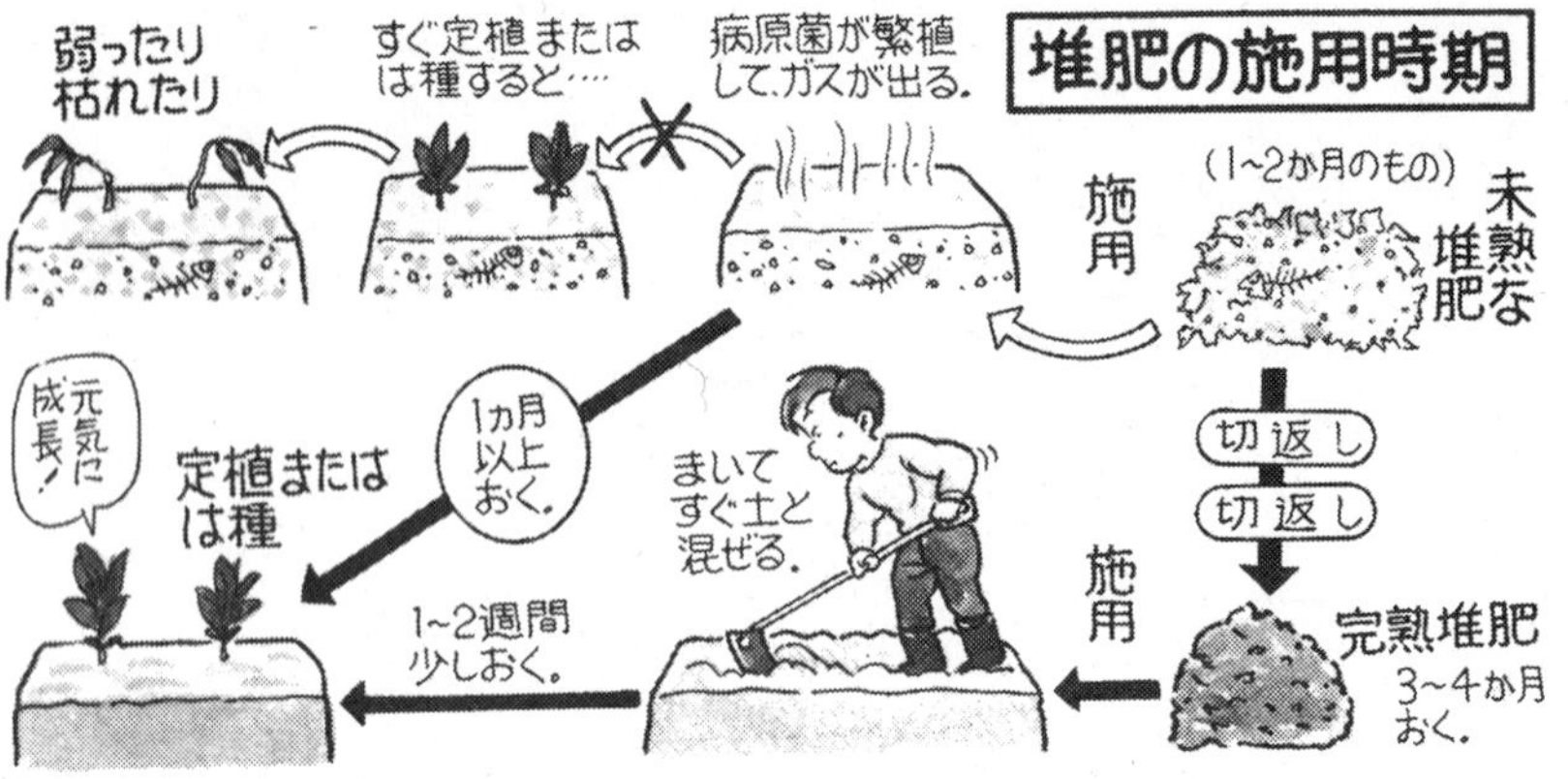

化学肥料で補う

有機農業のように堆肥類だけでの栽培は理想ですし、せめて家庭菜園くらい有機質を使用したいという方も多いと思います。しかし、堆肥が十分に手に入らないときや、慣れない場合には化学肥料を少量でもいっしょに使ったほうが、作物はつくりやすいでしょう。

土の種類にもよりますが、堆肥だけだとどうしても石灰分やリン酸分が不足しがちです。石灰分やリン酸分は、過リン酸石灰などで補うほうが確実です。

窒素分は家畜糞などの動物性の堆肥や油かすなどを多く使った植物性の堆肥などには十分含まれていますが、効くまでに時間がかかります。この期間を見込んで早くから堆肥を施用したり、成分が高く完熟した効きの早い堆肥を利用するのもよいでしょう。一般的には、はじめのスターターには速効性の化学肥料を少量でも加えたほうが生育はよくなります。

野菜類の夏作などで、収穫から次の植え付けまで十分な期間がとれず、堆肥を思うように施用できないときも、化学肥料の補給が必要になります。化学肥料はついやりすぎてしまうなどの問題点もありますが、使い方によっては便利なものです。化学肥料を敬遠したい場合には、肥料成分の補給であれば、有機質の肥料もあります。しかしやはり効くまでに時間がかかります。

一般的に化学肥料は、作物の定植や種まきの数日～一週間前に施します。あまり早く施すと成分が流亡し効果がなくなります。ただ、石灰資材やヨウリンなど、作物の栄養素を含むだけでなく、土をよくする肥料の場合は一～二週間前に施肥します。そのため、堆肥の施用から化学肥料の施用までかなり期間があくことになります。完熟した堆肥で、作物の間におくような場合には、化学肥料のあとでも施用することはできます。

『ベランダ・庭先でコンパクト堆肥』より

植え穴だけの根まわり堆肥のすごい力

水口文夫　愛知県豊橋市

根の力——三つの事実

　岩に生えた植物の根は、最初は岩が風化してもろくなったところや、わずかに堆積した土や落葉などの腐熟したもので生育を始めるが、そのうち岩さえもとりこみ伸びていく。すごいパワーである。

　また、かぼちゃやすいか苗を植えるとき、鉢にたっぷり水を含ませて植えると早く根を伸ばすが、植え床にしめりがあっても、鉢を乾かしたまま植えると、根の伸び出しが悪い。

　昭和二十三年頃の原野の開拓の盛んな頃のこと。開墾初年度は、麦を播いても、種播きした量よりも収獲した量が少なかったという土地で、すいかを植える位置だけ直径一mくらい開墾して、そこだけに堆肥などの肥料を施用した人があった。根は開墾してないところまでも伸び、見事なすいかを作っていた。

　このような事実をどうとらえ、考えればよいだろうか。

全面にやるよりも、植え穴に少しの堆肥

　きゅうりは肥沃地で成績が上がる作物で、堆肥を多く使う。普通、うね割りしてその溝に施用(植え穴の下になる)するか、全面施用する。したがって、植え付けされた根鉢に堆肥は接触していないか、接触してもその量は極めて少ない状態であった。ところが、直接堆肥が根鉢をつつむようにして植え付けしてみると、これが驚くような生育をするのである。堆肥の施用量は根まわりだけなので、今までの三〇分の一と大幅に少ないのに、生産収量は断然上まわる結果となった。

　セルリーは堆肥を多く施用する代表作物で、毎年一五t以上入れる人も珍しくない。

水口文夫さん（撮影　赤松富仁）

植え穴に一株あたり二〇〇ｇのもみがら堆肥を施して鉢まわりを包むようにしたものと、この五倍量を全面散布して、土中にすき込んだものと比較してみた。

根まわりにもみがら堆肥を施用したものは、かん水すると株元から吸い込まれるように水が浸透したが、全面施用したものは、土中へのしみ込みが悪く、うねの表面を流出するものが多かった。その結果、堆肥全面施用したところは、下葉が黄変して活着が悪く、大きく生育差がついた。

移植機で植え付けるキャベツなどは、いちいち植え穴を掘って堆肥をしくわけにもいかない。そこで、ロータリープラウを耕うん機のロータリーの爪のかわりにつけて、バックしながら内側寄せでうね立てと同時に深さ五cmの堆肥施用溝を切り、この溝にもみがら堆肥を施用。もみがら堆肥の中へ移植機で植えた。比較のために、同量のもみがら堆肥を全面に散布して土中へすき込んでからうね立てして植え付けした区も作ったが、もみがら堆肥根まわり施用区は、根は深く張り、根群は著しく発達した。

植え穴だけの根まわり堆肥

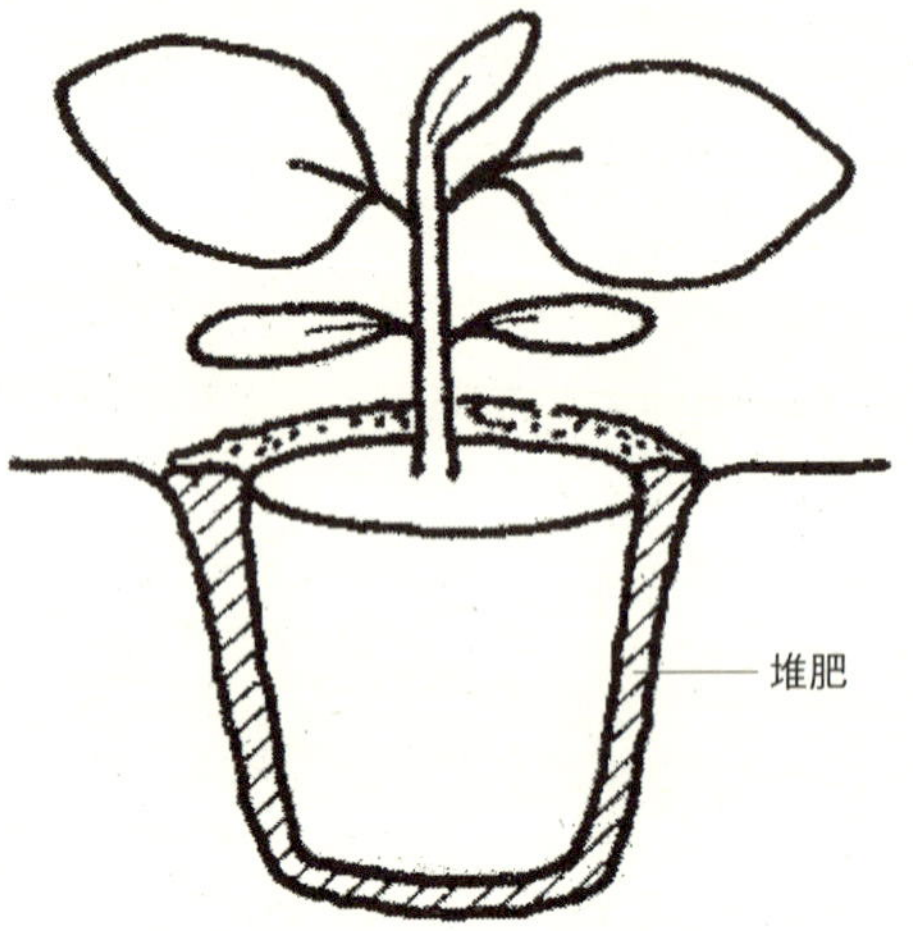

植え付けのとき鉢まわりを堆肥でくるむようにする

酸素と土壌微生物がふえるのか?

植え穴だけの根まわり堆肥を施用したところは、根まわりの土が固結しないでふかふかしている。この堆肥の中やまわりを通って、根が伸びるのに必要な酸素が十分補給されている。

それだけではない。セルリーの堆肥全面散布したところと、植え穴根まわり施用したところの株元の土を別々に採取。ガラスのコップに同じ量を入れ、水を加えて何度も攪拌し、数時間ビニールハウス内において、水の表面を見る。すると植え穴施用したものは、白や灰色の微粉末が多く浮いているのに、全面施用したところの土には極めて少ない。白や灰色の微粉末が多く浮くのは、糸状菌や放線菌の多いことを示している。

セルリーの根を掘り上げ、少し乾かして土をふるい落とすと、堆肥植え穴施用のものは、虫が綴ったような土のつながりが見られるが、全面施用のものはほとんど見られない。

本葉7.2枚期の生育の差

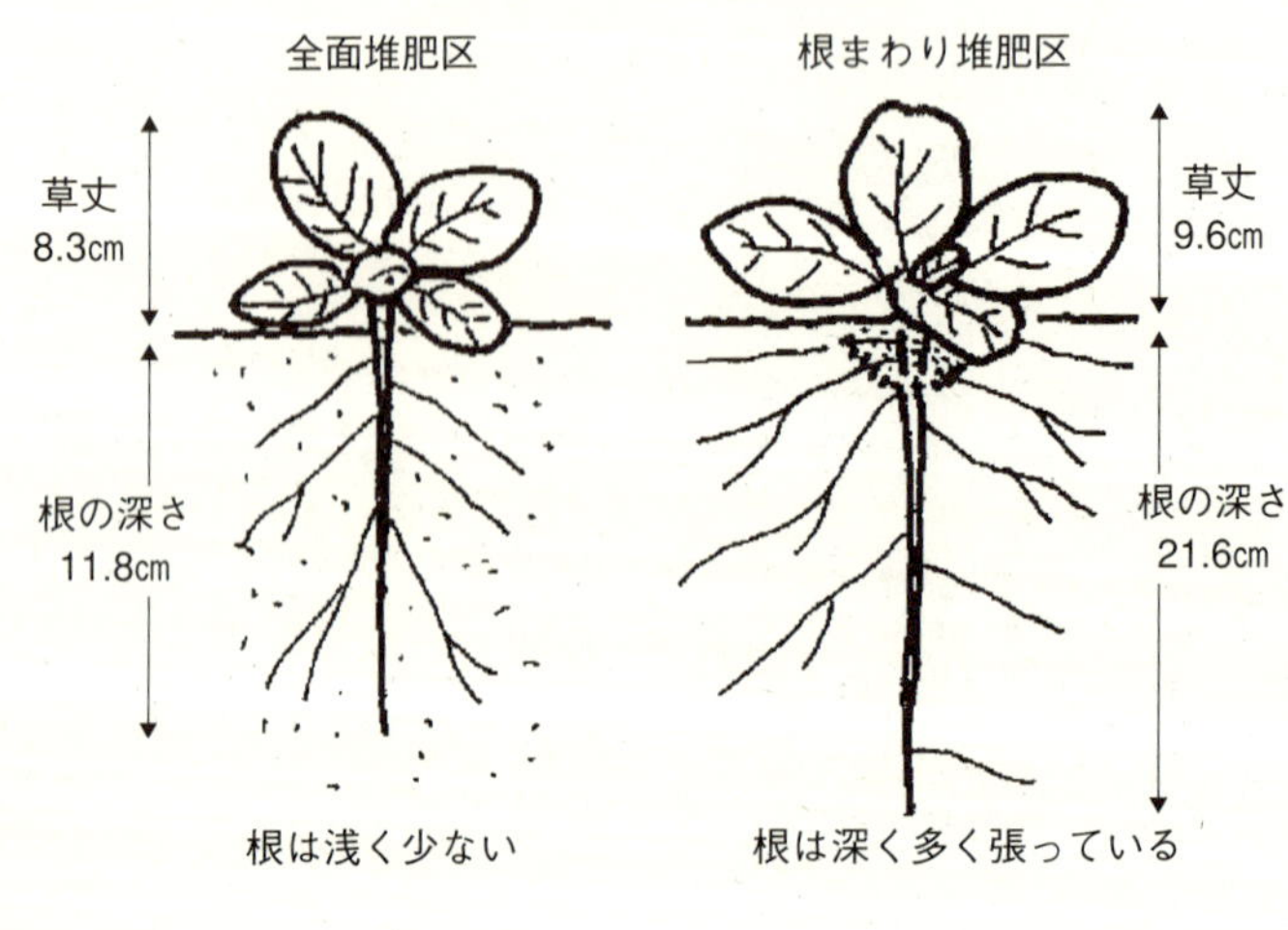

これは、堆肥植え穴施用したものに土壌微生物が多く、全面施用したものに少ないことをあらわしている。

根まわり堆肥だけじゃ畑がやせる？

かぼちゃに堆肥の植え穴施用をすれば、一株一〇〇g入れるとして、一〇a三〇〇〇株植えて、三〇kgの堆肥を施用すればよいことになる。畑全面に堆肥を散布して、すき込むと三〇〇〇kgは施用するから、一〇〇分の一でよいことになる。

これで同一の効果がでれば、堆肥散布に高価なマニュアスプレッダーを買わないでよい。また、堆肥の材料集め、積み込み、切り返し、運搬と重労働からも解放される。

水口文夫さんはきゅうりなどの株元に、炭、堆肥、作物残渣などをマルチしている（撮影　赤松富仁）

堆肥の植え穴根まわり施用を見たある人が、「毎年三〇〇〇kgの堆肥を畑に入れて年数を重ねるにつれ、畑がよくなる。三〇kgではやがて畑がやせる。これは略奪農法だ。畑の有機物の自然消耗は、年間堆肥換算一〇〇〇kgだから最低一〇〇〇kg施用しないと……」という。

私もそのような教育を受け、それを信じてきた。しかし、退職してこの一〇年間実際にやってきて、その考え方は変わった。

たとえば、一〇年間ほとんど堆肥を使わずに野菜を作り続けた開墾畑がある。最初はキャベツを作っても、ゲンコツ玉くらいの小さいものしかできなかったのに、今では立派な玉ができるようになった。

米ぬかや種かすなどを材料にボカシ肥を作るが、発酵菌が繁殖すれば、できたボカシの量は材料の量とほとんど変わらない。これを施用すると、もちろん作物の生育はよくなる。いっぽう腐敗菌が繁殖すると、有機物はドロドロに溶解して、わずかにかすが残るのみ。これを施用しても作物の生育はよくならない。また、白菜が軟腐病にかかると、被害部はとけてなくなるが、べと病の場合は、被害部は枯死するが有機物は残る。このように菌の種類によって、有機物の消耗は極めて大きな差があり、作物への影響も異なる。

作物を栽培すれば、地上部と同じくらいの根が残る。雑草が生える。そしてこれがすき込まれる。地上部も、スイートコーンなどら茎葉は畑にすき込まれる。

堆肥以外に自然に入る有機物もあるし、それが生かされるかどうかは繁殖する菌の種類にもよる。だから単純に、年間堆肥換算で一〇〇〇kgの有機物が消耗するから堆肥を一〇〇〇kg以上入れなければ、という考え方は現実と合わず、実際の土の中はより複雑であると考えられる。

（実際家・元愛知県農業改良普及員）

一九九五年四月号　植え穴だけの根まわり堆肥のすごい力

堆肥をすき込まず表面に

ブドウ

堆肥マルチ＋草生で砂地畑でも収量安定、減農薬

齊藤隆　千葉県横芝光町

穴を深く掘って何でも投入、でも枝枯れ、白モンパ…

収穫後にライ麦をまき、落葉後に堆肥を全面に敷く。春になって展葉するころには草に覆われてくる

私の家は園芸王国千葉県の九十九里平野のほぼ中央で、ブドウを中心に栽培している専業農家です。

昭和五年に祖父が松林を開墾した畑は極度の砂土で、やせた土地だったそうです。父の時代は化学肥料全盛の時代であり、「かます」で肥料を買い、草は一本も生やさないという栽培をしていました。一〇年くらいは収穫量も格段に増えたそうですが、年々、肥料を増やしても収量が減るという現象に陥りました。

普及所の指導もあり、対応策として畑に二m四方くらいの穴を掘って、堆

わが家の土壌管理の移り変わり

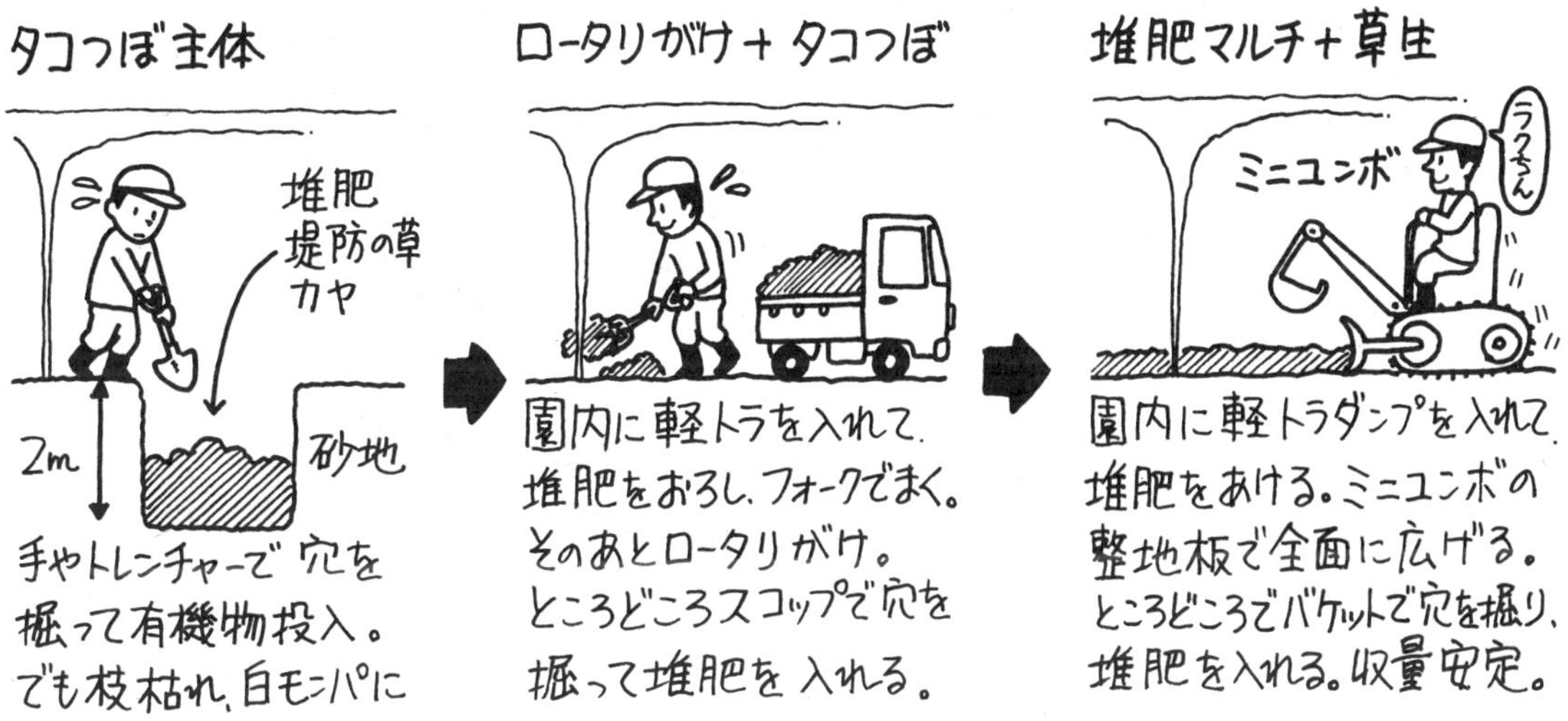
タコつぼ主体
堆肥
堤防の草
カヤ
2m
砂地
手やトレンチャーで穴を掘って有機物投入。でも枝枯れ、白モンパに
ロータリがけ＋タコつぼ
園内に軽トラを入れて堆肥をおろし、フォークでまく。そのあとロータリがけ。ところどころスコップで穴を掘って堆肥を入れる。
堆肥マルチ＋草生
ミニユンボ
ラクちん
園内に軽トラダンプを入れて堆肥をあける。ミニユンボの整地板で全面に広げる。ところどころでバケットで穴を掘り、堆肥を入れる。収量安定。

肥を入れるようになりました。トレンチャーを使うようになってからは、手掘りよりもラクに、しかも深く掘れるので、堆肥だけでなく堤防の草から屋根替えのカヤまで植物性のものは何でも入れました。子どもの頃にはこの深い溝で遊んだものですが、大きな落とし穴がありました。毎年続けるうち、強制的に深く掘るため太い根まで切ってしまい、枝枯れを起こし、ひどいときには樹まで枯れてしまったのです。おまけに白紋羽病が発生し、「骨折り損のくたびれもうけ」の状態になってしまいました。

きつい・汚い・くたびれる

その後、サラリーマン時代も休みの日には仕事を手伝いましたが、わが家の農作業は「きつい・汚い・くたびれる」の3Kでした。しかし、ブドウ栽培をやめると、祖父の代から持っているワインの醸造権（県内唯一）を返上しなければならず、ブドウ酒の醸造ができなくなることがわかり、一大決心で脱サラしました。

幸い、農業関係の営業をしていたので、あちこちの畑を見るチャンスがありました。また、恩師・小松光一先生に教わった指導書が『現代農業』だったこともあり、農業をあまり知らないのをよいことに有機栽培をめざし、変わったことをどんどんやってみました。

問題点は乾燥・草・堆肥…

営業時代の癖か、まず初めにわが家の問題点を挙げて、対策を考えてみました。

一、砂地で地力が低く乾燥しやすい
二、かん水により畑がしまる（固くなる）
三、大面積の草取り
四、よい堆肥の製造と運搬、散布方法
五、棚の下には大きな機械が入れない

一から三は野菜農家のようにマルチを張ればよいかもしれないが、塩類集積が心配。堆肥は近くの畜産農家に協力してもらえて何とかなったけど、理想のたこつぼ施肥はやっぱり手作業かな？などと考えているうちに、トラクタが壊れてしまいました。高価な機械を買う余裕もないし、困っているときに見つけ出したのが、レンタルの「ミニユンボ」でした！

全面にライ麦を播種、完熟堆肥のマルチ栽培

そして五年前からは草生と堆肥マルチ栽培を始めました。

ブドウの収穫後、全面にライ麦（ハルミドリ）を播種し、落葉後には熟成させた完熟堆肥を軽トラで園内に運び込みます。

せん定が終わったら、春までの間に、ミニユンボで根を切らないように樹の周りに何カ所かたこつぼを掘って、堆肥を入れて埋め戻す。たこつぼに入れる堆肥は全体の二割くらい。あとの八割の堆肥は株元を避けて、ミニユンボのバケットと整地板でなるべく全面に広げます。かつてはこの後にロータリをかけましたが、今では堆肥をマルチのように畑全面に敷き詰めるだけ。表面から土を肥やすという発想です。堆肥を敷き詰めると、生えているハルミドリも雑草も見えなくなりますが、植物の生命力というのはすごいもので、堆肥の間から草が伸び上がってきます。おかげで今の畑の土はフワフワになってきました。

収量が安定、体はラクに

このような、見方によっては粗放な管理をするようになってから、かん水ムラがあってもブドウが干からびることなく収量が安定してきました。

これはおそらく、草の根による全面深耕、伸びた麦を刈り込むことによる敷きわら効果、園地表面を草の根（ルートマット）と堆肥マルチで覆うことによる水分の安定化などが相乗効果となってあらわれてきたのだと思います。また、ブドウの樹が強くなってきたのか、農薬もずいぶん減らせるようになりました（殺菌剤はほとんどボルドーだけ）。今では自然の力に大変感謝しています。

おかげさまで体がラクになり、お客様においしいと喜んでもらえるブドウが栽培できるようになりました。ブドウは直売で完売。自家製ワインは組合の方々と一年間楽しんでいます。

今後は、有機農業をめざしつつ、園内でガチョウなどを放し、有畜農業をしていきたいと思っています。

二〇〇四年四月号　ブドウ堆肥マルチ＋草生で砂地畑でも収量安定、減農薬

未熟堆肥のガス害は心配ない？

未熟な有機物を土壌施用したときの害には、①有機物分解菌の増殖にともなう菌体への窒素のとり込みによる窒素飢餓、②易分解性物質の急激な分解によって生じるガスなどによる害、③木質に含まれるフェノール酸や有機酸の三つが考えられるという。

堆肥を土に混ぜるのではなく、マルチとして表面施用するなら、①と③それほど問題になることはなさそうに思える。

心配なのは②だろう。家畜糞尿由来の未熟な堆肥は、土壌施用後すぐに微生物の分解作用を受け、アンモニアなどの窒素化合物が発生する。露地畑ならともかく、ハウスの中では障害が出ないかどうか気になる。だが、これは通常、土壌施用後二週間以内には発生量が低下するという。そのため二週間程度置いてから作付けすれば問題はなくなるとのこと。

生の家畜糞を、作物が育っているところに追肥するというならともかく、ある程度発酵が進んだものを、あらかじめマルチ（表面施用）して、時間を置いてから定植するやり方なら心配なさそうだ。

（参考『農業技術大系・土壌施肥編』第五―一巻　畑の土壌管理）

不耕起状態の畑に、堆肥ともみがらをマルチしてつくった白菜。播種が遅れてうまく結球していないが、味は抜群。健康に生育するよう疎植も心がけている

露地野菜
不耕起+堆肥マルチに挑戦中

吉廣哲也　山口県山口市

自然の落ち葉の代わりに堆肥マルチ

わが家では父が農協に勤めているので、ふだんは母と私とで農業をしています。一haの農地で、米と花壇用の草花（パンジーなど）と野菜をつくります。

一昨年の六月、わが家では、ちょっと変わった野菜の栽培法を始めました。

就農してから、野菜は主に僕の担当です。この年、畑にはナス六〇本、ピーマン二五本、オクラ四〇本、トマト一〇〇本を植えました。これらが生育しているところに、まず完熟堆肥（もみがらとコーヒーかすの堆肥）を二〇cmの厚さに盛りました。次にうね溝を広く掘りながら、その土で堆肥を覆うようにしてかまぼこ形の高うねに。その上をさらに堆肥（これは未熟堆肥でもよさそうです）で約三cmの厚さに覆ったのです。野菜は、幅一～一・二m、高さ三〇～四〇cmの高うねに植えたような姿になっていました。

なぜ、こんなやり方を始めたかというと、畑に、腐葉土が積もった森や草地のような環境をつくろうと考えたからです。堆肥は、自然の落ち葉の代わりでした。いちばん外側を堆肥で覆ったのは、雑草対策のためです。翌年からは、うねの表面に堆肥を盛るだけにして、不耕起栽培を続けようと考えていました。

ナスは穫れたが…

堆肥と組み合わせた不耕起栽培は、じつは父が長年、構想を温めていた栽培法です。マルチした堆肥と耕さない土とが接するところでは、たくさんの有用微生物が働くというのが父の考えでした。そして、そのことが、野菜の生育や味を良好にするのに働くのではないかというのです。

実際、その後のナスの生育には驚きました。樹自体はそれほど大きくないのですが、美味しいナスがじつにたくさん穫れました。

ただ、この年は、八～九月の暑い盛りに、一か月以上もまともに雨が降らない干ばつの年でした。花の苗を植えるにも土はからから。まるで灰の中に植えるような状態です。経営の中心はこっちですから、花の水掛けのほうが忙しく、野菜のほうはほったらかしになりました。そんなわけで、この年、ナス以外の野菜は思うように穫れていません。

抑草効果を高めるため もみがら&堆肥マルチ

うねを壊さずに、不耕起栽培に取り組んだのが昨年です。

冬のうちからだいぶ草が生えていたので、草対策が心配でした。堆肥を厚くすればよさそうですが、量に限りがあります。何かいい方法はないかと考えて思いついたのが、もみがらを間にはさむ方法です。雨ざらしにして水分を含んだもみがらですが、うね全体をマルチした厚さは一五cmほどにもなったと思います。その上を厚さ三cmの堆肥で覆いました。

野菜の苗は、この堆肥ともみがらの中に植えたようなものです。トマトの場合、マルチした堆肥が少しずつ効いて苗が太りだしたかなとおもったら梅雨になりました。雨が連日続いて、べと病が発生。しかし、梅雨が明けると収まっていきました。連作したにもかかわらず、その後の生育はよかったと思います。

一方、ピーマンにとってはもみがらが厚すぎたのか、肥料不足ぎみ。一か月たっても苗が太りません。そこでボカシ肥料を追肥すると、みるみる太りだし、こちらも連作にもかかわらず霜が降りるまでよく穫れました。

草は抑えるが、水分不足が課題

堆肥ともみがらでダブルマルチした昨年は、総じて一昨年より草はよく抑えられたと思います。しかし、これだけもみがらが多い

右が筆者。左は父親の利夫さん

玉ねぎは耕起した畑だが、堆肥ともみがらを3cmの厚さにマルチ。ここには黒マルチも張ったが、一部が風ではがれてしまった。生育に差が出るか？

と、ピーマンなどは追肥なしではうまく育たないようです。ナスの場合も、肥料不足、水不足ぎみで出来は今ひとつ。また、晴天が続いてもみがらが乾燥しきってしまうと、水を通しにくくなるのも欠点です。うねの表面が乾燥すると、露出したもみがらが風で飛ばされたこともありました。

昨年はやれなかったのですが、転作田であることを生かしてうね間にかん水すれば、水不足は解消できるかもしれません。それにしても、堆肥の下にはさむもみがらの層はもっと薄くしたほうがいいか？今年はどうするか、まだ検討中です。

柿のように甘いにんじん

堆肥&もみがらマルチは、不耕起以外の畑でも試しています。

昨年九月には、やはりもみがら一五cm＋堆肥三cmのマルチをしたところに、にんじんやかつお菜の種を播いてみました。種は堆肥の上に播いただけ。覆土代わりにもみがらを薄くかけました。

かつお菜の根は、もみがらの下の土の層までちゃんと届いています。にんじんは主にもみがらの中で太っていました。どちらのできばえもよく、とくに味が素晴らしい。生協の消費者との交流会にこのにんじんを出品したところ、「柿のように甘いにんじん」との評価をいただきました。水分不足にさえ気をつければ、このやり方はおもしろいと思います。

不耕起にするか耕起するかは別にしても、うねを堆肥ともみがらで覆うことで、草をかなり抑えることができるのは確かです。たとえ草が生えても、簡単に抜けるのもいい。堆肥は、草を抑えながら微生物を殖やし、野菜の肥料にもなります。まだまだ研究途上ですが、有機物を生かして美味しい野菜をつくるにはいい方法だと思います。

抑制キュウリ 堆肥マルチ十黒マルチで増収

京　啓一　兵庫県宝塚農業改良普及センター

厚さ五cmの堆肥マルチの効用

私が初めて堆肥マルチに出会ったのは、一九八八年（昭和六十三年）のことである。「への字稲作」の故井原豊さんの知人で、井原さん同様、すごい稲をつくっていた故中村隆生さん（神戸市西区押部谷町）の圃場であった。トマト、ナス、キュウリ、カボチャ、ウリを植えるうねには、鞍築《くらつき》（株元の、土を盛った部分）を残して一面に、牛糞堆肥が五cmもの厚さで敷かれていたのだ。

中村さんは、「未熟な堆肥を積んだままにしておくと、表層の五cmくらいまではちゃんと発酵する。だったら、そのまま圃場に入れても、五cmの厚さでマルチするように敷けば平気なのではないか。これで有機物の大量施用ができるし、土壌中の腐植を増やせると考えた」という。当然、肥料としても効くと考えられる。そこで、生育初期に肥気《こえけ》を嫌うス

全面に厚さ5cmの牛糞堆肥マルチした露地トマト（神戸市西区・故中村隆生さんの圃場、1987年5月16日）

イカだけには堆肥マルチはしなかった。

堆肥マルチの効用は、①大量の有機物施用、②うねの雑草防止、③うねの水分保持の三点である。堆肥マルチは、「生の有機物は土（の中）に入れない」という有機物施用の原則を守りながら、土づくりと土壌の水分保持まで視野に入れた技術なのである。

アクリル温室のキュウリの低収改善に応用

その後、九五年のこと、鉄骨アクリル温室のキュウリ栽培でこの技術の応用に取り組む機会があった。当時、兵庫県小野市の広渡《こうど》生産組合では、有機質資材と有機質肥料を使った栽培をしていたが、抑制キュウリの生育が悪く生産が上がらない、という悩みを抱えていた。この栽培体系は変えないまま、現状を改善したいと願っていたのだ。

温室内はたいへん乾きやすかった。そのため「トマトはできても、キュウリはできない」と農家自身も思いこんでいた。低い空中湿度を好むトマトと、高い湿度を好むキュウリとでは、栽培法を変えなければならないことは明らかであった。

キュウリの定植は九月中旬。そこに次のような試験区を設定した。まずうね上を牛糞堆肥で薄く覆い、うね肩とうね間を次の三つの区に分けた。①うね肩黒マルチ＋うね間堆肥、②うね肩黒マルチ、③うね肩堆肥マルチ。ただし①区は、定植後一か月は堆肥マルチだけの状態で、その後に黒マルチを張った。②区は、初めから黒マルチを張っていた。うね上にはかん水チューブをはわせ、各区とも一〇株で、その生育を調査した。

結果は図表のとおりである。うね上に薄く堆肥マルチしたうえで、うね肩に黒マルチをした①と②の区と、うね肩を堆肥でマルチした③の区の差は大きく、マルチ法の違いが明確に収量等に表れた。

③区は「うね肩堆肥」とはいっても、実際にはうね肩の堆肥は栽培途中に滑り落ち、うねが露出し乾燥したのが減収の原因と考えられる。それに対して、うね肩に黒マルチを張

キュウリ温室での堆肥マルチ試験の様子（兵庫県小野市、1995年10月13日）

った①②区は、うね全体が黒マルチと牛糞堆肥で覆われたため、生育中、うねは常に湿り気を持っていたのだ。

うね間の堆肥・もみがらも空中湿度の保持に役立つ

さらに総合的に見ると、キュウリの温室栽培では、鞍築を除いてうね上に堆肥マルチ、うね肩に黒マルチを敷き、うね間に堆肥施用して、うねの土壌水分を維持した場合が、収量等が高く、しかも成り疲れが少ないという結果だった。黒マルチによってうねの乾燥を防ぎ、チューブでかん水された水分をうね全体に行き渡らせ、常時、土に湿り気を持たせることが、キュウリではとくに重要な意味を持つ。うね間に堆肥やもみがらなどの有機質資材を敷くことも、温室内の空中湿度を保つうえで大切である。

なお、試験温室のうね間には、牛糞堆肥を薄く敷いた上にもみがらを敷いた。うね間を歩きやすくするためと、伸びてきたキュウリの根を切らないためである。ただ、初めからもみがらを厚く敷くと収穫台車を押しにくい。最初は薄く敷き、追肥のたびにその量を増やすようにする。

堆肥マルチやうね間堆肥として施用する堆肥の品質はそれほど気にしなくてよさそうだ。温室内で、次作のために半年かけて堆肥づくりをすると思えばよい。収穫後のすき込み時に、マルチした堆肥がちゃんと腐熟しているか心配する向きもあるが、大量に入れたように見えても実際の投入量は大したことはなく、後作で問題になることはない。

二〇〇四年四月号　堆肥はすき込まず表面に

試験区の設定

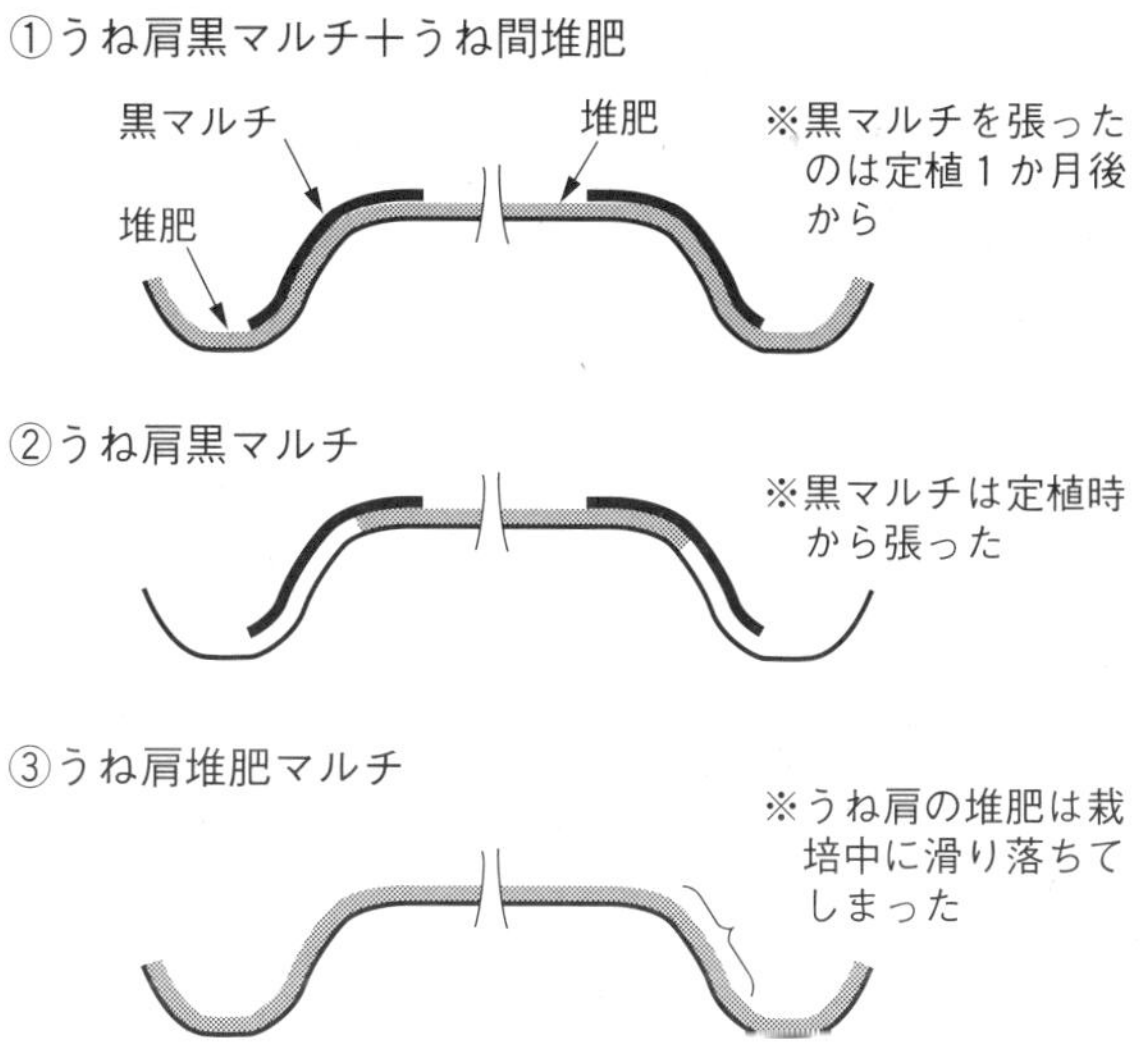

抑制キュウリでの堆肥マルチ応用試験の結果

試験区	10〜12月合計（10株調査）				10a換算収量（t）
	収量（kg）	収穫本数（本）	正常果数（本）	正常果率（％）	
①うね肩黒マルチ＋うね間堆肥	51.2	521	377	72.4	7.07
②うね肩黒マルチ	54.8	573	412	71.9	7.56
③うね肩堆肥マルチ	39.4	411	290	70.6	5.43

堆肥マルチと割竹が重粘土の畑をフカフカにする

千葉県三芳村　和田博之さん

文　編集部

深耕と有機物（とりわけ完熟堆肥）多投だけが土つくりの手だてでしょうか。ここで紹介するのは、ほとんど深耕らしい深耕は行なわず、不耕起や普通の耕うんで土をよくする技術。それも少量の未熟・半熟の有機物を生かしての土つくりです。千葉県の和田博之さん（露地野菜）は畑の表面一～二cmの厚さに「半熟堆肥」をマルチ。畑を歩くときはところどころに敷いた割竹の上を歩き、土を踏み固めないようにしています（不耕起栽培）。

堆肥マルチや割竹は手間がかかるだけか

千葉県安房郡三芳村で、京葉地区の消費者と有機無農薬野菜の産直活動を行なっている「三芳村生産者グループ」では、同グループ代表の和田博之さんを中心に、「堆肥マルチ＋割竹」方式を実施しています。これは、畑の表面に堆肥を敷き、その上にところどころ、半分に割った孟宗竹を置いて、管理作業や収穫作業のときは土をなるべく踏まないよう、その割竹の上を歩くという方式。

とくにその割竹を見て、「ずいぶんと手間の込んだことをする」というのが初めての印象。見ただけではその割竹の意味やはたらきはよくわからないので、「趣味的だ」とさえ思う人がいるかもしれません。

しかし、その堆肥や割竹が、土を耕し作業をやりやすくする、きわめて重要なはたらきをしているのです。

重粘な土、せまい畑での工夫

なぜ、三芳村生産者グループで「割竹＋マルチ」方式が行なわれるようになったか、それを知るためにはまず三芳村の地形と土壌を知る必要があるようです。

三芳村は房総半島の南端にあり、山がちで、傾斜した小さな畑が多いところ。さらに土質は重粘で、雨のあと二日は畑に入れず、乾くと雨にたたかれた表面二cmくらいの土がコチンコチンに固まってしまいます。米以外には露地野菜をつくっている農家が多いのですが、播種後の発芽障害をおこすことなどしばしばです。

がんばって堆肥を入れてもなかなか土は柔らかくならず、畑がせまいために操作しにくい機械をやっと入れて土を耕しても、雨が降るとまた元のようにコチンコチンにもどってしまうきわめてあつかいにくい畑がほとんどなのです。

自然の中に露出した土はない

このあつかいにくい畑をどうするか、三芳

通路に孟宗竹を敷いて土を踏まなくしたら，作物の根がかわり，土がかわった

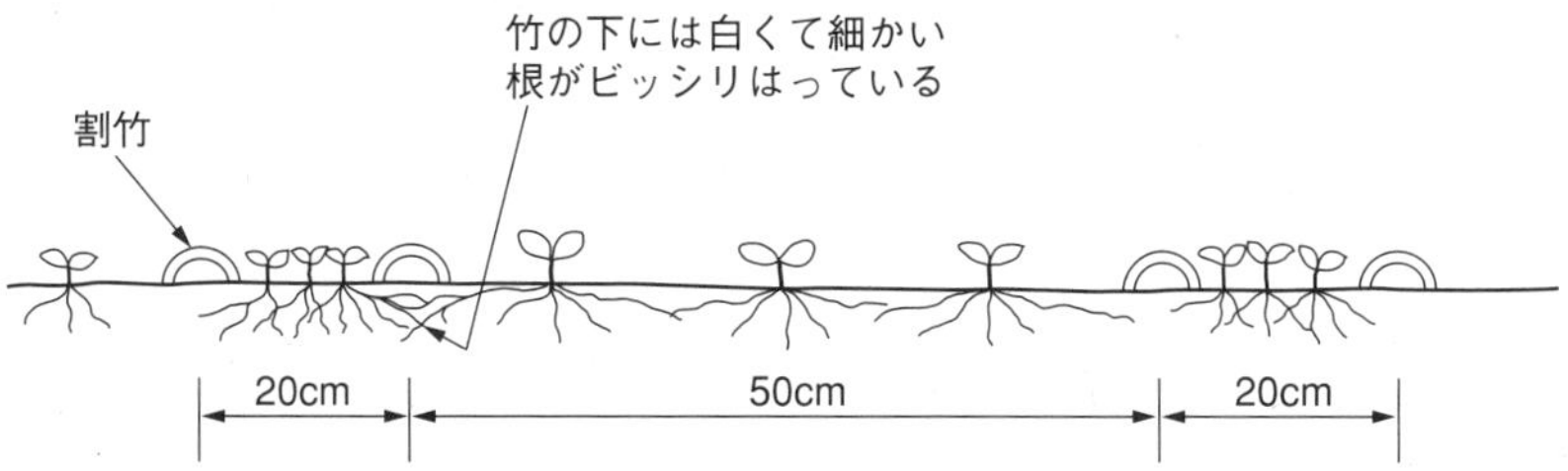

堆肥を土寄せがわりに使って何回も利用する。堆肥の下の土がやわらかくなる。

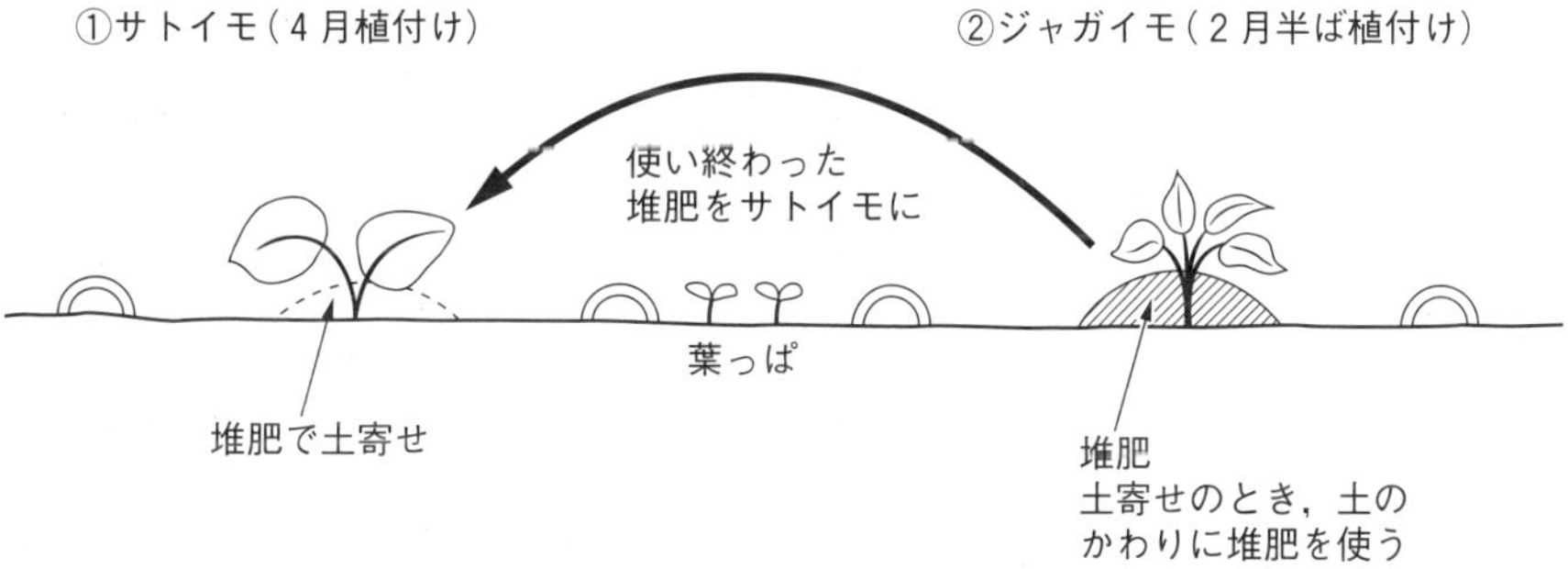

村生産者グループの人たちが苦心の末始めたのが、まず堆肥をマルチのように、一〜三cmの厚さで畑の表面に覆うことでした。

そのヒントとなったのは、グループの人たちが昭和四十八年来、二年にわたって指導を受けた、故・露木裕喜夫氏（元静岡県沼津農業改良普及所長・昭和五十二年没）の「自然農法」でした。

この「自然農法」は、有機無農薬の作物づくりをめざしてはいますが、たんに「化学肥料を使わない、農薬を使わない」というだけでなく、誰も耕さず、肥料もやらないのに植物が立派に育つ自然の山や草地のあり方から自然の土のしくみを知り、田や畑をできるだけその状態に近づけて作物を健康に育てていこうという農法です。

堆肥マルチは、落ち葉や小枝、枯れ草に覆われた「自然の土」を畑に模したもの。それについて露木氏はつぎのように書き遺しています。「自然の土が露出していることは、まず、絶対にない。あれば、砂漠です。木が生え草が生えているところ（の土の表面）は、必ず日陰です。夏は、葉と落ち葉で二重の日陰になります」（『自然に聴く』—露木裕喜夫遺稿集刊行会）

和田さんは、これを、つぎのように説明します。

「森や林の土は、誰が耕すわけでもないのにやわらかくて弾力がある。山の中でよく人が迷うのは、その弾力のために足跡がすぐ元に戻り、数時間前に自分が歩いたところがわからなくなるからだそうだ。これは、たんに落ち葉や小枝によって土が雨にたたかれたり、人に踏み固められるのがやわらげられるだけではなくて、落ち葉や小枝が蒲団《ふとん》のようになって、表層の土の乾いたり湿ったりの差、あるいは温度差が少ないからだ。乾湿の差や温度差の少ない土は微生物が繁殖しやすい。そしてその微生物を求めて、ミミズ、昆虫、モグラのような動物までがあつまり、その生き

和田博之さん

ものの力で団粒構造がよく発達する」

畑の表面を覆う半熟の堆肥

和田さんが土の表面を堆肥で厚さ一～三cmマルチするようになると、それまで堆肥を土中にすき込んでいたときはあまり畑に寄りつかなかったモグラが、だんだん寄ってくるようになり、七か月もすると、土自体のにおいがだんだんいい感じになってきたといいます。

「どういってよいかわからないが、堆肥のようなにおいだな。バクテリアのにおいかとも思うんだが……」

堆肥は、深く土の中にすき込むよりも、土の表面や表層に施して、微生物や小動物が生息しやすい環境をととのえるほうがその効果が大きいのでしょうか。

また、堆肥マルチによって雑草もかなりおさえられるようになり、除草は春、夏、秋の一回ずつで間に合うようになりました。土がやわらかいので生えた草もとりやすい。このグループは除草剤を使わないので、手取り除草の手間をどうするかが大問題なのです。

その堆肥は、和田さんの場合、わらや枯れ草、もみがらに鶏糞、米ぬかを混ぜて、一年くらい雨ざらしに積み、二回くらい切り返したもの。鶏糞や米ぬかの量が少ないので、一年たってももみがらなどは原型を保っており、和田さんは「半熟の堆肥だ」といいます。

「堆肥の目的は第一に地表面を覆うことだから、完熟してガサ（体積）が目減りするとかえって困る。半熟でも土の中にすき込むわけでないから害の心配はない。むしろ、地表を完熟した有機物ばかりが覆っているのは不自然。完熟と未完熟が半々くらい混ざっているほうが自然の状態にちかいのではないか」

堆肥マルチでも踏み固めると痩せ草が生える

雨が土をたたいて固めたり、人が踏み固めたりするのをやわらげ、水分や温度などを微生物やミミズ、昆虫、モグラの住みやすい環境に安定させるのが堆肥マルチの目的です。

ただ、和田さんは堆肥マルチにはつぎのような限界があるといいます。

「それは、三芳村では狭い畑が多いため、どうしても人がその上を歩く機会が多く、歩いたところは堆肥マルチをしていても土が踏み固められてしまうこと。踏み固めた堆肥をめくってみると、その下の土の表面は水田の底土の還元層のような青みがかった色をしています。これは酸素不足で微生物や根にとって正常な状態ではありません。正常でない証拠に、堆肥が充分に入った肥えた畑でも、踏み固められたところには『瘠《や》せ草』が生えてきます」

「瘠せ草」「肥え草」は和田さんたちが畑の肥沃度を見分けるときの基準。スギナやヨモギが瘠せ地に多い瘠せ草で、スズメノテッポウ・ハコベ・ツユクサなどが、堆肥が充分に入るなどした肥沃地に多い草。しかし、肥沃な畑でも踏み固められたところには瘠せ草が生え、そこの野菜の生育はよくないというのです。

現在の畑は、堆肥で被覆され通路が排水の溝となっている

割竹を敷くのはその堆肥マルチの限界を補う手段なのです。温暖な房総半島南部には竹が多い。もともと竹の子は安房の特産物でしたが、最近は竹林の管理ができずに放置してありました。その竹を切り出し、二つに割って畑の通路に敷くのです。

その結果、いままで踏み固められていた通路の土もフカフカになり、野菜をつくる部分はつくればつくるほどやわらかくなってきました。

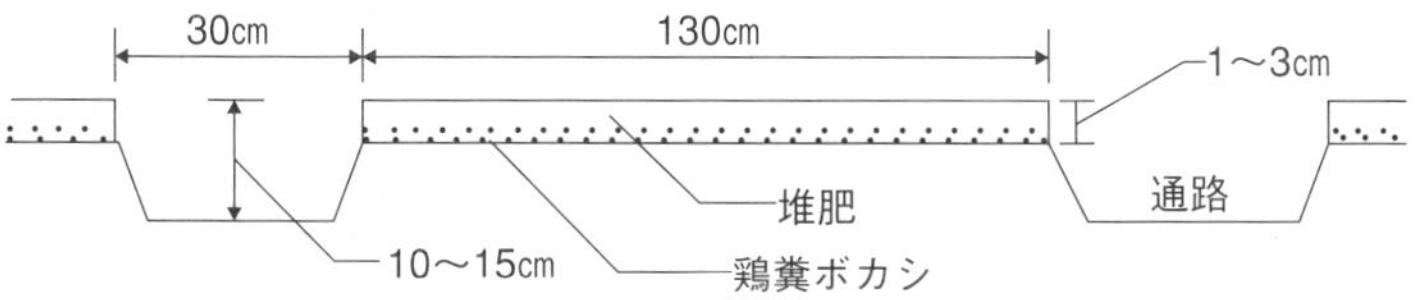

堆肥マルチ、割竹の手間はラクになって返る

そして和田さんは、今年は完全に不耕起栽培(二年目)。機械で耕しても、堆肥を土中に入れても、一雨降るとコチンコチンだった土が、堆肥のマルチと、割竹を敷くことによって、耕起しなくても土自身の力によってやわらかくなる土へと変わってきたのです。

「堆肥マルチや割竹は一見手間のかかることのようですが、たしかにそれ自体は手間がかかっても、そのことによって耕起の手間が省け、草とりの手間が省けるようになりました。そればかりではなく、雨が降ってもすぐその後に畑に入れますし、一作終わると耕うん、除草、整地などの手間をかけなくともすぐつぎを作付けできますから、小まわりのきく多品目の作付けができ、私たちのような産直活動をやっているものには非常に好都合なんです」

不耕起栽培といっても、和田さんのやり方はただ耕さなくてよいというのではありません。土をたたく雨、人間の踏圧など、土が固くなる原因をとりのぞき、根や有機物、微生物の力で、耕すよりやわらかい土をつくるということのようです。

一九八六年十二月号　堆肥マルチと割竹が重粘な土をフカフカにする

中熟堆肥を表層での土ごと発酵で活かす

西文正さん　大分県緒方町

編集部

撮影　赤松富仁

表層で土ごと発酵させた西文正さんの畑の土は、表面をのりで固めたようにかたく、歩くとサクサクとします。試しに土を掘ってみると、固い表面の土が崩れず、ブリッジ（橋）ができたのです。この畑ではナスやトマトの病気の発生がとても少なく、農薬代が周囲の農家の三分の一ですんでいます。

表面がサクサクに固まった土

西さんの畑におじゃましたのは、九月七日。以前紹介した露地ナスは相変わらず元気で、その後四〇日のあいだ農薬散布も二回のみですくすくと育っていた。今は九月二十日定植予定のハウストマト・ナスの定植の準備に追われているところだ。すでにハウスでは、九月二日に堆肥と米ぬかボカシを浅く一〇cmにうない込んであり、ハウス全体の土の表層が土こうじのように発酵し終えているはずだった。

朝七時半頃、密閉されたハウスを開けると、畑全体の地表面に白いカビがいっぱい…と思っていたのだが、期待ははずれた。地表面は明らかに乾いていて、パッと見た感じは何の変哲もない耕うんされたただの畑。しかし、中に入って奥に進み、地面に顔をつけるように地表面をながめてみると、うっすらと白いカビが見えた。

「ほら、歩いてみて。靴跡がくっきり残るでしょ」

西さんにそう言われて歩いてみると、足跡の周囲の土が崩れず、足跡がくっきり残る。試しに同じように発酵させた後、ロータリーでうなって土を砕いたところを歩いてみた。すると、土は軟らかく、歩いたあと

ハウス1反分15tの中熟堆肥と西文正さん。「完熟より中熟堆肥のほうが畑にいいのです」

は土がボロボロと崩れた。これは土ごと発酵させる前の畑でも同じだった。もう一回、発酵し終えた畑を歩いてみると、土の表面がのりで固めたようにかたいことがハッキリした。歩くとサクサクと割れるような感触で、足跡の周囲の土の表面にはヒビが入る。

表面がかたいその土の下はどうなっているのか、そのサクサクした土を掘ってみた。すると上から五cmくらいは乾いていて固く、その下はだんだんに湿っており、耕されていない一〇cmくらい下のところで土はかたくなった。その五cmくらいの乾いた層がどういう構造になっているのか気になり、そおっと下から土を崩していくと、乾いているにもかかわらず崩れないことがわかった。そして試しにもういっぽうからも穴を掘ってみると、ブリッジ（橋）ができたのである。

糸状菌・放線菌が繁殖し、その後乾燥？

西さんは反当一五tの堆肥と、四〇〇kgものボカシ肥を投入して、表層一〇cmにうないこむ。堆肥はチップかすやバークと牛糞を主体に作ったもので、高温発酵させた直後の中熟堆肥を使用している。

このために、難分解性のセルロースや木質がほとんど残ったままで、糸状菌や放線菌が繁殖し、その白い菌糸のために表面が白っぽくなると考えられる。その後、地表面は乾燥してしまうために、菌類の生長は休止し、菌糸によって有機物や土の粒子によってくっつけられ、乾いて表面が「固く」なると思われる。

それではこれがボカシだけだったらどうなるのだろうか。まだ文ちゃんボカシしか入れていない別のハウスに行ってみることにした。そして、その畑を下のほうから掘ってみ

土ごと発酵させる前の畑

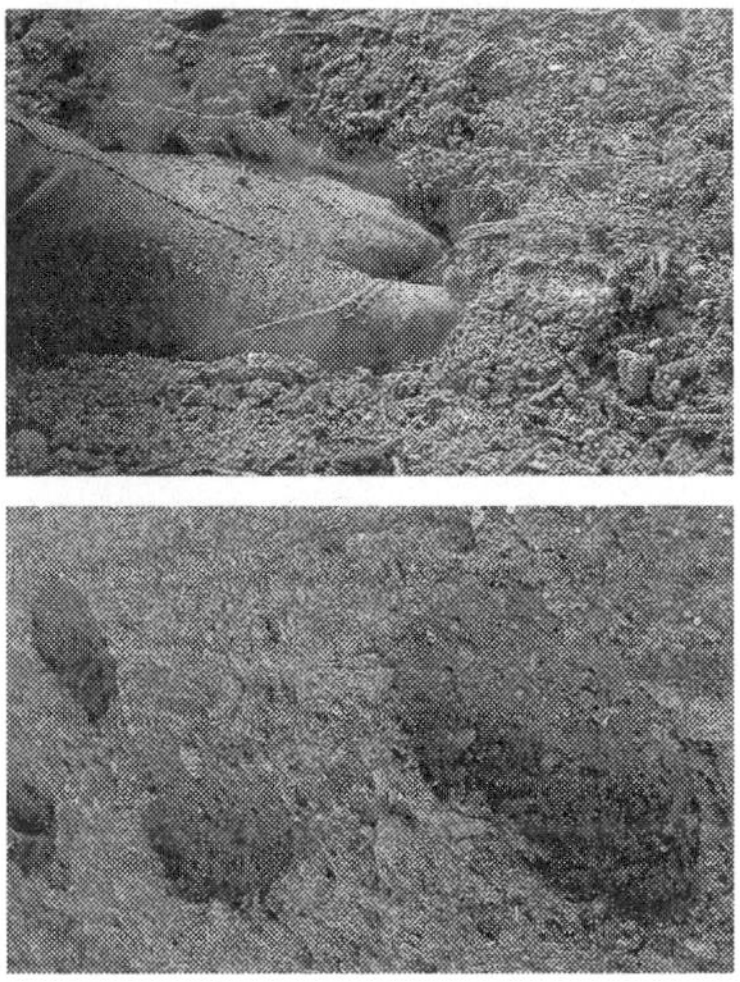

耕うんしているので、土は軟らかくてポロポロ

土ごと発酵させた後

土の表面が固まって歩くとサクサクする

6月
- トマト（ナス）収穫終了　株を引き抜いて枯らしておく

7月
- 残渣に文ちゃんボカシ（米ぬかボカシ）をふってうない込む
- 2週間ほどで残渣に菌がまわる
- そうしたらもう一度耕うん

8月
- 水をかけて畑に水分を与える

9月
- 2日　中熟堆肥を15t、半量ずつの文ちゃんボカシと肥料ボカシを400kg入れて10cmだけ耕す（3日で表面にカビが生えてくる）
- 7日　（取材日）
- いったん20〜25cm耕うん。水分を与えた後、肥料ボカシ400kgと少量の肥料を入れて20〜25cm耕うん
- 20日　定植

（6月〜9月）ビニールは張りっぱなし

文ちゃんボカシ（種ボカシ）

米ぬか	300kg
バイムフード（種菌）	5kg（1袋）
セルカ（貝殻粉末）	60kg
水	40ℓ（夏は60ℓ）

※バイムフードとは西さんが取り組んでいる「島本微生物農法」の酵素菌

肥料ボカシ（1反分）

セルカ	150kg
珪鉄	150kg
菜種かす	60kg
綿実かす	100kg
大豆かす	40kg
魚粉	100kg
文ちゃんボカシ	100kg

ると、なんと表層の土はサラサラと崩れてしまったのだった。

「ボカシだけではダメで、堆肥が入っていることが大事なんです。しかも私は中熟の堆肥を使います。この中熟堆肥と文ちゃんボカシ、肥料ボカシがセットになって、表層で発酵させて初めて病気を減らすことができるんです」

きのこが生えた年ほどナスやトマトがよくできる

「中熟堆肥を入れると畑にいろんなきのこが生えますが、きのこが生えた年ほどナスやトマトがよくできるんです」と強調する。

表面の土は白い菌糸で固まっている

ブリッジができるほどしっかり固まっている

堆肥は完熟がいいか、未熟がいいかは議論が分かれるところでもあるが、多くの農家は完熟堆肥を使いたいと思っているはずだ。

ふつう、施設園芸の場合は、長期に熟成させた完熟堆肥が好まれる。ハウスの場合は土づくり→施肥→定植という時間が短く、土づくりに長く時間をかけられないからだ。また自分で堆肥をつくる野菜農家はまれで、ほとんどは畜産農家が製造したものを購入している。自分で堆肥の品質を見分けることは難しく、畜産農家を「信用」する以外に方法がない。

西さんの言うように、むしろ中熟のほうがいいというのであれば、ありがたい。「あー、せっかく入手したものがまた完熟じゃないー」と堆肥の熟度にいちいち一喜一憂しなくてすむ。

ところで、西さんのいう中熟堆肥とはどんなものか。材料はわが家で飼う牛の糞と、近くの農家から取り寄せる牛糞を混ぜたもの。そしてバーク（樹皮）。これら半量ずつを堆肥盤の上で文ちゃんボカシを混ぜて切り返し、三か月くらい置いたもの。もう間もなくナスのハウスに入れようとしているその堆肥の中に手を突っ込んでみた。熱い、熱い。とても手を入れていられないくらいに発酵熱をもっている。堆肥には菌糸がまわって白くなっている。見た目には「完熟」なのか「中熟」なのかは素人目にはわからない。

西さんの考える完熟堆肥とは、材料の樹皮が粉々になっているもの。樹皮を割ってみたときに中まで黒くなく、元の色が残っているようなら中熟だという。じっさい、西さんの堆肥中に残っている木片を割ってみると中は茶色い色が残り、まだ木のままである。この堆肥ならあと三か月以上ねかせて熟成させないと完熟とはいえないという。

表層で発酵・分解させてから、深くうない込む

中熟堆肥を表層で発酵させなければならないのはなぜだろうか。

「中熟堆肥もそのままだったら、有機物が残っている分、作物に好ましくない成分や有害なガスなどを発生させる可能性があります。有害ガスなどは、私は空気の少ないところを好む嫌気性の微生物の働きによると考えているんです。そこで、中熟堆肥を浅く一〇cmだけうない込み、なるべく地表面の酸素のあるところで発酵させて、病原菌を抑える放線菌などの好気性微生物を殖やしてやる。

中熟堆肥に好気性の菌のかたまりである文ちゃんボカシを加えて、表層に置くことで、いい菌をどんどん殖やしていくんです。そうやっていい菌を殖やしたら今度は深くうなって、さらにいい菌の層を拡大してやる。こうすれば病気は出ません。だから最初は浅く一〇cmに耕し、二回目からは二〇cmとかに深く耕しているんです」

こうして、西さんは土壌消毒をまったくしないにもかかわらず、安定してトマトやナスをとりつづけている。

それではもし、未熟の堆肥しか手に入らなかった場合はどうしたらいいのだろうか。その時も、ほぼ同じやり方で、未熟堆肥による害を防ぐことができるという。

つまり、米ぬかボカシをつくって有益な菌を増殖して、その未熟堆肥といっしょに畑にふり、浅く一〇cmに耕す。ただし西さんがその後一～二週間で定植してしまうところを、三週間から一か月おいていい菌をじっくりふやしてから定植すればいいという。ポイントは浅く入れること。そして未熟有機物が分解するときに発生するアンモニアなどの害を防ぐために、定植までの期間を長くすることだ。

二〇〇〇年十一月号　中熟堆肥を表層での土ごと発酵で活かす

積んで3か月の西さんの牛糞＋バーク堆肥。まだかなり温度が高い

残っていた木片を割ってみると、完全には菌糸が内部に侵入していないようにみえる

菌類と放線菌について考える

セルロースの性質と分解者

セルロースは地球上にもっとも多く存在する多糖類で、生態系にある炭素の半分以上を占めている。植物細胞壁のおもな成分であり、稲わらの三五%、木材の四〇〜五〇%、綿では九〇%がセルロースである。

セルロース

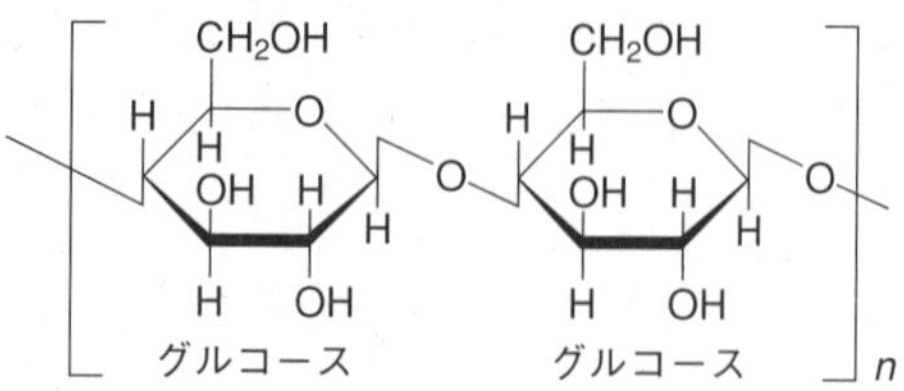

セルロースは、グルコース残基が直鎖状に数千〜数万つながってできている。セルロース繊維はこの直鎖が数十本まとまって束状になっているが、直鎖が横に並んでリボン状に結合し、さらに層状に重なって水素結合している。繊維全体の六〇〜七〇%は結晶構造をとっているため、極めて強固である。この結晶構造を破壊しないと、単純な酵素反応では分解することができない。そこで、数種類のセルラーゼ（セルロースの分解酵素）が共同で作用して、じょじょに分解されるという。

セルロースは、同じグルコースが結合した構造をもつでんぷんとは違い、これを分解して栄養分として利用できる生物は限られている。脊椎動物はセルラーゼをもたない。自然界ではおもに、好気性菌の糸状菌（きのこやカビなど菌類）や放線菌によって分解されている。草食動物は消化管内に共生微生物がいて、間接的にセルロースを分解・利用している。

放線菌は自然の土壌中に広く生息しており、いわゆる「土のにおい」というのは放線菌に由来している。分類上は細菌の仲間（グラム陽性菌）だが、ふつうの細菌と違って、カビのように菌糸を伸ばす性質がある。また、DNAの構造も他の細菌にくらべてかなり複雑で、全体の特徴はまだよくわかっていない。

従来、セルロースの分解者としては糸状菌の存在がよく知られているが、近年、好熱嫌気性の細菌の中に、セルロソーム（何種類かのセルラーゼの複合体）の働きによって、セルロースを効率よく分解できるグループがいることが明らかになっている。

また、シロアリの一部は、体内の共生微生物によらずに、自分自身でセルロースを分解・利用することができるという。

キチンについて

キチンは、カニ、エビ、昆虫類の殻、貝類、イカ、酵母や椎茸の菌類など自然界に広く存在している。地球上でセルロースに次いで量が多い多糖類とされている。キチンはN－アセチルグルコサミンが長く連結したポリマーである（キチンを脱アセチル化したのがキトサン）。

キチンの分解酵素として、キチナーゼ、キトサナーゼ、N－アセチルグルコサミニダーゼが知られており、自然界ではおもに微生物がその分解を担っている。畑にカニ殻などキチンを投入すると、土壌中に糸状菌（菌類）と放線菌がふえることが報告されており、菌類と放線菌がキチンの分解・利用に大きな役割を果たしていることがうかがえる。また、このような畑では作物の病気が軽減することもよく知られている。とくに放線菌は細菌に対する抗菌性が強く、医薬品の抗生物質の七割は、放線菌によって生産されているという。

キチン

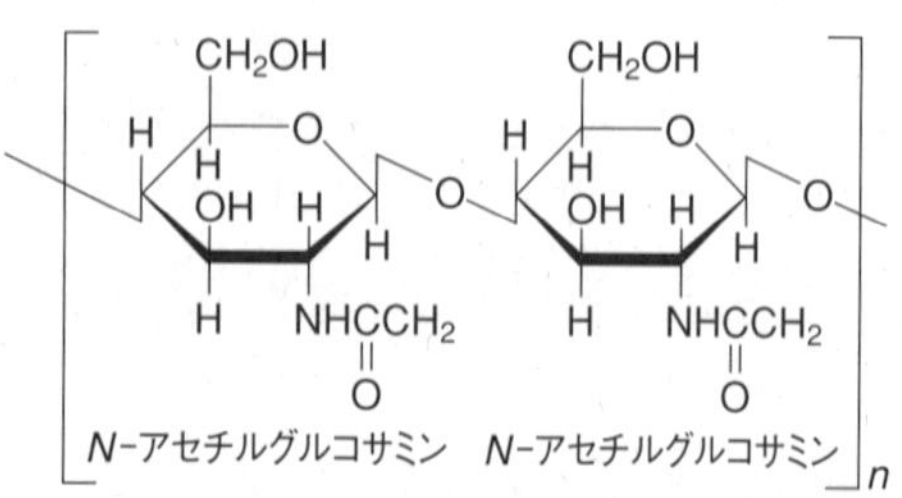

木質の性質と菌類

木質はセルロース、ヘミセルロース、リグニンからなる。リグニンはプラスチック状のフェノール性ポリマーで、三次元の網目状の構造をとっていると考えられているが、詳細な構造はわかっていない。ふつう酵素が多糖を加水分解するときは、酵素が糸をくわえこむようにしてグリコシド結合を切断するが、リグニンの場合はその網目構造のために、分解酵素が近づくことができない。さらに、木材は鉄筋コンクリートのように、セルロース、ヘミセルロースの堅い繊維のまわりを、リグニンが隙間なく埋め込んでいるために、通常の酵素反応では木材を分解することができない。

唯一、木材を効率よく分解・利用できるのはきのこの仲間（木材腐朽菌）である。木材腐朽菌には、リグニンを優先的に分解する選択的白色腐朽菌、セルロースとリグニンを同時に分解する非選択的白色腐朽菌、おもにセルロースを分解する褐色腐朽菌、軟腐朽菌などがある。白色腐朽菌はおもに広葉樹林帯に、褐色腐朽菌はおもに針葉樹林帯に生息している。

酵素だけでは木材を分解できないため、木材腐朽菌は、細菌にはない複雑な方法を組み合わせていると考えられている。褐色腐朽菌と非選択的白色腐朽菌は、活性酸素の水酸化ラジカルを生成して、その強烈な酸化力で木材の細胞壁を破壊し、その隙間に分解酵素を侵入させる。いっぽう、選択的白色腐朽菌の場合は、酵素とはちがう低分子の化合物を生成してリグニンを分解するという。

木材腐朽菌はすべて好気性菌で、酸素がないところでは生存できない。また、生育には適度な水分が必要である。生育適温は種類によって異なるが、五〇℃以下の常温帯とされている。

堆肥化の進行

もっとも一般的な堆肥は、家畜糞尿とおがくず、もみがらを混合して堆積したものである。

堆肥原料の成分の中でも、でんぷんなどの糖類・脂肪・たんぱく質・アミノ酸など、微生物が

おもな木材腐朽菌の種類と生育適温（参考『木材保存学入門』）

腐朽の種類	外見特徴	分解対象	主要菌類
褐色腐朽	褐色に変色 乾燥すると収縮し亀裂を生じる	セルロース ヘミセルロース	イチョウタケ　イドタケ オオウズラタケ　キカイガラタケ ナミダタケ　マツオオジ
白色腐朽	退色し白色化 海綿状になる	セルロース ヘミセルロース リグニン	カイガラタケ　カワラタケ スエヒロタケ　ヒイロタケ ホシゲタケ
軟腐朽	木材表層部が軟化する	セルロース ヘミセルロース	子のう菌類 不完全菌類

区分	生育適温	菌　名
好低温菌	24℃以下	イドタケ、ナミダタケ、ホシゲタケ
好中温菌	24〜32℃	イチョウタケ、オオウズラタケ、カイガラタケ、カタウロコタケ、カワラタケ、スエヒロタケ、チョークアナタケ、マツオオジ、ワタグサレタケ
好高温菌	32℃以上	アラゲカワラタケ、キカイガラタケ、ヒイロタケ

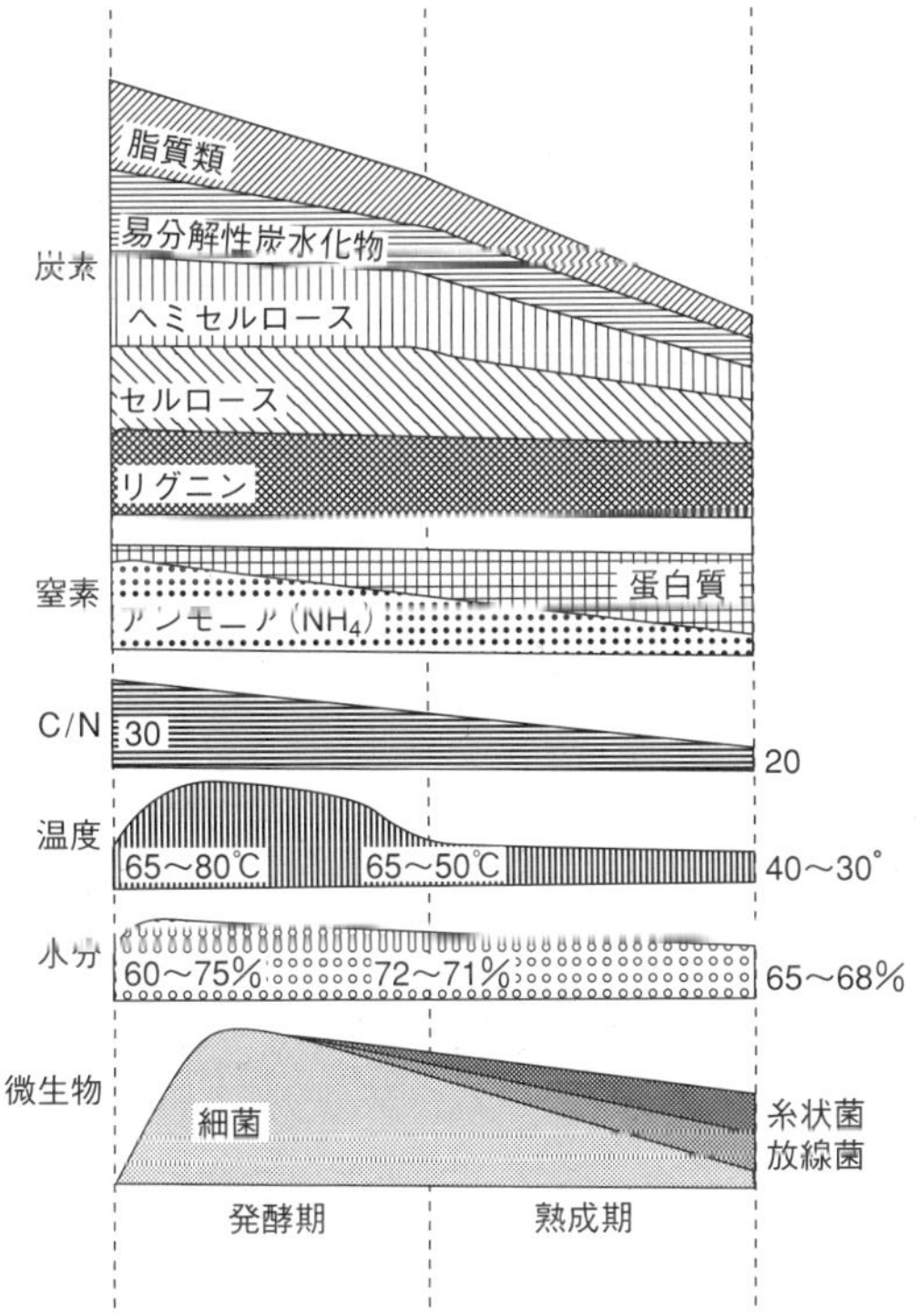

堆肥化過程における有機組成および微生物相の変化の模式図（金澤、1986）

分解・利用しやすい成分（易分解性有機物）から分解が始まる。次第に温度が上昇し、数日で七〇〜八〇℃に達する。このとき中心的に働いているのは細菌類である。また、発酵温度を大きく左右する成分は、脂肪類と考えられている。脂肪は有機物のなかでもっともカロリーが高く、次いで、たんぱく質、糖類である。脂肪分の多い米ぬかを混ぜると、発酵温度が高くなるのはこのためである。

やがて、切り返しても温度が上昇しなくなり、次第に冷めてくる。温度が下がってくると、放線菌と糸状菌（カビやきのこなど菌類）が繁殖してくる。これらの微生物は、セルロースや木質など難分解性の有機物を分解する能力が高い。しかし、木材腐朽菌であっても、木質の分解にはかなり時間がかかるため、副素材として木質を混ぜた堆肥では、堆肥化期間の目安は六か月とされている。

また、完熟堆肥でなくても、土の表面や表層に施用したり、定植までの期間を長くとれば、作物への悪影響を防ぐことができる。最近では、小動物や菌類、放線菌などの土壌生物をふやし、土壌病害を抑える方法として見直されている。

植物と土壌生物

植物は、セルロースや木材のような頑丈な有機物をつくりだすことができたからこそ、地上に広く進出できたのであろう。植物が地上に進出したのは五〜四億年前で、ほぼ同時期に菌類や動物（節足動物など）も上陸したといわれる。

三億年前の石炭紀には、シダの大森林ができていた。堆積した植物や動物の遺体が、小動物、菌類、放線菌、細菌などによって分解され、じょじょに地球の土壌が形成された。土壌中のミネラルや水は、再び植物に吸収され、地上の生態系が形づくられていった。

菌類や動物は、植物に「従属」していると見られることが多いが、広い視点で見れば決して一方的に植物に依存しているわけではない。自然な状態の草原や森林の土壌では、植物と土壌生物の、共生の関係が保たれている。

◆

植物の根に共生する菌根菌の中でも、きのこの仲間の菌根菌は、岩石化した難溶性リン酸などのミネラルを溶出させる力が強いという報告がある。また、堆肥を十分に畑に投入し、長年にわたって独自の栽培と観察をつづけてきた篤農家の中には、「土にきのこやカビが生える畑では、作物の生育がよく病害虫も少ない」という人たちがいる。

植物とともに地球上に進出し、共生し、土壌を形成してきた菌類や放線菌（その他の土壌生物も）には、植物が健全に生育できる環境をつくる働きがそなわっているのではないだろうか。

（本田進一郎　本誌）

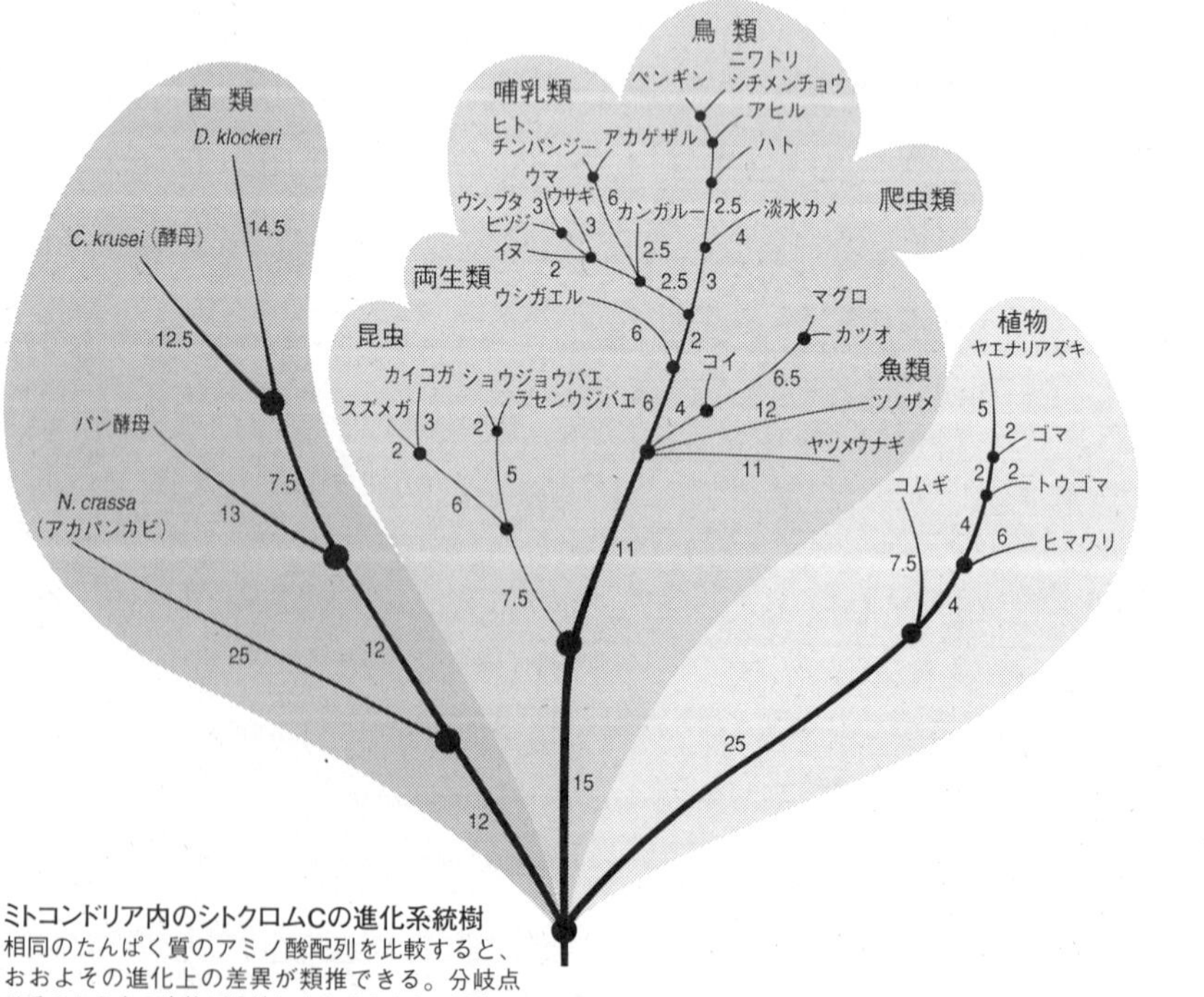

ミトコンドリア内のシトクロムCの進化系統樹
相同のたんぱく質のアミノ酸配列を比較すると、おおよその進化上の差異が類推できる。分岐点はそこから上の生物が分岐したと考えられる祖先。枝の数字はその間のアミノ酸100残基あたりの置換数（参考『ヴォート基礎生化学』）

Part 3

いろいろな堆肥づくり

栃木県黒磯市の室井雅子さんは、豆腐屋さんからもらってきたおからと、もみがらを混ぜて堆肥をつくる。ボカシ肥も自分でつくっていて、鉢花栽培に生かしている。お客さんからは「花持ちがいい」と評判（撮影　倉持正実）

虫入り堆肥で野菜の生育抜群

新島溪子　森林総合研究所 多摩森林科学園

森の土は虫や微生物が作る

　ふつう畑では、土を耕して肥料をやるなど、人間が手をかけてやらなければ良い作物は育ちません。ところが森林では、肥料をやったり耕したりしていないのに樹が大きく育ちます。森の土の中にはたくさんの虫や微生物がいて、森の樹とお互いに助け合いながら良い関係を保っているからです。

　樹木は枯れ葉や枯れ枝を土に返し、土の中では虫と微生物がいっしょになってこれを分解し、再び植物が利用できる養分に変えていきます。虫が移動するときにできる小さな隙間は水や空気の通り道になります。虫の糞は土や落ち葉、それに微生物がぎっちり詰まったコロッケのようなもので、養分と水分をたくさん含んでいます。このように肥沃な土作りに大いに役立っている虫を利用して堆肥を作ってみましょう。

牛糞ウッドチップ混合堆肥の作り方

　図に製造法を示しました。まず剪定枝葉や間伐材等を粉砕してチップにします。チップにする機械は一〇〇万円から千数百万円しますので、個人で用意するのは難しいかもしれません。チップは、市町村のごみ処理場や剪定枝葉の処分専門業者等から手に入れることもできます。木材には多くの水分が含まれているので、あらかじめ天日で乾燥して水分を減らしておきます。

　次に、乾燥したチップにその約半分から同量の容積の牛糞を混ぜて、全体の含水率が六〇～七〇%になるように調節します。これを九〇cm角の木枠等に積み込み、五～一〇日に一回切り返して発熱発酵させます。

　一方、発酵させる前の混合物の一部を付近の雑木林に放置しておくと、家畜糞や木材の好きな虫や微生物が集まってきます。約一か月後、木枠内のほうの混合物が発酵を終え、

土壌動物を導入した牛糞ウッドチップ混合堆肥製造手順

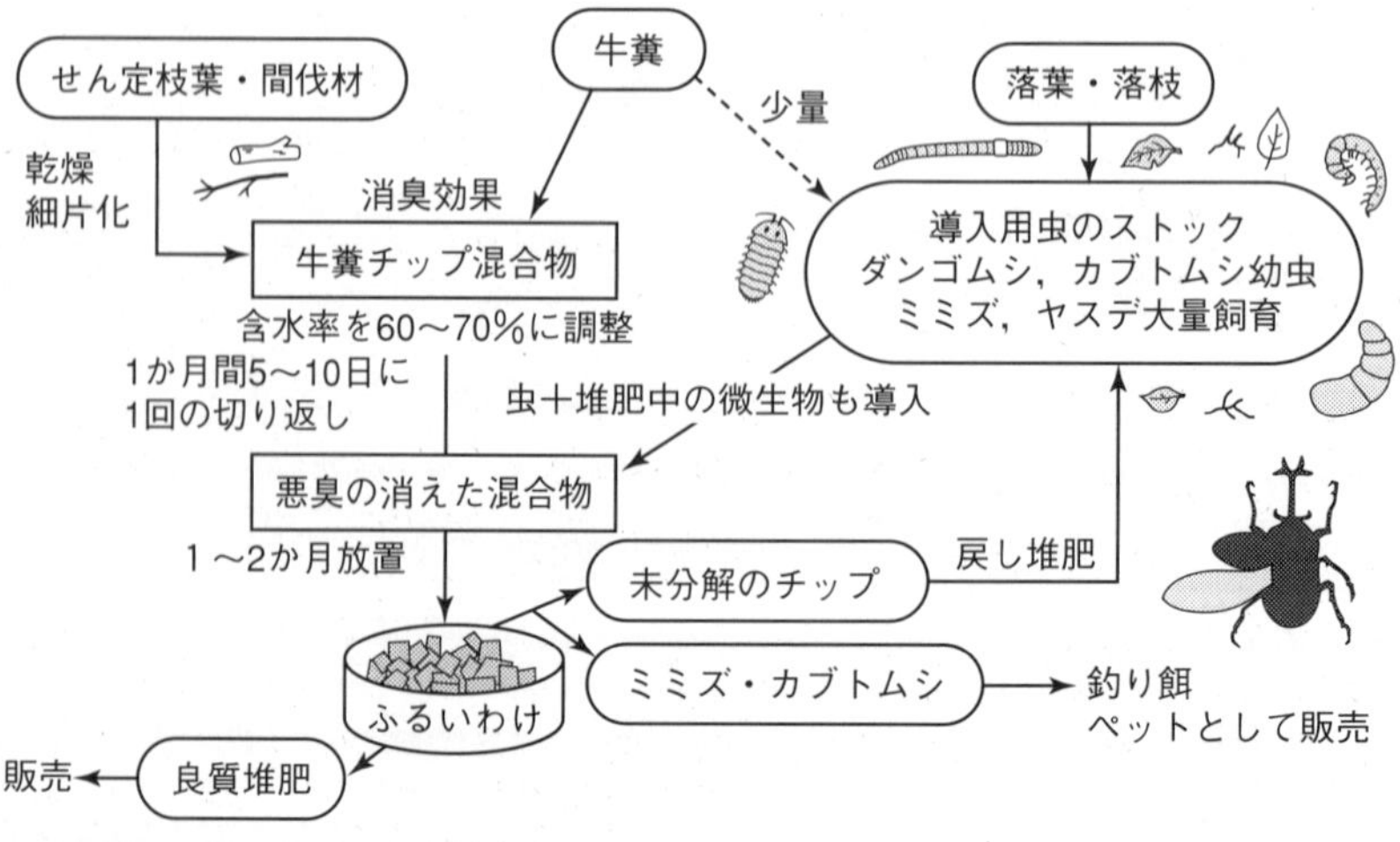

温度が下がっていることを確認してから、林内に放置した混合物をいっしょに混ぜます。こうすることで、その土地に合った虫や微生物を、堆肥に導入することができます。

さらに二か月くらい放置しておけば、家畜糞が良質の堆肥に熟成されます。ただし、ウッドチップはたった三か月では分解しません。チップの大きさより小さな網目のふるいを通せば、ウッドチップを除いた肥料（堆肥）ができます。未分解のチップも、戻し堆肥として何回か使うと、やがて分解して肥料になります。

虫の導入効果は？

堆肥の肥料効果は野菜の生長量で比較できます。そこで、養分の乏しい下層土だけのものと、効果を判定したい堆肥やチップを加えたものをそれぞれ素焼き鉢に入れて、小松菜の種をまき、二〇日後の生長量を測定しました。

ウッドチップだけで牛糞を混合しない場合は、三か月たっても肥料効果が見られないどころか、発育障害が見られました（写真1C）。またチップに牛糞を混ぜた場合は、混合後二か月で肥料効果を示しました。そしてさらに、牛糞チップ混合物にヤスデやミミズを導入した場合は、小松菜は群を抜いて大きく育ちました（写真2E）。

ただし、写真2の「ヤスデ等虫入り堆肥区」としたものは、実験室で高密度に、しかも一年近くヤスデやミミズを飼育したものです。実際には堆肥中で虫はそれほど増えませんの

写真1　牛糞ウッドチップ混合堆肥の肥料効果

（8月19日播種、9月8日時点のコマツナ）

A：牛糞＋サクラチップ区（混合後、定期的に切り返して83日目の堆肥）
B：対象区（養分の少ない下層土のみ）
C：サクラチップのみ区（Aと同様に切り返して98日おいたもの）

写真2　ヤスデ等虫入り堆肥の肥料効果

（7月27日播種、8月17日時点のコマツナ）

D：牛糞＋ナラチップ堆肥区（混合後1年）
E：ヤスデ等虫入り堆肥区
F：対照区（下層土のみ）
※ヤスデ等虫入り堆肥は牛糞＋ナラチップに虫も取り込んで堆肥化したもの

で、これほどの効果は期待できません。でも、虫がいることが、良い堆肥作りに役立つことを理解していただけたと思います。

昔は森と同じように、畑でも虫や微生物が活躍していました。落ち葉に家畜糞を混ぜて堆肥を作り、これを肥料として大量に使っていたからです。ロータリーや化学肥料が使われるようになってから、堆肥といっしょに土の中の虫や微生物も畑から減っていきました。土の中で生き物が活動できるようになれば、畑の土も生き返るのではないでしょうか。

ごみが宝になる

現在、都市部では街路樹の剪定枝葉が、廃棄物として大量に発生しています。また、森林では間伐材の利用が減って山に放置されています。いっぽう、大規模になった畜産農家では、家畜糞の処理に大きな労力とコストがかかるようになりました。

これらの資材を有効利用して堆肥を作り、畑の土に戻したい、という発想がこの研究の原点です。家畜糞にウッドチップを混ぜると、早期に悪臭が消えます。牛糞チップ混合堆肥は発根促進効果もありました。カブトムシの幼虫やシマミミズも良く育ちます。家畜糞の代わりに生ごみや食品かすを使うことも考えられます。細かい点はそれぞれ現場の事情に合わせて工夫し、実用化されることを期待します。

二〇〇一年十月号　虫入り堆肥で野菜の生育抜群

ミミズの卵。両端がとがっている

フトミミズ。有機物と土を食べ、その糞は土壌団粒をつくる

トビムシ（体長1～2㎜）。名前のとおりピョンピョンと跳び、植物残渣、菌糸、胞子、花粉などを食べるとされる。土のある所ならどこにでもみられ、1㎡に95,000個体もすむ林地もあり、「土のプランクトン」ともいわれる

これは数が多いヒメミミズ。植物残渣、土壌粒子、菌糸、細菌を食べるという

（撮影　赤松富仁）

コーヒーかす堆肥でりんごづくり

原今朝生さん　長野県梓川村

初めはいい堆肥、素性のわかる堆肥をほしいなと思ったのがきっかけだった。それまでは、二t車一台で五〇〇〇円くらいの生の家畜糞を買って使っていた。しかし窒素や塩分の過剰が気になる。ほかにいいものがあればと考えていた矢先に、「缶コーヒーのかすがあるんだけど…」という話を聞いた。さっそくそれで堆肥をつくろうとしたのだが、行政から待ったがかかった。

ごみには、生産施設や建設現場から排出する産業廃棄物と家庭や事務所などから出る一般廃棄物がある。ジュース工場からの加工残渣のコーヒーかすは産業廃棄物で、これを扱うには登録した資格が必要なのだ。工場ではわざわざ燃やして処分している有機物を、堆肥にして農地に還元したいだけなのだが…。

「もったいない話だ」と長野県梓川村のりんご農家、原今朝生さん(故人)は仲間たちと一念発起し、産廃処理業者の登録をすることにした。だがこれが考えていた以上に難航した。

三年がかりで資格を取得

仲間というのは、原さんのせん定の弟子たちが集まった「十果農園」というグループのことだ。メンバーが一〇人だから〃十果〃。せん定のほかにも摘果などの技術を学び合い、教え合う。むろん土づくりも共通の課題だった。この堆肥場も立ち上げの際から協力しあってつくってきた。

施設の建設でまず大変だったのは、地目の変更だったという。現在、処分場となっている場所は、もとはぶどうを栽培していた畑で、周りも農地。処理施設を建てるには、まずその農地という地目を宅地に変えないといけないのだった。

しかし、折しも環境問題で世間の関心も高まっているときで、産廃場という変更理由に役所の腰は重かった。でも、ようするに堆肥場なんだ、という説得を続けて、ようやく許

奥の建物が十果農園の「産廃処分場」。この150坪の建物の中で堆肥をつくっている。法律的には中間処分という扱い

編集部

可はおりた。

次は保健所だ。ここがチェックの要となるところで、親切なのだが、処理計画、施設の概要などの書類を整え、持っていっては「ここがいけない」。やり直してもう一回行けば、「こんどはこの書類を取ってきてください」のくり返しで、それはもうきびしかった。そこで原さんは応援を頼む。それは当時農協の支所長だった小林勝郎さんで、元技術員ということもあり農家の実情にも精通している。小林さんのおかげで、ようやく審査書類を提出できた。

また、産業廃棄物処理業と収集・運搬にかかわる資格も必要というので、後継者の俊朗さんには、講習会が開かれていた千葉県まで泊りがけで参加した。さらに、処分場の隣接地の建設同意も得なければならなかった。

保健所による施設の確認、最後に処理物の確認（ようするに、こういうものに使うという証明）をして「産業廃棄物処分業許可証」を取得し、ようやく堆肥づくりができるようになったのは、平成五年一月。あしかけ三年めのことだった。

グループ全員が参加してつくる堆肥

堆肥場の運営には全員が参加して、それぞれが担当をもっている。コーヒーかすは、野積みしただけでは堆肥化がうまく進まないので、他の有機物を組み合わせて混ぜ、空気割合を高めてやる必要がある。原さんたちはもみがらを一割くらい混ぜ、好気性菌のオーレス菌（松本微生物研究所発売。堆肥化につい

これが処分場にもち込まれたコーヒーかす。右は原今朝生さん

コーヒーかすは当初さらさらだが、積み込んでしばらくすると、粒状から粘泥状になってくる。窒素成分は乾物重量の2〜3%

堆肥はなるべく平たく積み、切り返しをよく行なう。臭いはほとんどない

ては随分協力してもらった）を加えて月に一回よく切り返すようにしている。もっともあまり「完熟」にはこだわってはいない。原さんたちは草生栽培をやっていて、堆肥はその上にまく。完熟堆肥でなくても、草がうまく緩衝帯になって、りんごの根に影響がでないからだという。

八～九月など年の後半になって積み込んだ製品の中には、冬に畑に施用するまでの時間が短くてどうしても半熟なものがある。それでも構わず畑にやってしまう。それで別に問題はないし、堆肥は地表に置いて、そこで腐熟させていったほうがかえってよさそうにさえ感じる。

そんな堆肥がりんご農家一〇人分（約一〇ha）、年間およそ五〇〇tできる。持ち出し無制限で「無料」である。

冬の施肥作業がラクに

原さんが、このコーヒーかすの堆肥づくりに取り組んで正解だったと思うのは、「とにかく材料がタダ」ということだ。

有機物を畑に十分に入れたいが、買えばけっこう高くつく。一人でつくろうとしても、施設や機械を個人で用意するのは大変だ。それを逆に処理料（一kg当たり七円）を頂戴して原料を確保できるうえ（必要な日当や運営の経費はそれでまかなう）、切り返し作業や設備費もみんなで分担できる。さらに、自分たちの都合にあわせて堆肥が使える。

現在、原さんは、草生栽培（ケンタッキーブルーグラスとナギナタガヤ）とこの堆肥施用だけで、ほかに肥料はやらない。とくにそれで不足もない。おかげで、わらを敷いたり、化成肥料や石灰などの土壌改良材をふったりで年間に三回も四回もかけていた作業が、一回で片づく。それもマニュアスプレッダーを使えば、一日で三〇a施用できる。非常に作業がラクになった。樹の状態によっては無施用の年もある。

「堆肥づくりはよほど大変と思われている」が、原さんによれば、土壌改良、施肥と別々にやるよりも、ずっとラクにやれるという。今回の堆肥づくりの経験を通して見えてきたことだ。

いま、原さんたちのところにはいくつか産廃の引き取りを求める業者が訪ねてくる。みそや醤油工場、ミルク工場など食品製造の過程で出る廃棄物だ。しかし、それを引き取る気はないそうだ。自分たちの堆肥が間に合えばいい。もうけるつもりで始めたわけではないからだ。

身近なところに資源はある。原さんたちはそう思っている。

二〇〇〇年十月号　コーヒーかすで堆肥製造、低コスト小力のりんごつくり

原さんたちのグループはりんごの草生栽培を基本にしている

廃鶏・廃牛を生かして生ごみから良質堆肥を生産

石川鈴雄さん　秋田県本荘市

編集部

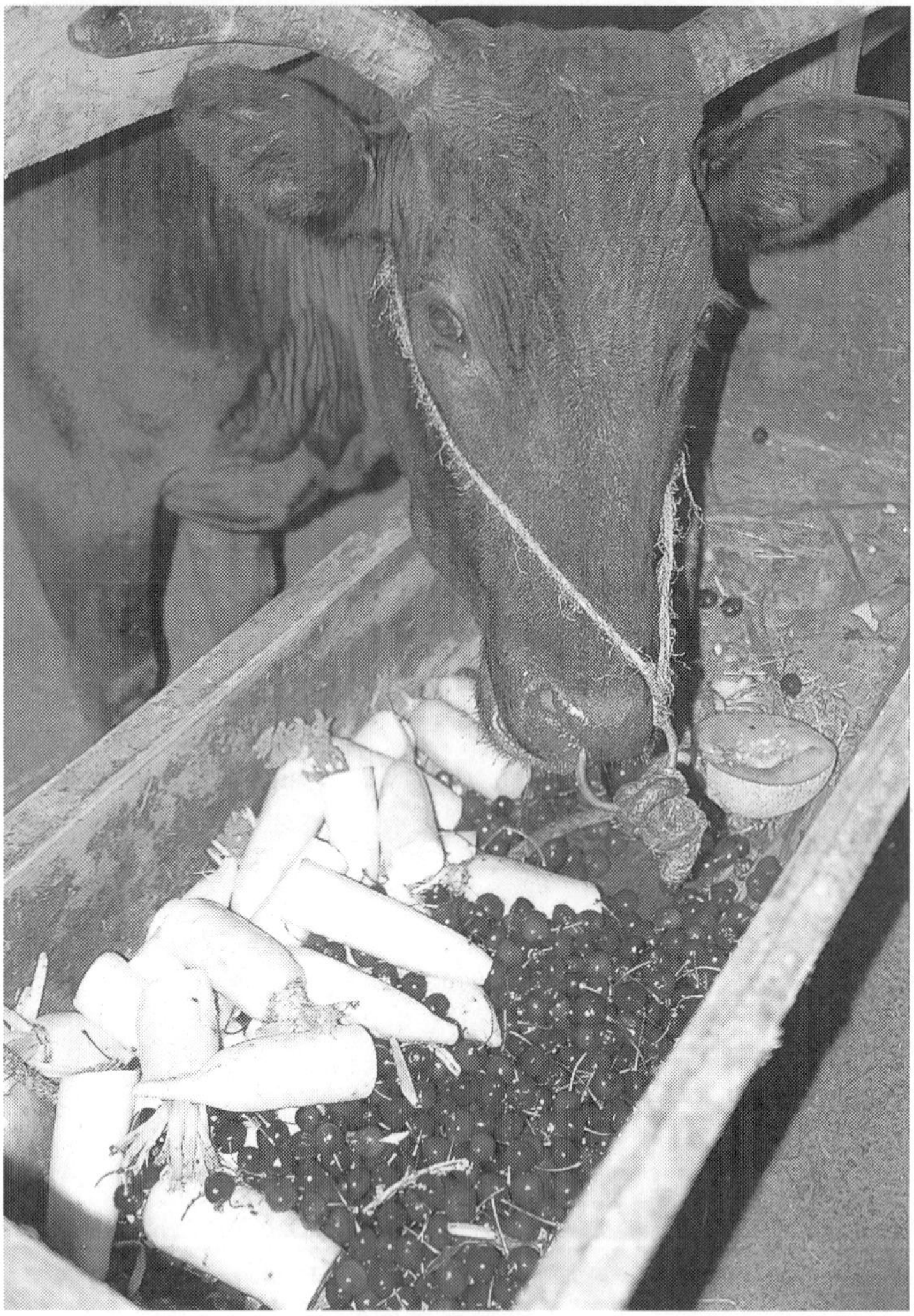

今日のえさはアメリカンチェリーに大根、メロン。スーパーからでる生ごみを堆肥にするのに牛の力は欠かせない

「今日はデザート付きだよー」

そう声をかけながら、石川鈴雄さんがコンテナからガラガラガラっと桶にあけたのは、大根にアメリカンチェリー、それに半割になった赤肉メロン。牛は、さっそく首を突っ込んで、「デザート」といわれたアメリカンチェリーの実から食べ始めた…。

堆肥がほしくて廃鶏・廃牛を飼う

秋田県本荘市の農家・石川さんは三町五反の水田とミニトマト六〇〇坪、比内鶏四〇〇〇羽、さらに秋から冬のあいだは秋田名物「きりたんぽ」の加工販売にも取り組んでいる。

そして、三年前には二〇〇〇羽の廃鶏養鶏をはじめた。近くのスーパー一二店舗から運ばれてくる生ごみの青物をたらふく食べ、広い運動場付きの鶏舎で平飼いすると、廃鶏でも一〇〇羽当たり一日一五〇～二〇〇個の卵を産む。この卵だけでも年間二〇〇万円近い売り上げになるが、石川さんが廃鶏養鶏を始めたいちばんの目的は、堆肥の製造と販売だった。さらに、今年の四月には廃牛も導入し、現在いる一四頭を三〇頭まで増やそうかと思案中である。

運動場を元気に駆けまわる廃鶏たち。生ごみのコンテナに一目散

昔はどの家にも家畜がいたが…

石川さんが子どもの頃から家にはにわとりが一〇〇羽くらいいたし、豚を飼ったこともある。減反をきっかけにきりたんぽの加工を始めたときから、「鍋セット」として売るのに比内鶏を飼い始めてもう一五年以上―。いつも石川さんの家には家畜はあたりまえにいた。だから、農家が自分で家畜糞を堆肥にして田んぼや畑に入れるのもあたりまえ。その堆肥が商売になるなんて、かつては考えたこともなかった。ところが今や、ほとんどの農家は堆肥を購入している。石川さんが少しずつ堆肥販売を増やして一〇年になる。

由利・本荘といえば昔からササニシキの産地として知られたところだ。自分で堆肥はつくらなくなっても、美味しいササニシキを穫るため、できれば田んぼに入れたいと思う農家は少なくない。ガーデニングブームで、町場の消費者だって最近は堆肥をほしがる。もっとつくれば、もっと売れるという気はしていた。ただ、比内鶏は四〇〇〇羽で十分。秋田県の銘柄鶏だけに、専用飼料代も高くつく。肉が売れないことには増やせない。

それで三年前から飼い始めたのが廃鶏だった。本当は卵よりも、糞さえ生産してくれればよかった。廃鶏なら、買うときに運賃として　〇〇円、一年後に引き取ってもらうときに処理費として一〇〇円。合わせて一羽当たり二〇〇円しかかからない。えさは無料で届けてもらえる生ごみだ。

だが、その廃鶏も二〇〇〇羽以上は増やせない。比内鶏と合わせて六〇〇〇羽を超えると、臭いの苦情が心配だ。それで次に目を付けたのが廃牛。繁殖牛として役目を終えた雌牛だった。

オレンジやパイナップルの皮だって堆肥原料に

牛糞は鶏糞ほど臭いがきつくないし、豚のような強い臭いも出ない。それに何よりも、数百キロもある体だけに、糞の量が一気に増

石川鈴雄さん

えるのも魅力だった。スーパーから頼まれる生ごみは増える一方だったので、えさの心配はない。

またにわとりは、葉っぱものなら投げてやるだけできれいに平らげてくれるが、バナナ・メロン・すいか・なす・きゅうりなどになるとそうはいかない。ところが牛は、グレープフルーツの皮だろうがパイナップルの皮だろうが、大きな口でムシャムシャ砕いては強力な〝発酵タンク〟である胃袋へ送り込む。

生ごみを破砕するのに「クラッシャー」の新品を買ったら三〇〇万円はくだらない。電気代だってかかる。ところが五万円で買った牛は、それをえさにしながら堆肥原料に変えてくれる。廃棄された野菜や果物をえさとして食べながら、牛はじつは効率的な生ごみ処理機として働いてくれるのだ。

ただし、いきなりパイナップルとはいかない。初めのうちは配合飼料も多めにやりながら、徐々に果物や野菜に慣れさせていく。糞を見ながら、水分のとりすぎで軟便になるとき、生ごみとして届く野菜や果物が足りないときも、配合飼料をおかず程度に与えて栄養を補う。

それに、魚や肉類などをパンやご飯で水分調整しながら、EM菌を加えてつくる発酵飼料も（主には鶏用だが）一日一kgくらいは食べさせる。酸っぱい香りがして、おそらく乳酸発酵しているにちがいない。乳酸菌を腹に取り込ませるねらいもある。

乾草も毎日欠かさず食べさせる。田んぼや土手の草ももちろん刈るが、河川敷の草刈りを委託されている業者が、いくらでも持ってきてくれる。業者にとったら、刈り取った草を処分する先が見つかって助かっている。生のままでは重くて向こうも運ぶのにやっかいだから、晴天が続いたときに乾燥したものが届く。

毎日見ていると気づかないが、導入直後を知る人は、牛のあまりの変化と立派な姿に驚くそうだ。ガリガリに痩せて二五〇kgしかなかった牛が、五か月で五〇〇kgにもなった。また、青物をふんだんに食べているせいか、繁殖能力が落ちて廃牛になったはずなのに、発情がバシバシ来る。計画では一つの囲いに四～五頭ずつ飼おうと思っていたのだが、発情が来た牛どうしが暴れて困るのでつなぎにした。獣医さんからは、腹だけ貸したらどうかと真剣に勧められるくらいだ。

もとは五万～一〇万円で買った牛だから、生ごみで肥育して高く売ろうなんて欲はかかない。えさ代だって大してかからないし、〝クラッシャー〟や〝堆肥製造機〟として働いてくれることを考えたら、一〇万円で買って一二万円で売れればいいとも思っている。だが、一年は飼わないと売れないかなと思った牛が、半年も飼えば屠場に出せそうだ。果物を食べて育つ牛なんてどこにもいないだろう。「フルーツ牛」とでも銘打って、売り出そうかとさえ思っている。

木の根っこを破砕したおがくず。牛舎とにわとりの運動場に敷いている

敷料は木の根っこのおがくずともみがら

ここで、生ごみから堆肥ができるまでの流れをあらためてまとめてみよう。

現在はスーパー一二店舗から運ばれてくる生ごみは、日曜日を除いて朝と昼に一日二回ずつ届く。搬入量は一日約四t。当初、スーパー側は、生ごみ処理費としていくらか払うといってきたが、お金をもらってはただのごみ処理業者だ。変なものが混じっていたときにも強い態度で出られない。石川さんにとって生ごみはあくまでもえさ。お金をもらわない代わりに、包装の類はすべて取り除き、肉や魚、野菜、果物など、種類ごとに分別してもらっている。

堆肥にするには、敷料も重要だ。初めはにわとりにも牛にももみがらを使っていたが、現在は、にわとりの運動場と牛舎にはおがくずを敷いている。

とはいっても、もみがらだってにわとりの寝床などに年間一〇〇町歩分くらいは使う。自分の田んぼから出るもみがらのほかに、近所の農家から堆肥や米ぬかと交換でもらう。石川さんはきりたんぽに加工するために、年間約二五〇〇俵の米を精米する。このときに出る米ぬかはにわとりのえさなどにも使うが、もみがらと交換すると喜ぶ農家が増えた。

一方、おがくずのほうは二t車一台分を二〇〇〇円で買う。これはふつうのおがくずとは違って、道路工事のときなどに山から掘り

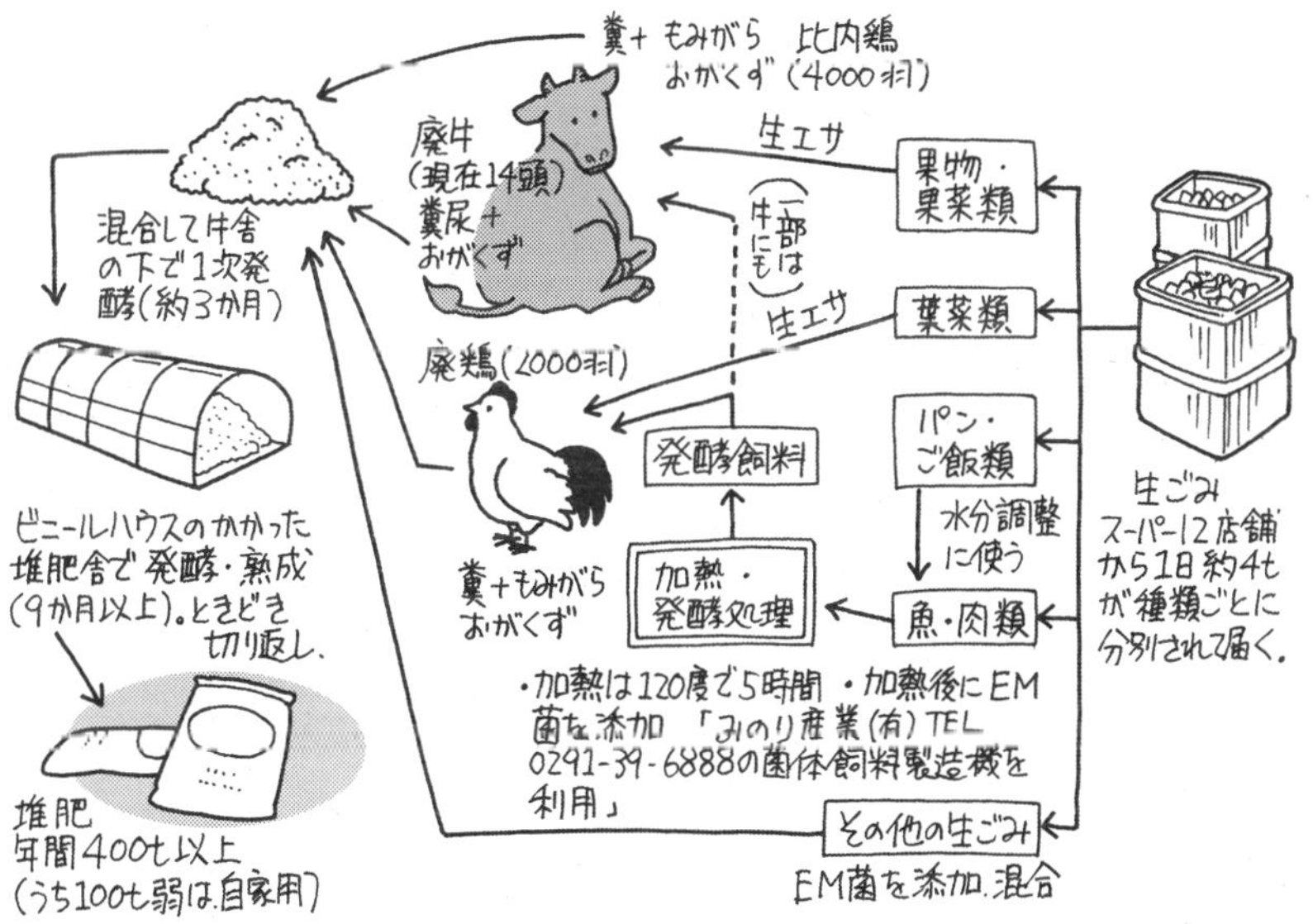

出した木の根を破砕したものだそうだ。これも産業廃棄物みたいなもの。土建屋さんを通じて安く手に入る。一週間に一〜二回ずつ運んできてくれる。

もとは根っこというだけあって、土が混じっていて、綿のようにふわふわで、水分をよく吸うという。もみがらを敷いていたときは、堆肥盤に積んだ糞から尿が流れたが、今はほとんどしみ出てこない。にわとりのほうも、これを運動場に敷いてから臭いがずいぶん減った。

堆肥は一年かけて熟成

牛舎の下が堆肥盤になっていて、牛糞の混じった敷料はそのまま下に落とせばいいようになっている。ここで鶏糞や、えさに回さない生ごみを混ぜて三か月ほど寝かせて一次発酵。その後、ハウスのかかった堆肥舎へ運んでときどき切り返し。結局、販売されるまでには一年以上熟成させている。

現在販売している鶏糞堆肥の成分を分析した結果は、窒素一・四九%、リン酸二・八四%、カリ一・七六%、pHは六・七。いま熟成中の牛糞入り堆肥ができあがると、この分析値よりカリがいくらか減るかもしれない。造園業者からの注文に堆肥が足りなくなっ

て、六月に熟成途中の牛糞入り堆肥を使ってもらったら、牛糞が入ったほうが樹木の根張りが良くなりそうだといっていた。効果も長続きしそうだという。石川さんは、廃鶏に廃牛が加わったことは、堆肥の質をいっそう良くするのに働くかもしれないという気もしている。

袋詰めは簡単なコンベアとシーラーで人力作業。法人化している石川さんのところでは、農場長と女性の事務職員のほかに本荘市の障害者施設の人たち20人が働いている

堆肥の売り上げは年間五〇〇万円

できあがった堆肥は、一袋・三六ℓ詰め（約一五kg）が三五〇円。バラ売りの場合は、二tトラック一台で七〇〇〇円、軽トラック一台三〇〇〇円で配達する。販売する堆肥の三分の二が袋詰め、残りがバラ販売だ。最近は生ごみコンポスト用に一・五ℓ詰めも用意した。これは、生ごみを供給してくれるスーパーが、店頭で販売して企業として堆肥化に積極的に関わりたいということで生まれた商品だ。この秋から本格的に一袋一〇〇円で卸す予定でいる。

1年かけて発酵・熟成させた堆肥は1袋（36ℓ）350円で販売

石川さんの堆肥には、稲作農家のほか、花農家や造園業者など、「お宅の堆肥がいい」という固定客がついている。年に一回、新聞の折り込み広告で宣伝するくらいで、あとは口コミで広がった。花農家は、石川さんの堆肥が入ると花色が鮮やかになるといってくれる。ガーデニング好きの町場のお客さんも増えた。とくに新興住宅地は赤土の痩せた庭が多いから、大量に買っていく人もいる。

何千万円もかかる大きなプラントでつくる堆肥と違って、生ごみをえさに廃鶏・廃牛が生み出す堆肥は価格も安く抑えられる。鶏舎や牛舎や堆肥舎にもお金はできるだけかけていない。牛舎は昔の豚舎を改造したもの、堆肥舎はもともと野菜のハウスだった。

年間生産量は四〇〇t以上。自家用分やもみがらと交換する分を除いても、販売量は年間三〇〇tを超える。廃鶏・廃牛の力を借りた堆肥の売り上げは年間五〇〇万円に達した。

二〇〇一年十月号　無料の生ごみから年間五〇〇万円稼ぐ　超低コスト堆肥

45日でできる安心堆肥づくり

堆肥への不安

雑草がふえてしまった
土壌病害がかえってふえた
根がいじけて生育がおかしい
せっかくの堆肥が逆効果

そんなことにならないために「安心堆肥」の見分け方とつくり方をアドバイス

アドバイスしてくれる人
各地で堆肥センターの指導をしている
武田健さん（AML農業経営研究所）

作・編集部　　トミタ・イチロー原図を改変

あなたの堆肥は大丈夫!?

見た目にはなかなかわからない堆肥のよしあし。
堆肥の安心度を調べるには発芽試験を行うのが確実です。
以下は小松菜を使った発芽試験の結果です。
（発芽試験のやり方は118ページをごらんください）

安心堆肥

根毛がきれいにでている。
これなら安心だ!

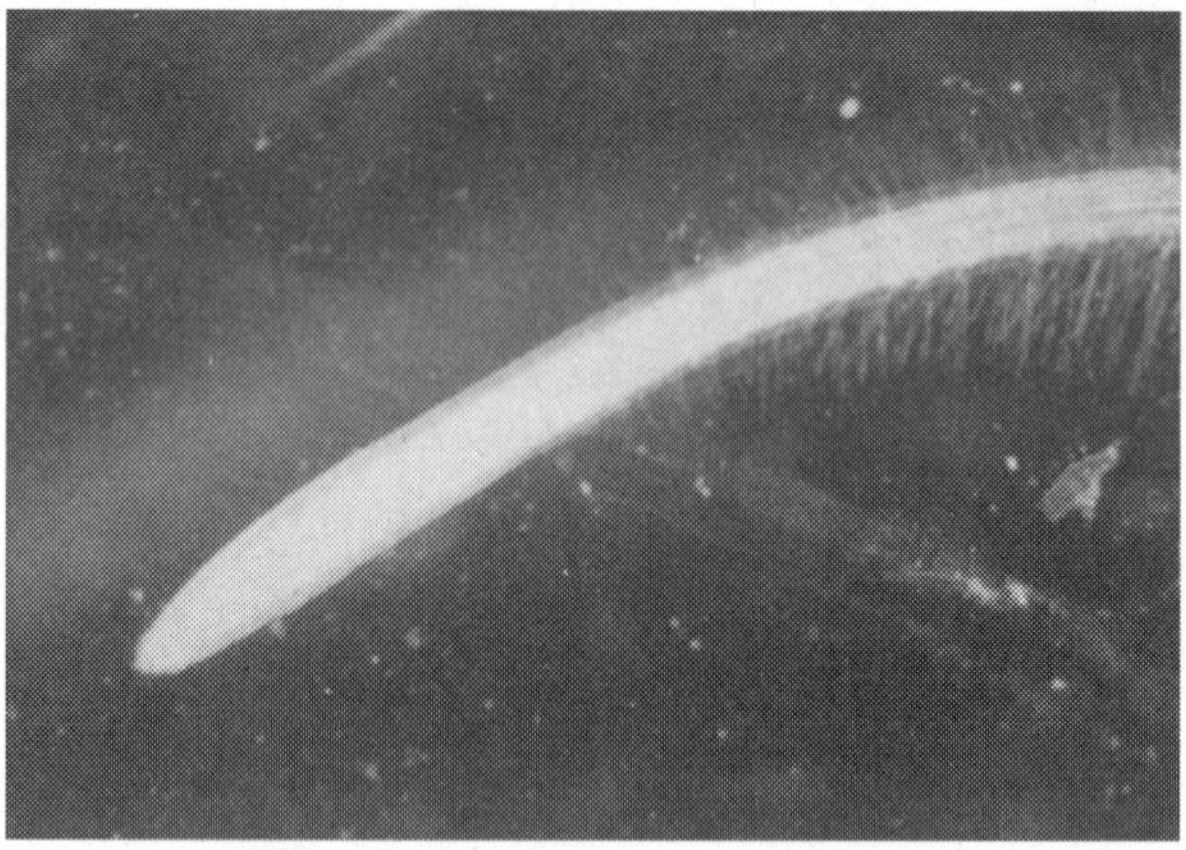

乾燥鶏ふん

ムムッ!
根がやられている.
窒素が多いのかな?

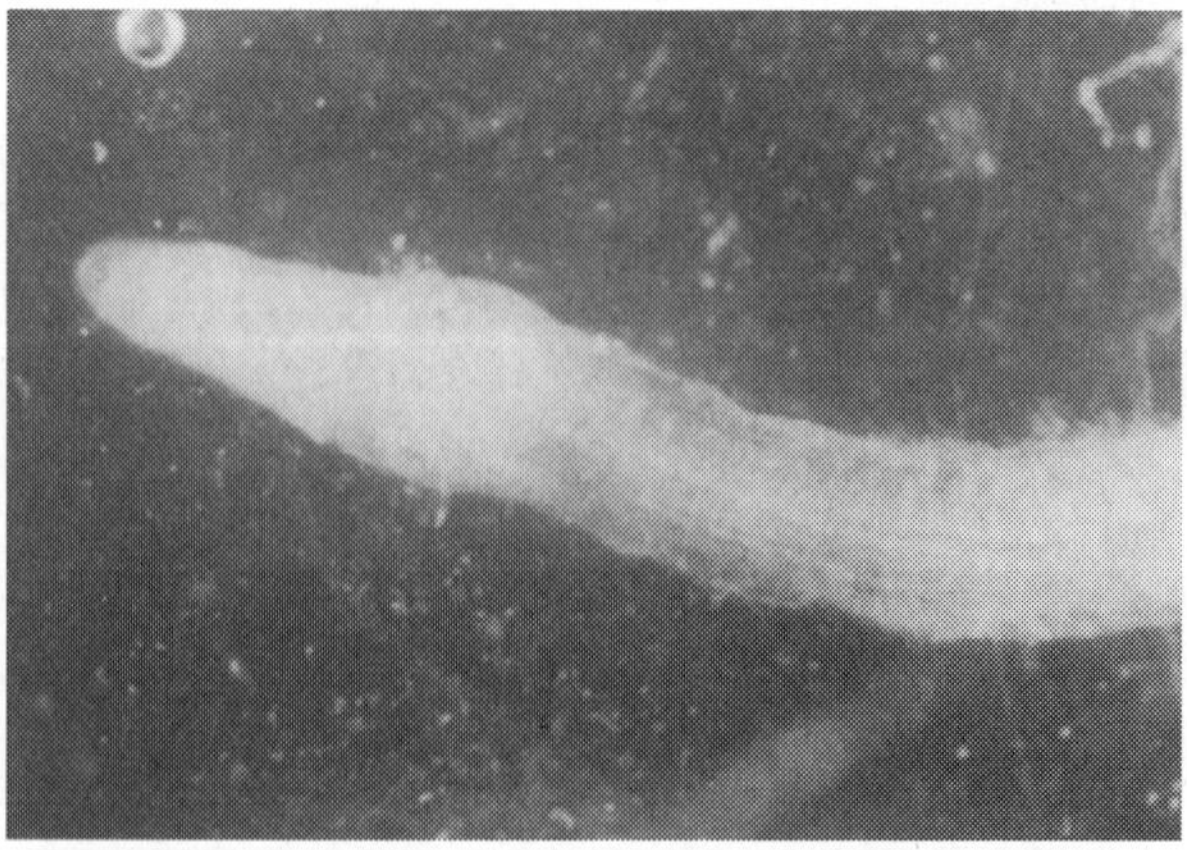

発酵途中の堆肥

根が曲がり、
根毛も少ない。
未熟のものは

やっぱり
害が
あるんだナァ…

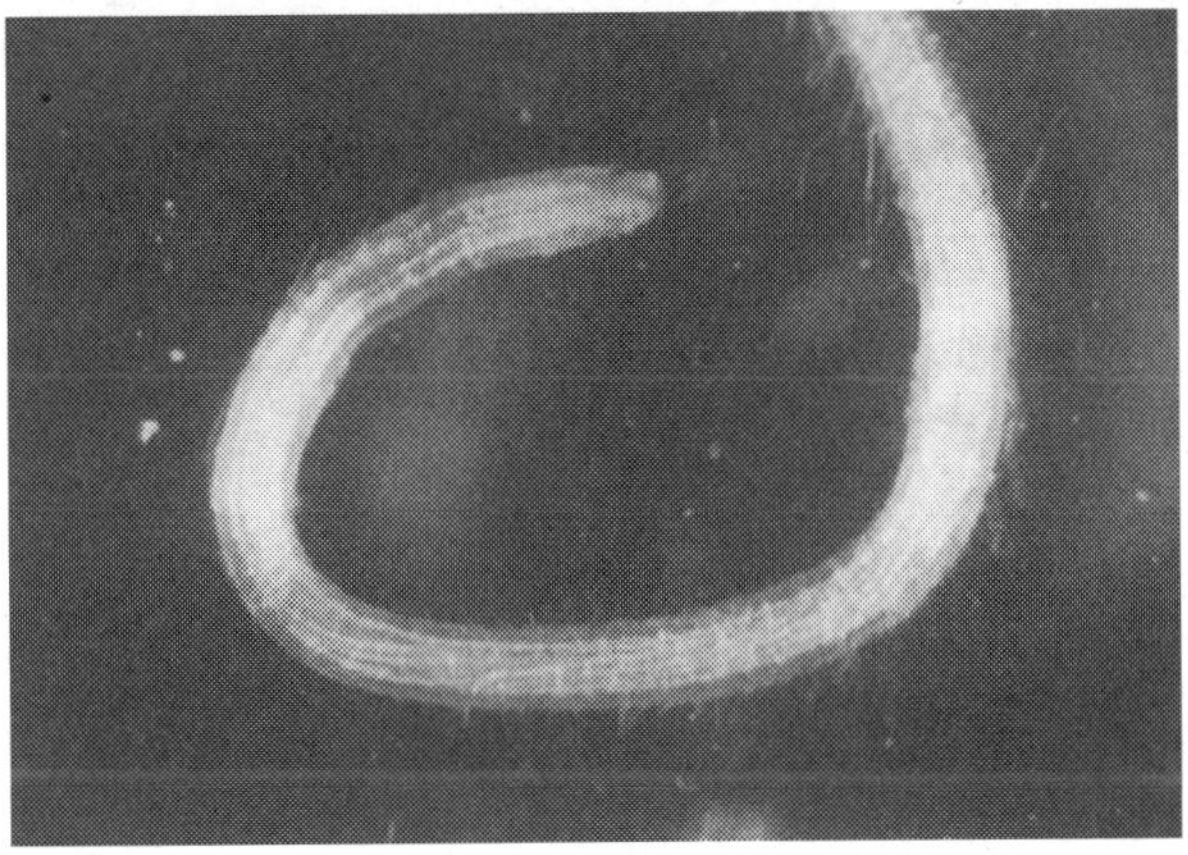

生のおがくず

根毛がまったくない!
これじゃ
養分も吸えないな。

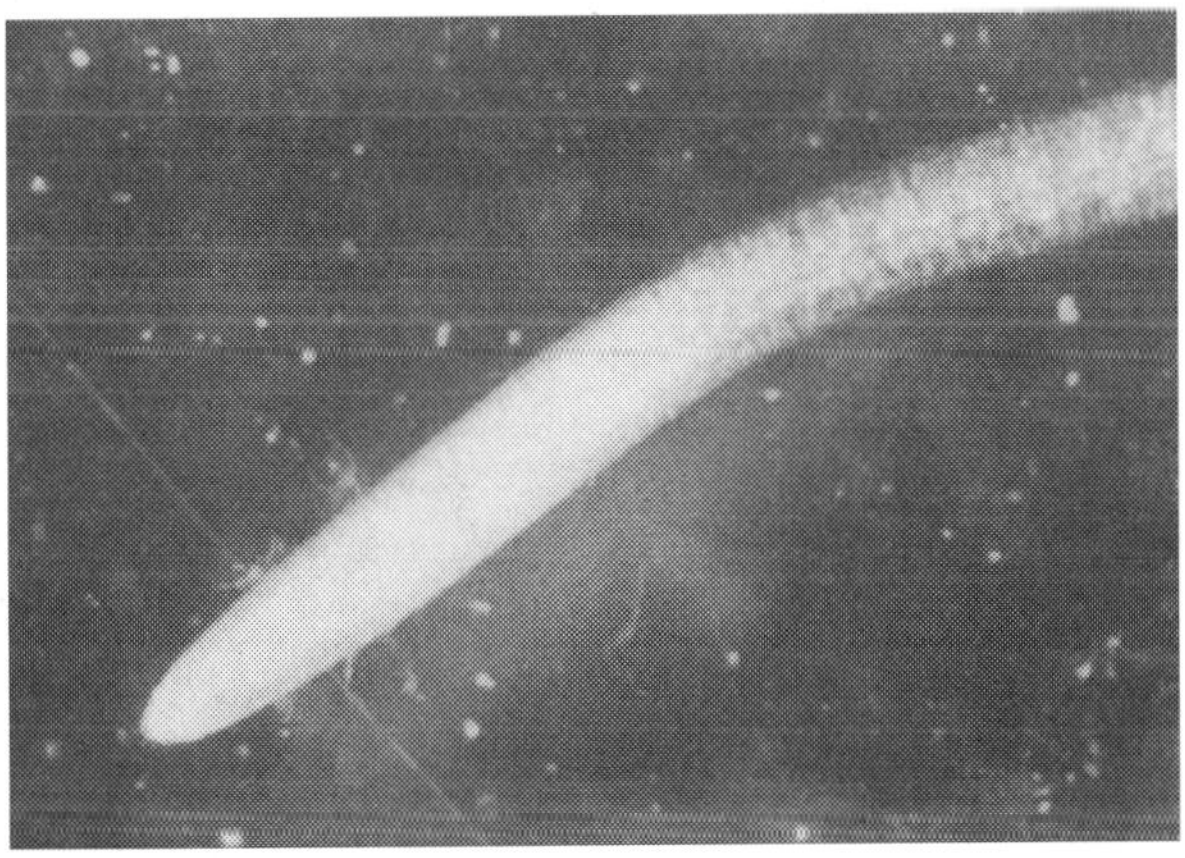

C/N比が堆肥の安心度のきめて

以上の4つの堆肥・素材は炭素（C）と窒素（N）の比率（C/N比という）が大きくちがっています。安心堆肥はC/N比がちょうどよく、その他はC/N比が大きくずれています。それぞれのC/N比は次ページをごらんください。

安心堆肥はCとNのバランスがとれている

C/N比とは炭素（C）を窒素（N）で割ったもの。

健全な根が育ち、土壌微生物やミミズなどの活動が盛んになるかどうかを、堆肥のC/N比が左右します。

安心堆肥はC/N比が15〜20

堆肥のC/N比	堆肥の状態	土に入れたときに何がおこるか.
〜10	家畜ふんなどの窒素分が多く窒素があまっている 	・アンモニアガスが発生する ・濃度障害で根が焼けて腐る ・病原菌が発生しやすい 
15〜20（安心堆肥）	炭素と窒素が適量 	・作物が健全に育つ ・微生物、ミミズの活動が活発 
20〜	おがくず、もみがらなど炭素分が多い素材が主体で発酵も進んでいない	・窒素飢餓で生育が不良 

安心堆肥は団粒構造をつくる

堆肥で土を改善する目的のひとつは、水もちがよく、同時に空気が十分供給される団粒構造の土をつくることです。

団粒構造になれば養分の供給も、微生物の活動もよくなります。

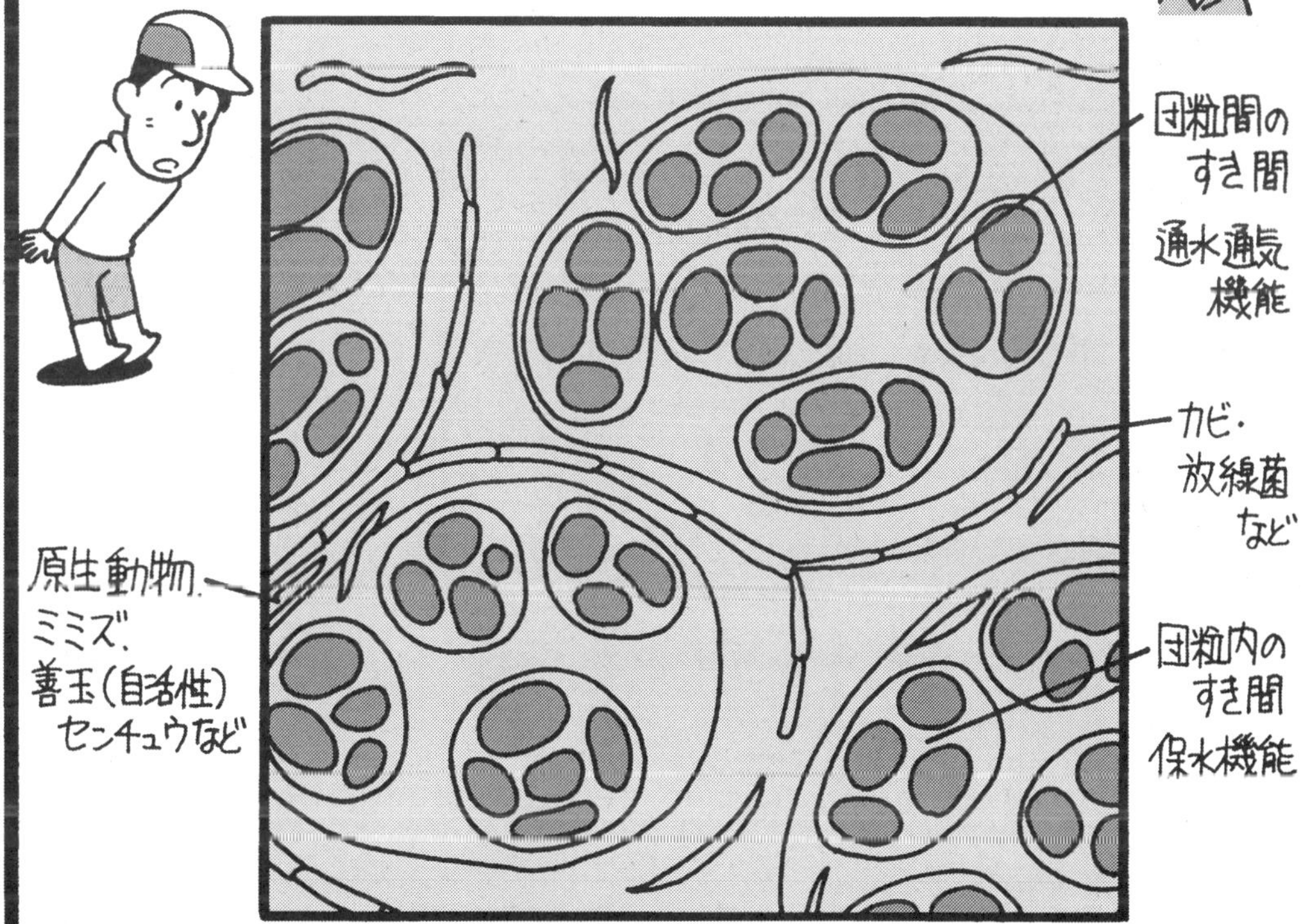

前々ページの4つの堆肥素材のC/N比は次の通り

	安心堆肥	乾燥鶏ふん	発酵途中の堆肥	生のおがくず
炭素(%)	19.9	14.4	12.5	36.9
窒素(%)	1.1	2.37	0.42	0.11
C/N比	18.1	6.1	29.8	335.0

※「安心堆肥」と「発酵途中の堆肥」の素材は、違います。

スタート時の発酵温度は80℃

安心堆肥づくりのスタートです。
安心堆肥づくりのコツは、スタート時の発酵温度を80℃にあげること。これで雑草や病気が死滅するし堆肥も早く完熟します。

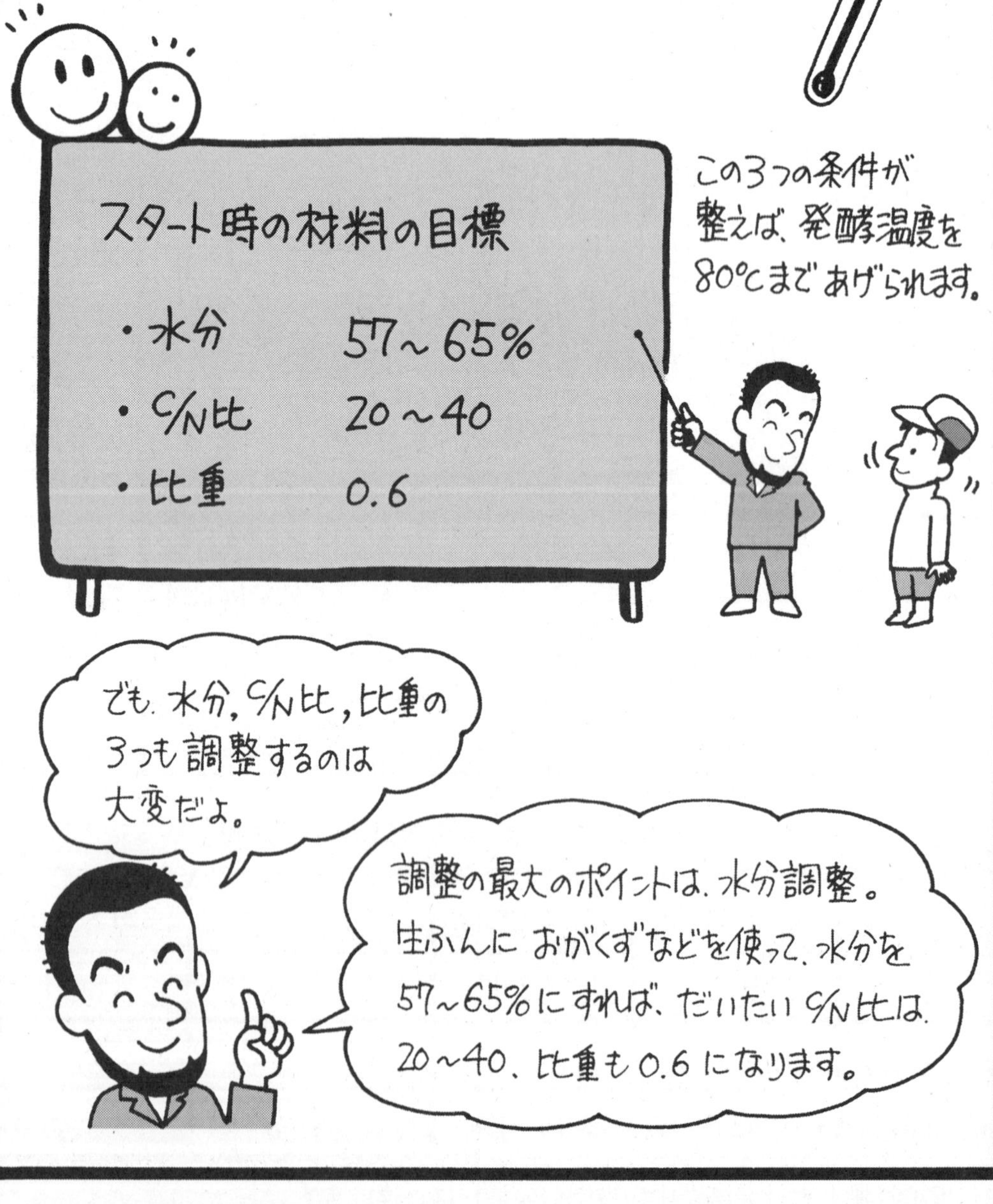

スタート時の材料の目標
・水分 57～65%
・C/N比 20～40
・比重 0.6
この3つの条件が整えば、発酵温度を80℃まであげられます。

でも、水分、C/N比、比重の3つも調整するのは大変だよ。

調整の最大のポイントは、水分調整。生ふんにおがくずなどを使って、水分を57～65%にすれば、だいたいC/N比は20～40、比重も0.6になります。

水分57～65％はこんな感じ

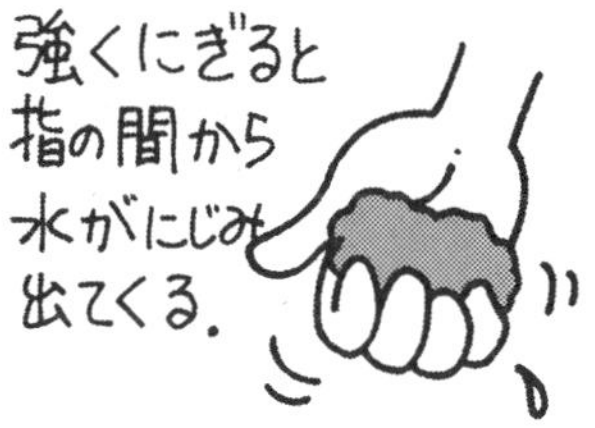
強くにぎると
指の間から
水がにじみ
出てくる。

塊になる。

親指を添えると"ポン"と
くだける。

堆肥づくりは水分とともに空気も大事

水分調整に使うおがくず、もみがら（副資材）は、堆肥の空気相を拡げ、微生物の活動を活発にします。

空気相
26～27％

混ぜる副資材はどのぐらい？
水分調整の計算法

発酵スタート時の水分調整は、発酵温度80℃にあげるために重要です。

水分調整で使う副資材（おがくず、もみがら）の添加量は、簡単な計算でわかります。

たとえば水分80％の生の牛ふん1,000kgに、どれくらいのおがくず（水分30％）を混ぜれば、水分60％になるか？

おがくずの重量をx kg、混合物の全体の重量をy kgとすると、

$$\begin{cases} x + 1000 = y \\ (1000 \times 0.8 + x \times 0.3) / y = 0.6 \end{cases}$$

この連立方程式を解くと、

$$x = 667\text{kg}$$

なお、上の解法は以下のように書き表すこともできる

副素材の添加量(kg)＝

$$\text{生ふん(kg)} \times \frac{\text{生ふんの水分(\%)} - 60\%}{60\% - \text{副素材の成分(\%)}}$$

生ふんの水分

資材名	水分％
牛ふん	約80
豚ふん	約70
鶏ふん	約65

副資材の水分

副資材名	水分％
おがくず	25～35
木工くず	5～10
もみがら（原）	5～15
もみがら（粉）	10～15
バーク	40～55
稲わら	5～10
麦わら	5～10
食品かす類	75～85
新聞紙（古紙）	10

福光健二ほか

正確なふんの水分を知りたいときは

生ふんの重さと乾燥ふんの重さの差で水分の割合（％）がわかります。

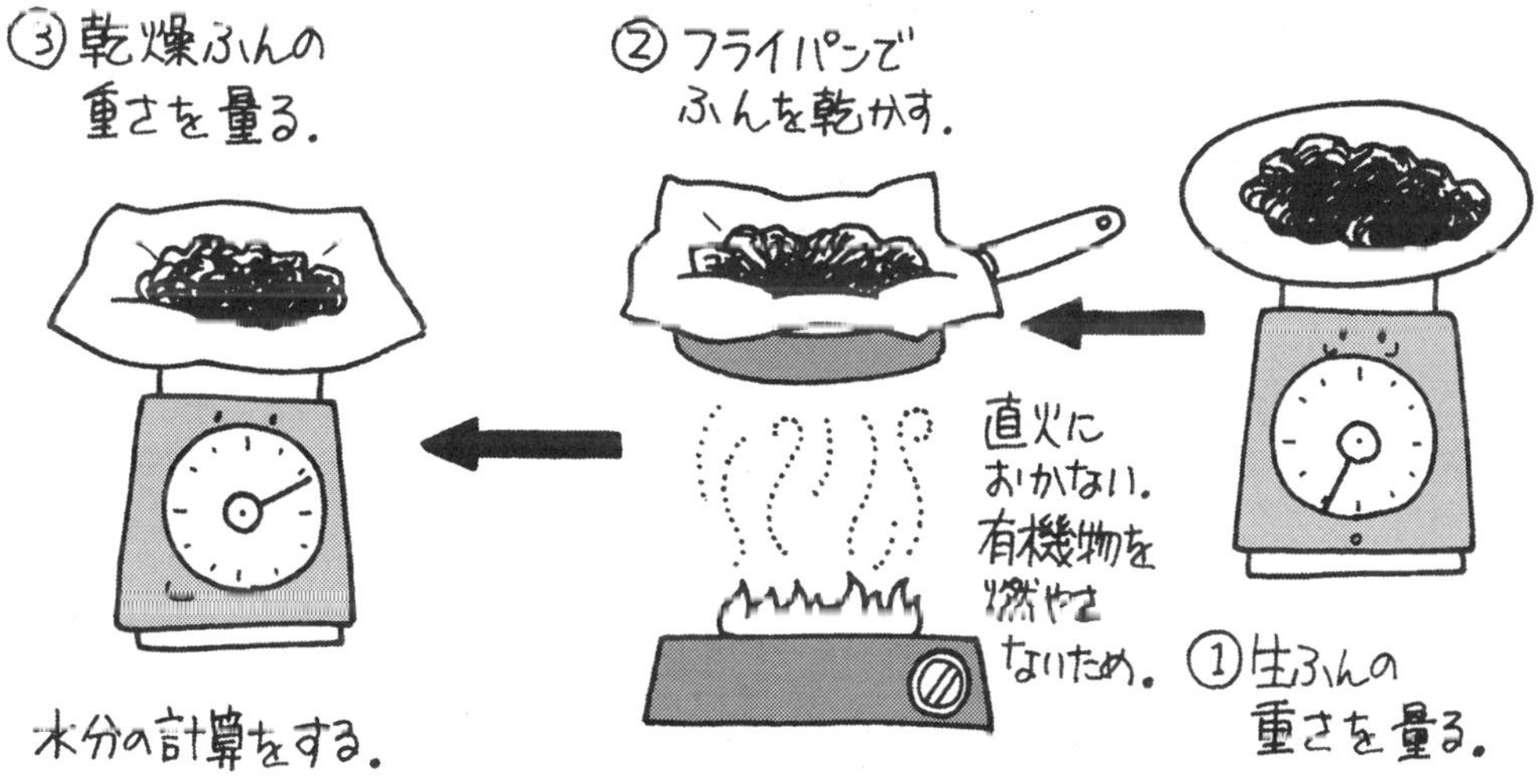
①生ふんの重さを量る。
②フライパンでふんを乾かす。
直火におかない。有機物を燃やさないため。
③乾燥ふんの重さを量る。
水分の計算をする。

生ふんの重さ－乾燥ふんの重さ
＝水分の重さ

$$\frac{\text{生ふんの重さ}-\text{乾燥ふんの重さ}}{\text{生ふんの重さ}}\times 100$$
＝水分の割合（％）

安心堆肥の発酵のすすみ方

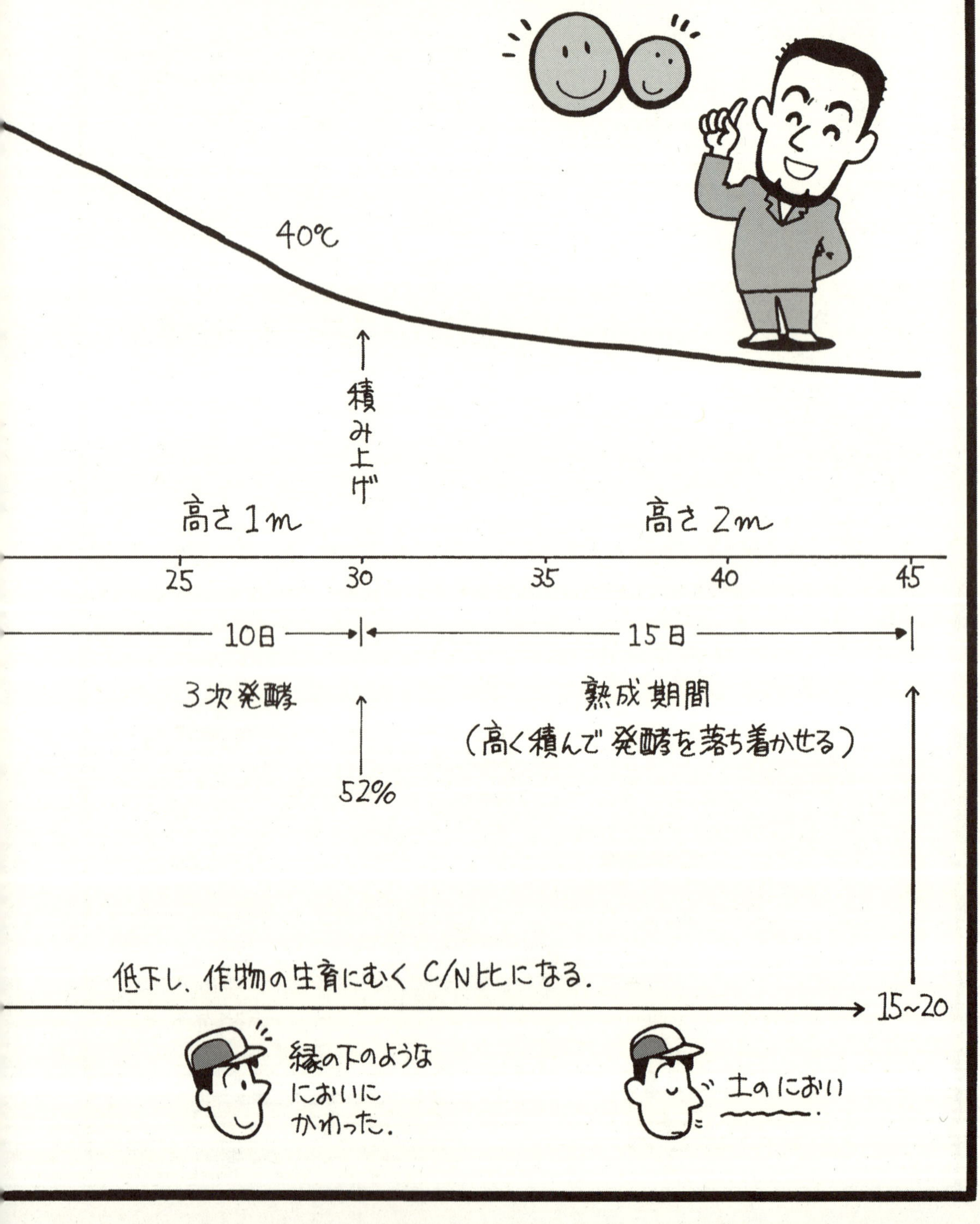

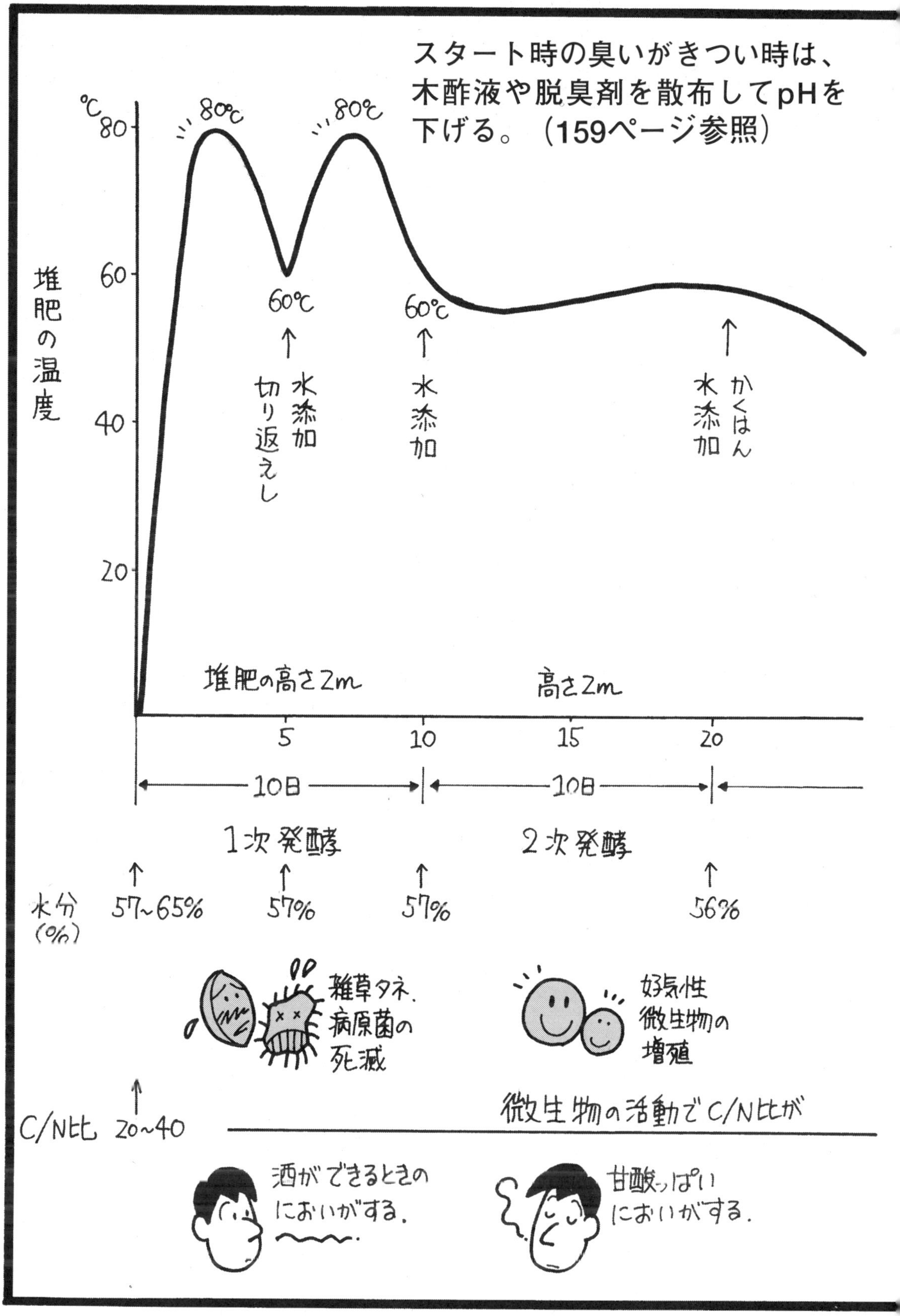
スタート時の臭いがきつい時は、木酢液や脱臭剤を散布してpHを下げる。（159ページ参照）
℃
80
60
40
20
堆肥の温度
80℃
80℃
60℃
60℃
水添加
切り返えし
水添加
水添加
かくはん
堆肥の高さ2m
高さ2m
5
10
15
20
10日
10日
1次発酵
2次発酵
水分（%）
57~65%
57%
57%
56%
雑草タネ、病原菌の死滅
好気性微生物の増殖
C/N比 20~40
微生物の活動でC/N比が
酒ができるときのにおいがする。
甘酸っぱいにおいがする。

さらに10日早くできる戻し堆肥方式

素材の水分やC/N比の調整はなかなか大変。調整しやすく、しかも完成までの期間を短縮できるのが、完成した堆肥を使う「戻し堆肥方式」です。これなら値段が高くなっているおがくずを有効に使うこともできます。

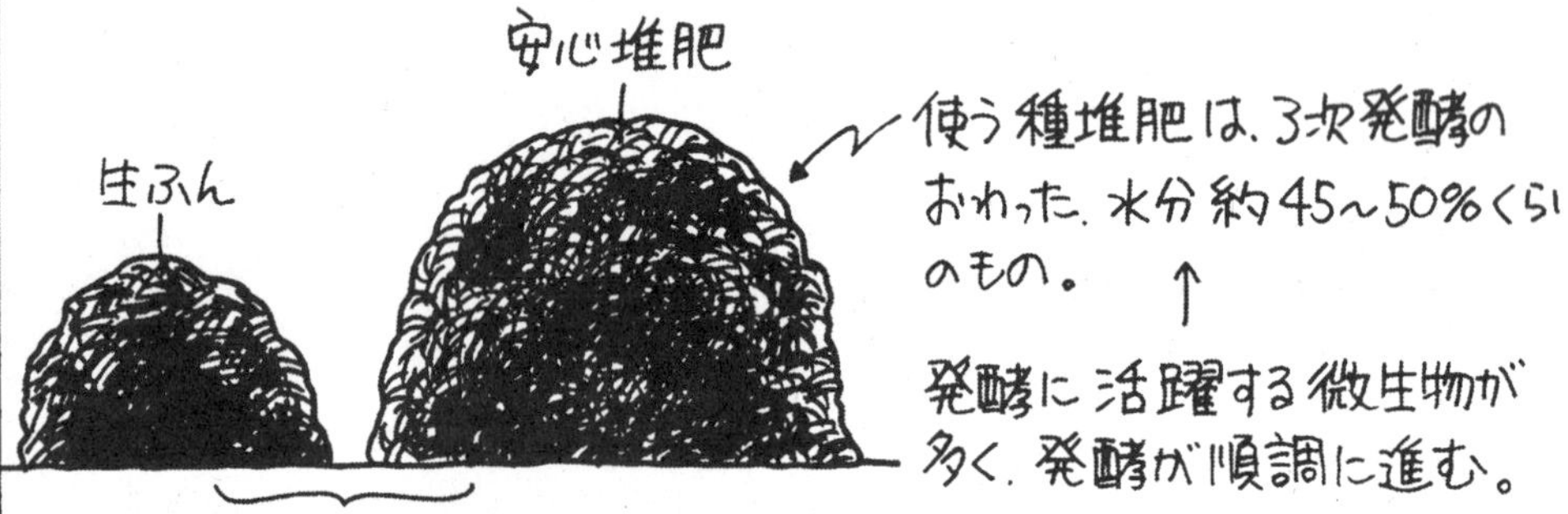

水分57～65％に調整してスタート

たとえば

水分75％ぐらいの生ふん1tにどれくらいの安心堆肥（47％）を混ぜれば、水分57％になるか？

●堆肥添加量（kg）：

$$\text{生ふん量} \times \frac{\text{生ふんの水分(\%)} - \text{調整目標水分(\%)}}{\text{調整目標水分(\%)} - \text{安心堆比水分(\%)}}$$

$$1000\,\text{kg} \times \frac{75-57}{57-47} = 1800\,\text{kg}$$

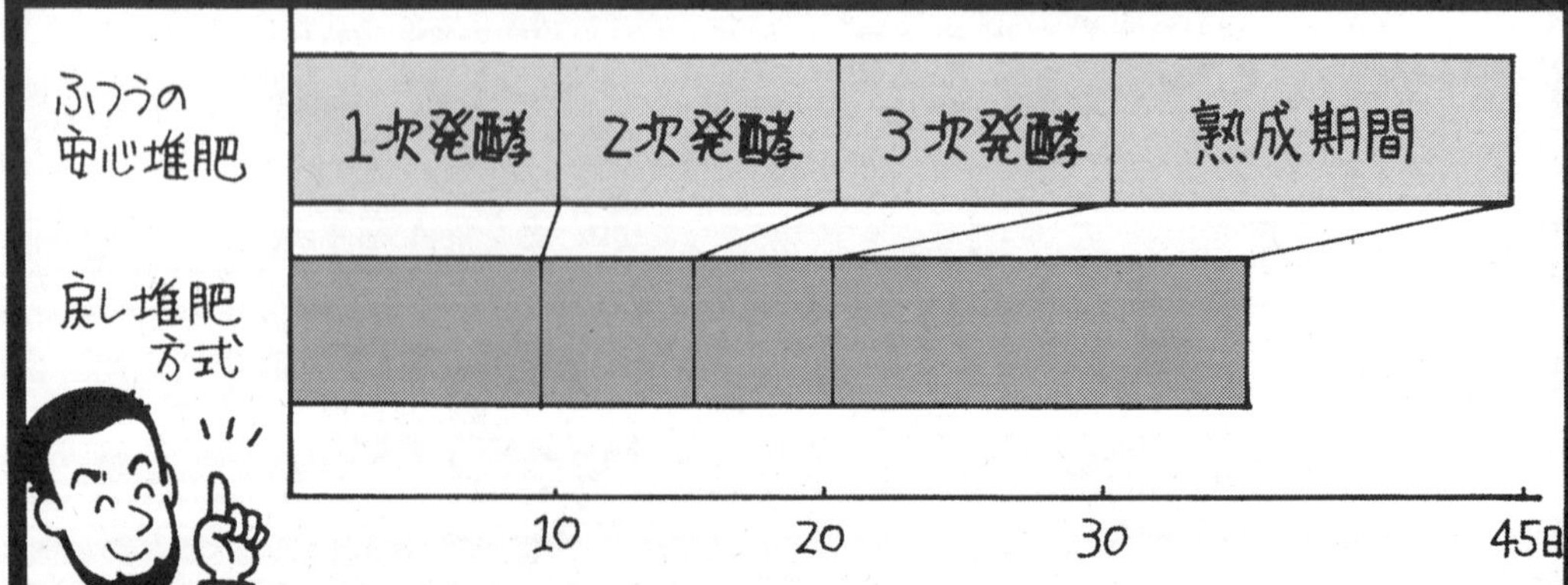

生ごみは安心堆肥とサンドイッチで

生ごみ堆肥をつくろうと思っても、ベトベトのまま分解がすすまない。

発酵中にひどい臭いがする、ウジが多量に発生するなど、なかなかうまくいかないようです。

安心堆肥をつかえば、そんな心配はありません。無臭でウジのわかない、良質堆肥づくりを試してみて下さい。

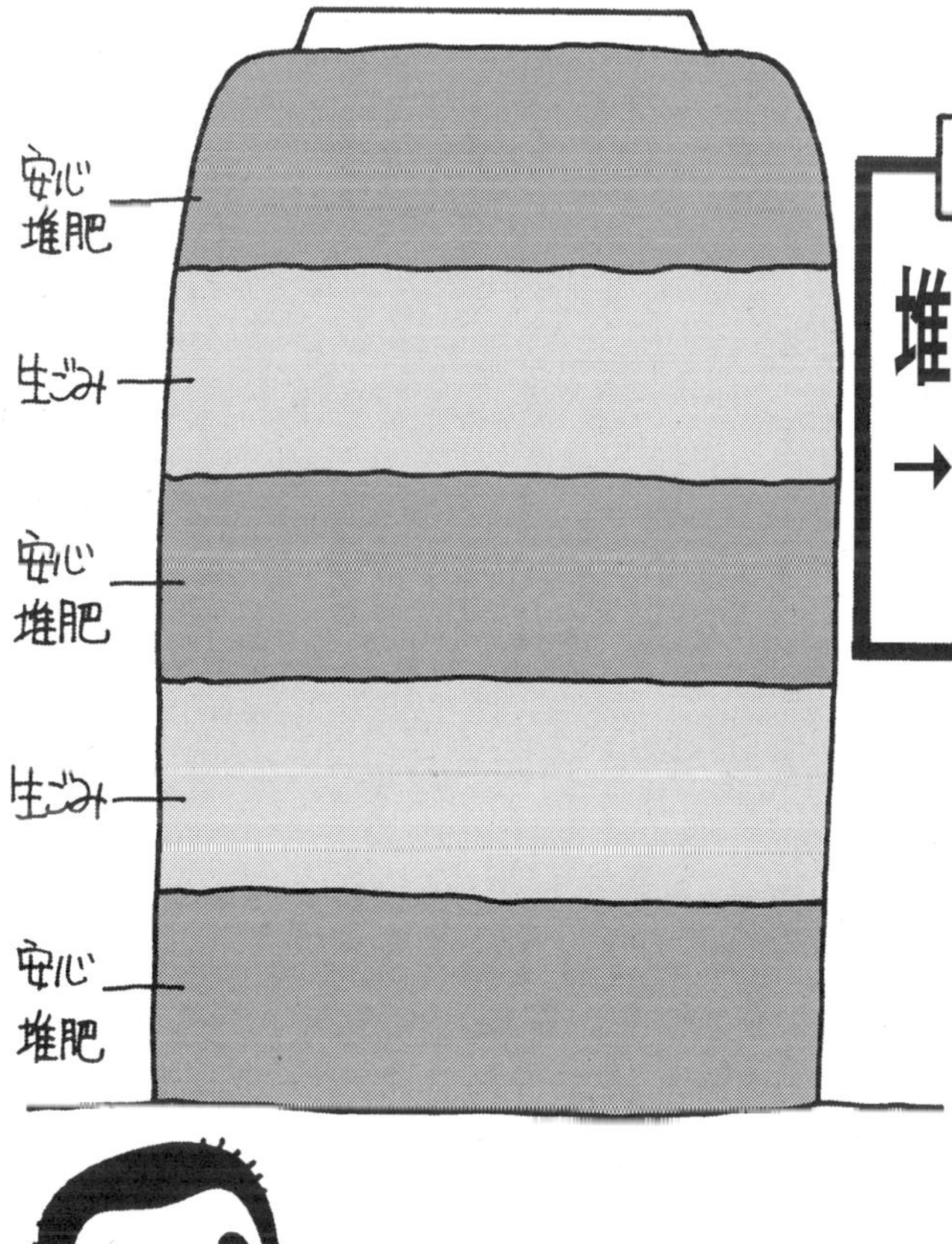

方法は簡単

堆肥→生ごみ→堆肥→生ごみ→堆肥

となるように積んでゆく

全体の比率は1：1（体積比）になるように!

発芽試験で堆肥の安心度をチェック

買ってきた堆肥は安心なのか？
自分で堆肥をつくってみたが本当に安心なのか？
小松菜の発芽試験でチェックしてみよう。

堆肥に10～20倍の水を加えます。

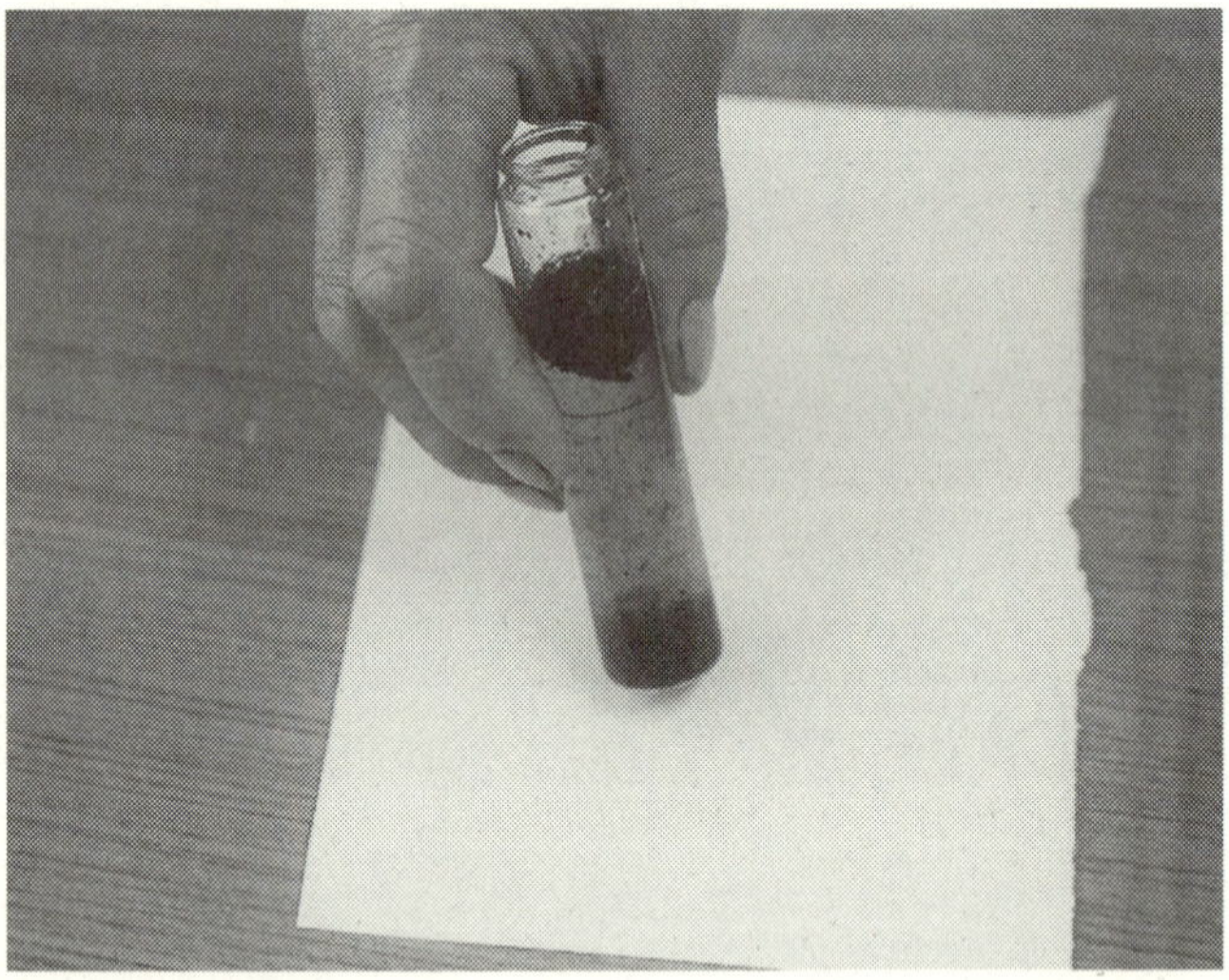

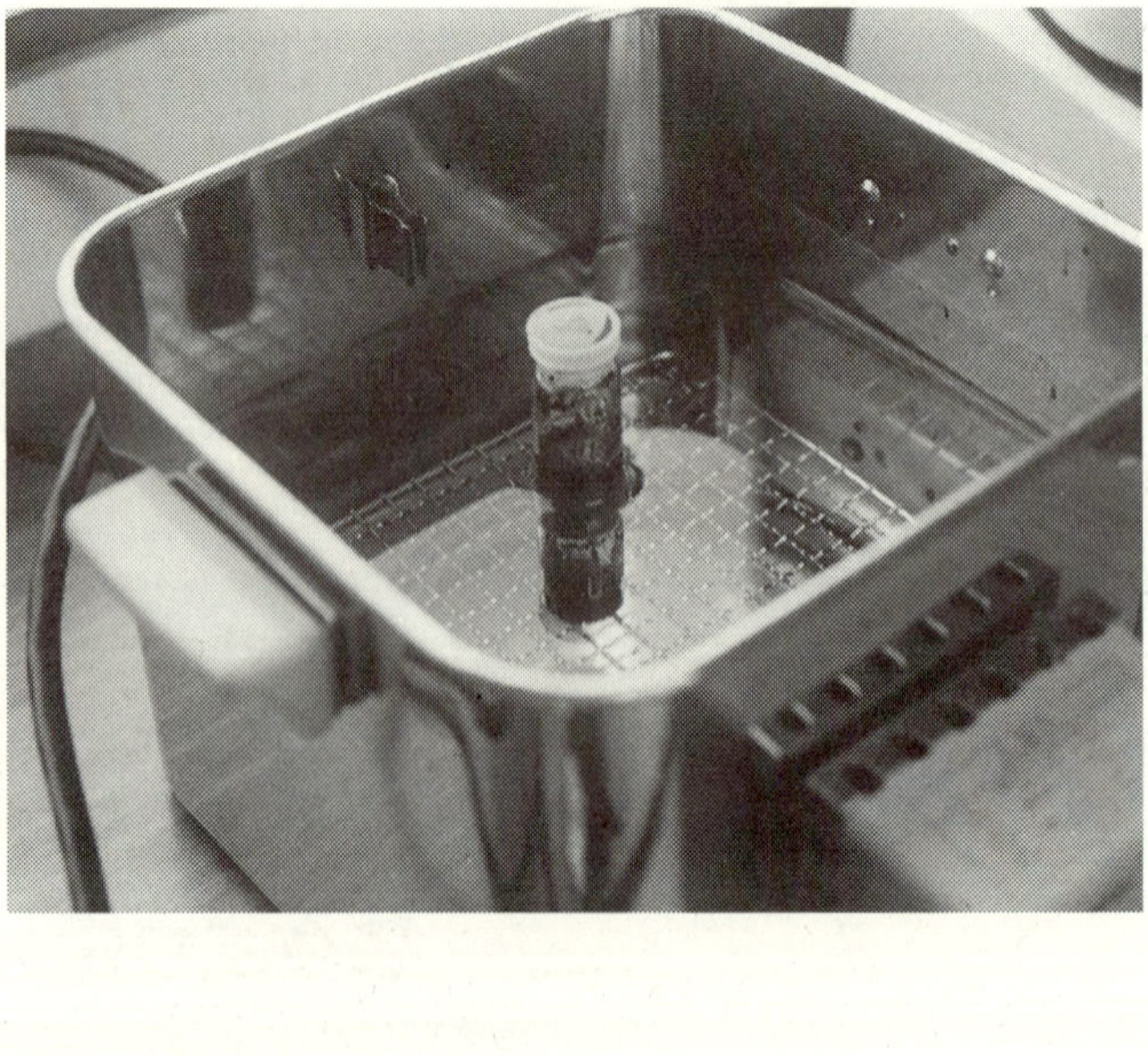

60℃3時間加熱して、堆肥の中の成分を抽出します。
ホットプレートなどを利用するとよい。

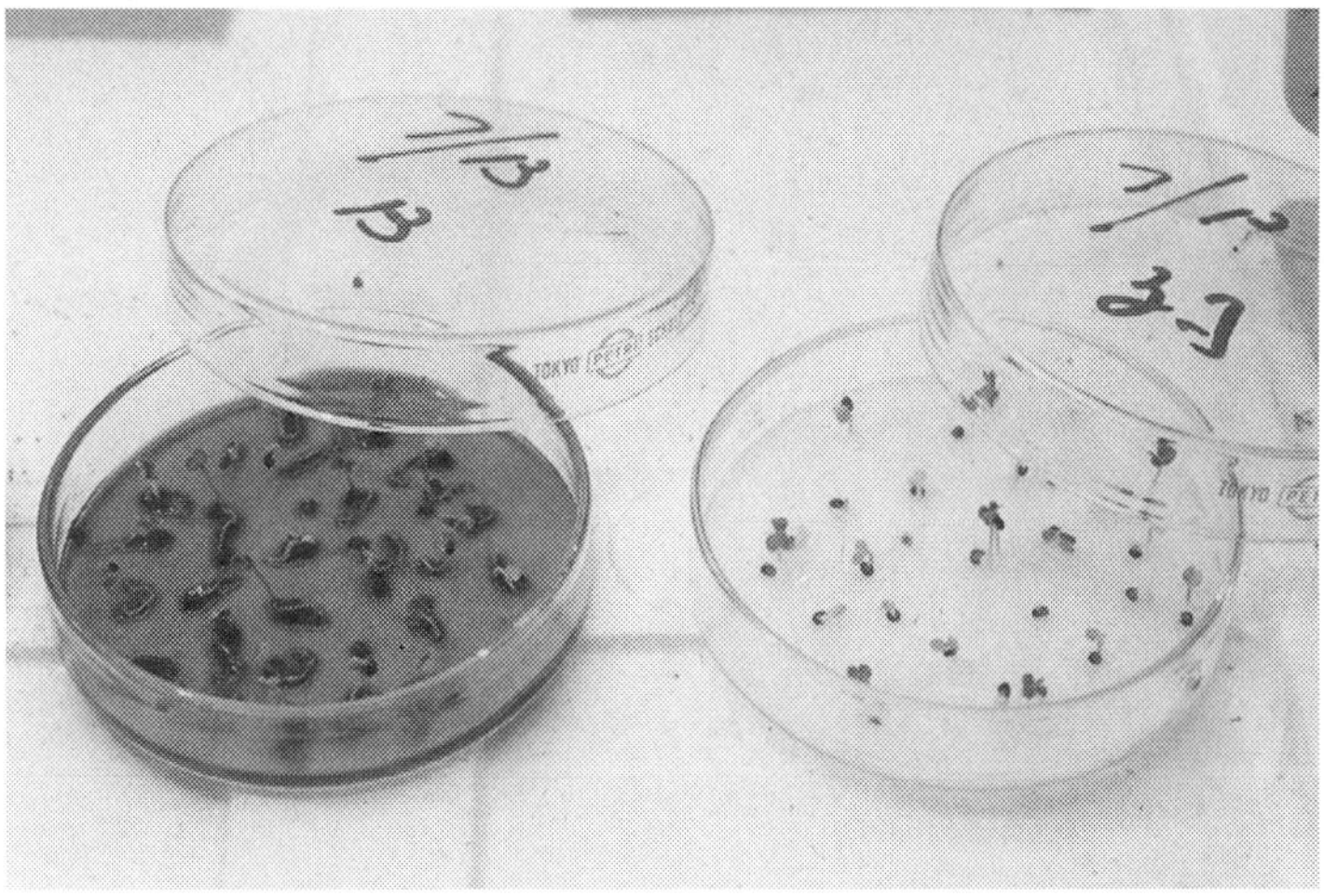

シャーレに2枚ずつろ紙を入れる。左に抽出液10mℓ、右は比較のために水を10mℓ入れる。
それぞれ小松菜の種を30～50粒まく。シャーレにフタをして3～6日後に発芽率と根の様子を観察する。

ルーペや顕微鏡で根を見る。
根毛がまっすぐきれいに出ている堆肥は安心。
根が曲がったり、根毛が折れているものは、堆肥としては不安。
こんな場合は素材を調整して再発酵させるか、土にすき込まずマルチとして利用するとよい。

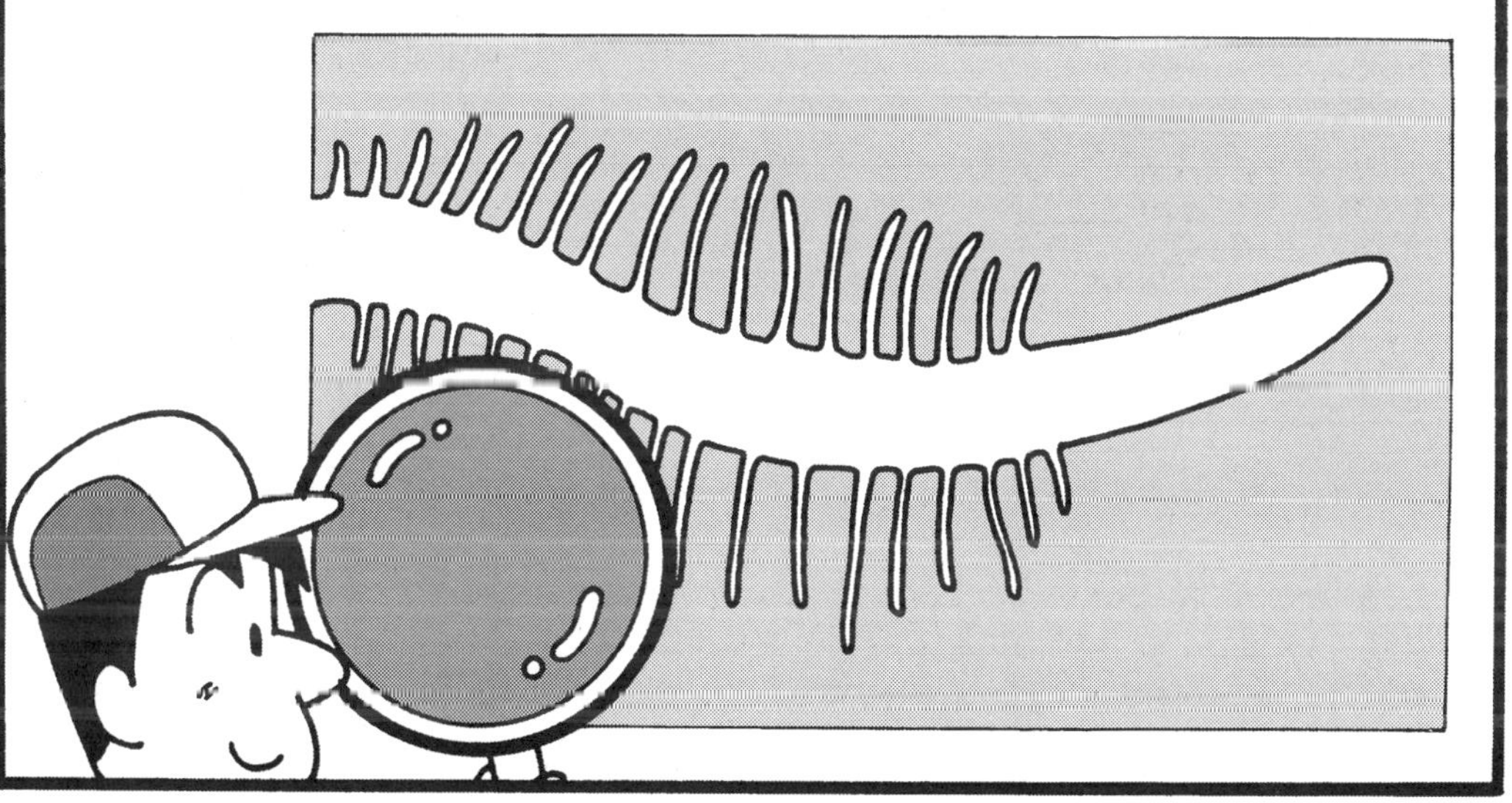

参考　武田健著「新しい土壌診断と施肥設計」（農文協）

コンテナを利用すれば堆肥の切り返し不要

鈴木睦美　群馬県農業総合試験場

　家畜糞の堆肥化は耕種農家にとっては、土壌に施用すべき有機物の製造手段として大切であると同時に、安価でよく腐熟した取り扱いやすいものを望んでいる。しかしながら、畜産農家では、耕種農家が満足するものに仕上げるだけの時間的、労力的余裕がない場合も多い。

　そこで、耕種農家にも家畜糞堆肥の製造に積極的に取り組んでもらえる技術として、収穫用プラスチックコンテナ（以下、コンテナ）に水分調節をすませた材料を入れることで、切返しが省略でき、短期間で発酵が終了させられる方式を開発した（図1）。一度に多量の堆肥を製造するのはむずかしいものの、場所をとらず、運搬にも便利なので、施設園芸農家などで利用してもらえると考えられるので紹介したい。

発酵堆肥化の条件

　発酵堆肥化とは、家畜糞中の分解されやすい有機物が、好気性微生物の分解・代謝作用により消費され、安定した有機物になることをいう。でき上がったものが堆肥であり、取り扱いやすく、作物に障害がなく、土壌に還元が可能なものをさすと考えられる。

　家畜糞を発酵堆肥化する場合には、水分が高いので、水分を六五％（牛では七〇％）程度に調節してやる必要があり、これにより通気性を確保することができる。この条件下では好気性微生物がよく活動し、その証拠として材料の温度（発酵温度）が上昇する。また、C／N比、pHなどは家畜糞では適正な状態になっているので、特に考慮する必要はない。

　材料を堆積しておくと、外側の空気に触れやすい部分は順調に堆肥化するが、内部は通気性が悪く発酵はすすまない。また、高く堆積しておくと、自重によって下部も通気性が悪くなる。これを改善するために、切返し作業を実施する。切返しにより材料全体が空気に触れるので、むらなく堆肥化が進行するのである。実際に堆肥をつくる場合に最初に必要なことは、材料の水分調節である。

　家畜糞の水分は畜種、季節、月（週）齢、餌の種類などによりちがいがあるが、通常は乳牛で八〇～八五％、肉用牛で七五～八〇％、豚で七〇～七五％、鶏では七五～八〇％である。これに水分調節材（稲わら、もみがら、おがくずなど）を入れ、ショベルローダーなどでよく混合する。そして全体の水分を六五％（牛では七〇％）程度にする。混合すべき水分調節材の量は次頁の式で求められる。

　感覚的には、ベトベトしていた糞が、パラパラした感じ（手で強く握ってみて水分が指の間からわずかににじむくらい）になるまで混合する必要がある。ここまで水分調節材を入れると、材料を山積みしてもそのままの形を保っているくらいの粘性となる。

$$\text{水分調節材の必要量(kg)} = \text{家畜ふんの量(kg)} \times \frac{\text{家畜ふんの水分(\%)} - \text{目標水分(\%)}}{\text{目標水分(\%)} - \text{水分調節材の水分(\%)}}$$

これを一～一・五mに堆積しておくと、自然に材料の温度（発酵温度）が上昇しはじめる。しかし、前述のとおり内部や下部では通気性が悪くなっているので、切返し作業を実施する。切返しは七～一四日ごとに実施し、四～五回は必ず行なう。また、堆積期間は二～三か月を必要とする。

コンテナで切返しが不要の理由

コンテナは通気性を確保するために、底面と側面が網目状のものを選ぶ。容積は四五ℓ前後（通常、野菜などの収穫で使用しているサイズ）のものには、材料を二五kg程度入れることができるが、これなら一人で持ち運び可能な重量と大きさである。

水分調節材とよく混合した材料をコンテナに入れることで、一個ずつの間にはすき間ができるとともに、コンテナ自体に上部の荷重がかかるので、下部でも材料には荷重がかからない。それで、内側と下部の通気性が確保でき、切返しが不要となる。

しかし、発酵の熱が放出しやすくなる欠点があるので、一度に数十個以上を使用して、床面にすのこか角材を敷いた上にまとめて置き、ビニールシートで覆って保温する必要性がある。また、被覆することで屋外での堆肥化が可能になるのと同時に、悪臭やハエの発生防止にも役立つ。コンテナは上からの荷重にはかなり強く、材料を入れた状態でも一〇段程度は積める強度をもっている。

堆肥化の実際

牛糞の堆肥化例

乳牛の糞（水分八四％）とおがくず（水分二八％）を使用し、重量比で糞：おがくず＝一：〇・四をよく混合した。これをコンテナに入れて、すのこの上に三×四×三個で一か所に積み、ビニールで覆った。混合後の水分は七三％であった。

発酵温度は開始直後から急激に上昇して、二日後には最高温度（五五・五℃）に達した（図2）。その後はすぐに下降した。その後も発熱は継続したが、四〇日後には平均気温との差はな

図1　コンテナ利用による堆肥のつくり方

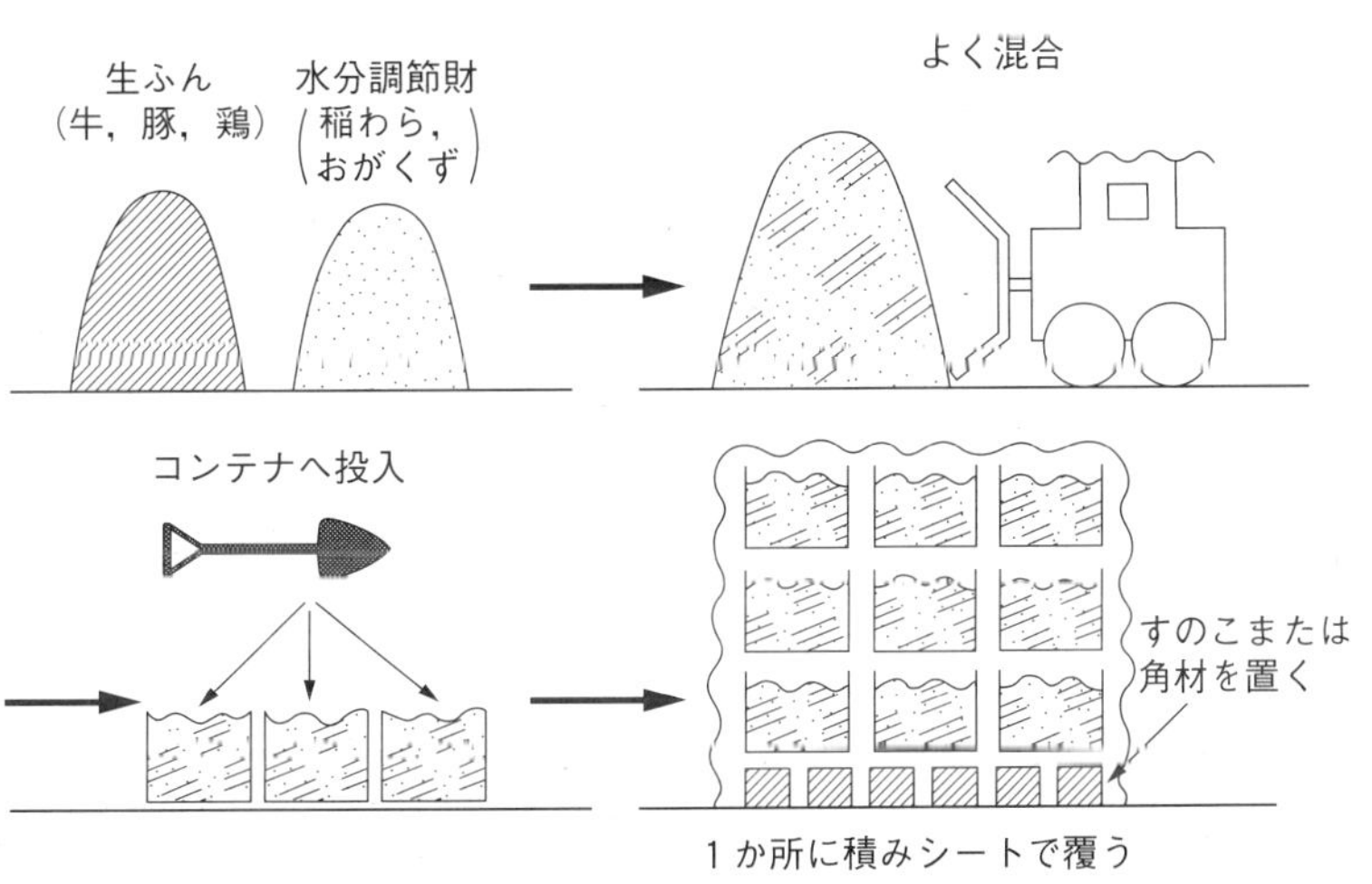

図2 牛ふんの堆肥化時の発酵温度

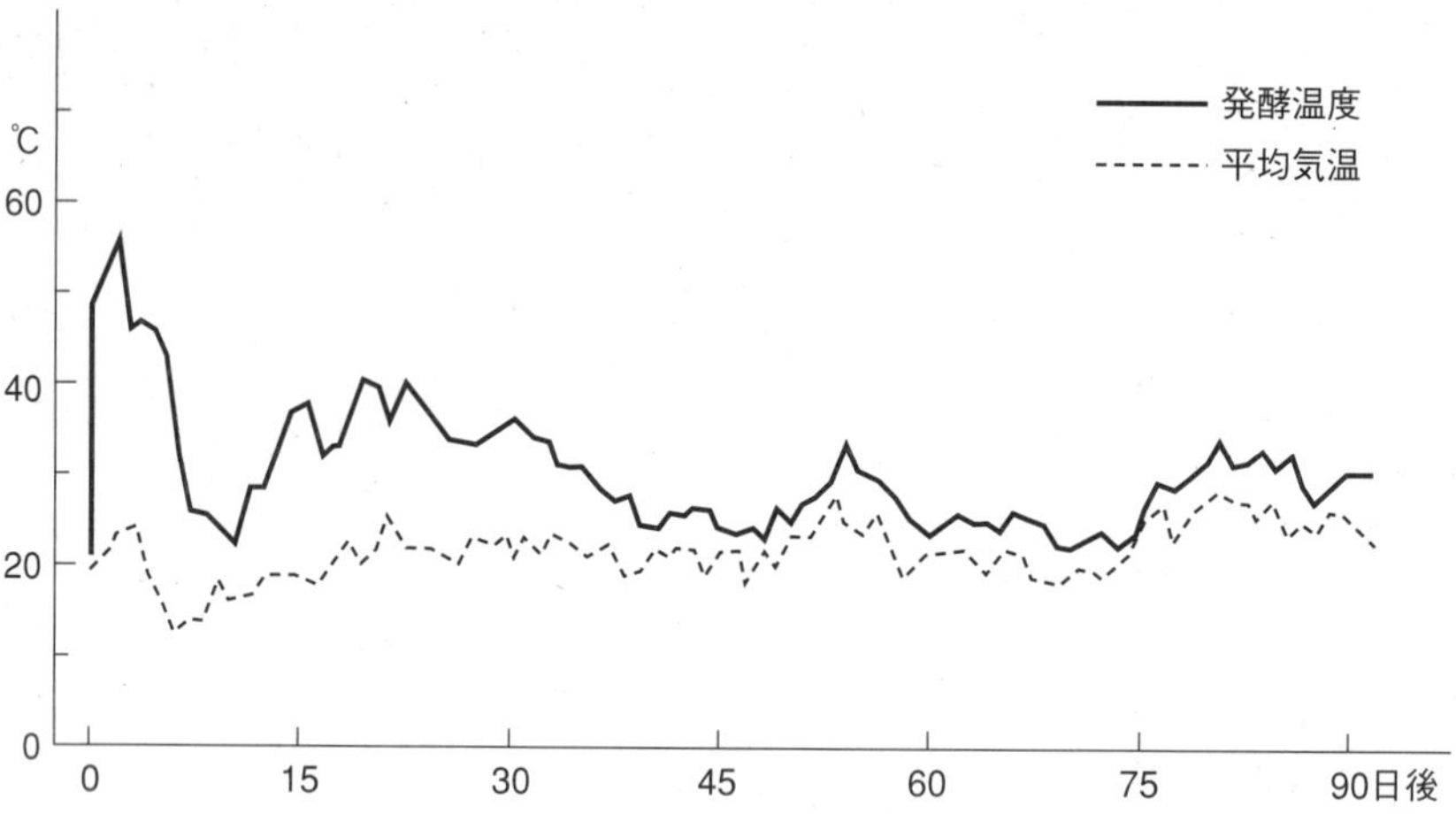

くなり、発酵は終了した。小松菜種子の発芽率は二〇日後までは〇%であったが、三〇日後には四〇%、四〇日後には九五%に達した。また、材料中のアンモニア態窒素も四〇日後には大きく減少して、硝酸態窒素に変化していた（表1）。

表1 40日後の各例の肥料成分（乾物中%）

区　分	窒　素	リン酸	カ　リ	石　灰	苦　土
第1回	1.36	0.94	2.06	1.07	0.43
第2回	1.81	3.59	2.05	8.90	0.65

鶏糞の堆肥化例

採卵鶏の糞（水分七三%）とおがくず（水分二九%）を使用し、重量比で糞：おがくず＝一：〇・二五をよく混合した。これをコンテナに入れて、すのこの上に三×四×三個で一箇所に積み、ビニールで覆った。混合直後の水分は六三%であった。

発酵温度は開始直後から急激に上昇し、二日後には最高温度六六・二℃に達し、すぐに下降しはじめた。その後もある程度の発熱はみられたが、四〇日ごろには平均気温との差がなくなり、発酵は終了した。この例は晩秋から冬期にかけて実施したものであり、冬期においても充分に発酵することが実証できた。

小松菜種子の発芽試験では日数を経過するごとに発芽率は向上し、四〇日後には八五%に達した。しかし、アンモニア態窒素の硝化はみられなかった。これは畜種による糞の質のちがいによるものと考えられる。

◆

家畜糞の堆肥化を行なうのに、水分調節材は必要不可欠であるが、コンテナに材料を入れることで切返しを省略することができる。また、通気性がよいので、発酵堆肥化を短期間に終了させることが可能となる。運搬のさいにも取り扱いやすく、便利である。また、定植のさいの苗運びや収穫のさいの容器として幅広く利用でき、便利なのはいうまでもない。

コンテナ利用による家畜糞の堆肥化は、畜産農家よりも耕種農家に積極的に利用してもらえる技術と考えている。畜産農家では必ずショベルローダーなどを所有しているので、混合するための作業機械をもっていない場合には、水分調節材とコンテナを提供するような条件で協力してもらうとよい。よく混合したものを詰めて庭先に持ち帰り、前述のようにして積んでおけば、四〇日程度の期間で堆肥として使えるようになる。

最後に、コンテナを利用することで耕種農家の家畜糞堆肥の利用が円滑にすすみ、地力増進につながれば幸いである。

『農業技術大系　土壌施肥編』コンテナ利用による家畜糞の堆肥化一九九一年より抜粋

あっちの話こっちの話

ダム底のドロは天然の落ち葉堆肥

田中英雄

最近はどこの町村でも、有機栽培の米や野菜を出しています。しかし「有機栽培」と一口にいっても、一番もとになる堆肥づくりには、どこの農家も頭が痛いそうですね。

普通、堆肥の材料としては、牛糞や麦わらを使ったりしますが、宮崎県の「新しき村」の松田省吾さんは、天然の堆肥を使用しています。この堆肥を使うようになってから、稲などはすっかり病気知らずだというから驚きです。

その天然堆肥とは…「近くの小さいダムの底にたまっているドロ」だそうです。ドロといってもただのドロではありません。山奥から流れてきた落葉がダムの水底にたまり、長年かかってじっくり発酵したものです。

三年に一度のダムの大掃除のとき、松田さんは、この天然堆肥をダンプで運び出します。何日間もかかるそうです。近所の人にも手数料分だけで分配しており、たいへん喜ばれているようです。

松田さんのように、ダムとまではいかなくても、近くの池や、小さなため池などなら、もう少し簡単に探せるかもしれませんね。

一九九一年十月号

追肥、消毒なしのコシ一等米 秘密は「温水堆肥」にあり？

三嶋　寧

ここ数年の間に、コシヒカリの作付けが急増している群馬県佐波郡東村では、昨年、コシの一等米を出せた家は二軒だけでした。そのうちの一軒が田島止義さん。田島さんは、追肥、消毒をまったくせずに一等米をとりました。その秘訣は「温水堆肥」にあったようです。

まず休耕田の一部に、幅一m×長さ三五m×深さ〇・七mの四角い穴を掘りました。その中に、カヤ、ヨシ、マコモ、小麦カラなどを入れ、発酵させます。用水は田んぼに入る前に一度この穴を通過するようにします。すると、養分を含んだ真黒い温水が田んぼにいきわたります。この方法を試して三年目ですが、以前は多かった紋枯病が、最近はすっかり姿を消したということです。

いい稲をつくるには「何よりも稲への愛情が大切」という田島さんは、成苗二本植えで健康体の稲づくりを行なっています。

昨年は、収量が今ひとつだったので、今年は、穴の掘り方を少し浅くして、水温が上がりやすいようにするつもりです。また、使い終わったカヤやヨシなどを、今度はハウスキュウリの堆肥として利用できないか検討中です。

一九九〇年八月号

施設園芸・花卉・露地野菜・植木など

作物ごとにブレンドした堆肥がひっぱりだこ

中村巖さん　千葉県九十九里町

文　西村良平　農業資源研究会

中村さんの牛舎の敷料はほとんどがもみがら。和牛200頭、F_1牛60頭を肥育

堆積―切り返しのオーソドックスな堆肥づくり

「堆肥をつくることなんてわけなくできますよ」と強調するのは千葉県九十九里町にある中村牧場の中村巖さん。黒毛和種二〇〇頭、F_1牛六〇頭の肥育をしている。中村さんの堆肥はよく売れて、自分の牧場の糞だけでは原料が不足し、近所の肉牛肥育農家四戸、酪農家一戸からももらってきている。

ひっぱりだこの理由のひとつは、施設園芸・花卉・露地野菜・植木など、お客の農家が栽培する作物ごとに、堆肥をつくり分けているからだ。

「たいへんな思いをして堆肥をつくり分けているんじゃないかと、みなさん考えているようですが、そんなことはありません」

中村さんの堆肥づくりには大型の撹拌機など、特別な機械装置は使っているわけではない。ショベルローダーで堆積と切り返しをくり返すオーソドックスな方法だ。それにもかかわらず、何種類もの堆肥ができる秘密は、熟成期間が違う三種類（三か月、半年、一年）の堆肥をつくって、それらの割合を微妙に変えてブレンドすることだ。

堆肥の主原料は、もみがら九割とおが粉一割の敷料といっしょになった和牛の糞尿。季節により落花生の殻が一部入ることもある。

副資材として大豆の製油工場からもらうくず大豆や莢《さや》や茎などの残渣、使用済みの廃白土（ケイ酸塩）、ライスセンターから出る米ぬかを味付け程度に加える。これに発酵菌を添加して混合する。

廃白土は食用油の脱色に使われたもので、主成分はケイ酸アルミニウムであるが油分が

ショベルローダーで切り返し。これと別に、販売前の堆肥をブレンドする堆肥舎がある

多く、カロリーが高い。米ぬかといっしょに、発酵温度を高める。これらの副資材はどれも無償のものだ。発酵菌も、畜産の仲間のところで殖やしているのを無料で分けてもらって加える程度で、あとは土着の菌に働いてもらう。

混合して積んだら、二週間のうちに二～三回切り返す。その後は、スペースの関係もあって、現在のところは一時、畑に移動させている。それから、月に二回くらいの割合で切り返しをしながら、三か月もの、半年もの、一年ものという三種類の堆肥をつくる。畑に積んでおいた堆肥も、仕上がりまでの二か月は、堆肥舎に運んで四、五回切り返す。途中で、水分を下げるために戻し堆肥を加えたりすることもある。

作物や圃場の条件にあわせて混合

中村　巌さん

堆積の期間が三か月であれば、未分解の有機物がまだ多く含まれる堆肥になる。それを一年かければ、熟成が進む（C／N比が一〇前後）。半年ならその中間に近い。とくに施設園芸では、近頃は肥料分が少なく土壌改良効果の高いものが求められるようになっている。

お客の農家の要望に応じて、この三種類の割合を変えて組み合わせる。施設園芸、露地野菜、花卉、植木などに向く堆肥が、こうしてできあがる。

施設園芸用　トマト、きゅうり、なすなどが対象。「半年もの」と「一年もの」を七対三の割合で混合。肥料分（主に窒素）が過多にならずに、熟成が進んだ堆肥を多く含む土壌改良効果の高い堆肥になる。中村さんはこれを「基本堆肥」としている。この成分は窒素一％、リン酸一・六％、カリ一・二％、C／N比一三。

露地野菜用　大根、にんじん、ねぎ、ブロッコリーなど。有機物が多少残っているほうが、生物性などの改良効果が高いので、「三か月もの」「半年もの」「一年もの」を三対四対三の割合で調製する。窒素分は基本堆肥より若干多い。

花卉用　キク、シャクヤク、バラほか。「半年もの」と「一年もの」が三対七の割合。施設野菜以上に肥料分が少なくて、腐熟度の高いものが求められるのに対応している。「基本堆肥」にくらべると、保肥力・保水力など物理性の改善効果が高いのが特徴。

植木用　クレストほか。植木は根域が広く、土の緩衝力が大きいので、未熟な有機物が多少多くてもかまわない。「三か月もの」「半年もの」「一年もの」が四対四対二。

培養土　「基本堆肥」と「赤土」を五対五に混合。

固定客は三〇〇軒、年間一〇〇〇tを販売

現在のように、スムーズに堆肥ができるようになるまでは、高価な菌などの資材もいろいろ使ったりした。魚粉を入れて、有機農業でうまい野菜を育てるための堆肥もつくったこともある。試行錯誤の結果、いまの堆肥づくりにたどり着いた。いまのオーソドックスな製造法なら、メンテナンス費用も安くすむ。微生物資材など特別な添加剤も不要。自分の力では解決ができないトラブルの発生もまずない。

「一tで一万円の堆肥を年間一〇〇〇t以上販売しています。運賃は町内なら無料。町外は、郡内なら距離によって一〇〇〇円と二〇〇〇円、郡外になると三〇〇〇円」という。値ごろ感もある。

チラシをつくって農家をまわったり、畑に人がいれば話し込んで、堆肥の売り込みをしてきたが、なによりも作物の性質や栽培の条件を考慮した堆肥が一番喜ばれた。また、堆肥の散布作業は重労働なので、一〇a当たり二〇〇〇円でマニュアスプレッダーによる堆肥散布を引きうけていることも、お客さんを増やす要因になっているようだ。

農家向けのバラ販売のほか、市民農園や家庭菜園向けに袋詰めもつくっている。袋詰めの堆肥は三六ℓ（一二〜一三kg）入りで四〇〇円、中身は一年ものが中心だ。

右は発酵途中の堆肥で白い菌が増殖中。左は販売用のもの

中村牧場でつくられる堆肥の八〇%が販売用で、残り二〇%は大麦とイタリアンライグラスを混播する自分の飼料畑で用いられる。販売用の内訳は、施設園芸四〇%、露地野菜二〇%、花卉二〇%、植木五%で、ほかに市民農園や家庭菜園向けの袋詰め一〇%、バラ販売五%。このところ、家庭菜園向けが増えてきた。中村さんの堆肥を使った農家の栽培実績自体が宣伝になって、いまでは固定客が三〇〇戸近くになっている。

中村さんはこれまで、米麦、酪農、乳肉複合、そして肉牛へと経営を移行させてきた。いまは、コストをかけずに作物別のブレンド堆肥をつくり、しっかり販売することで、肉牛と堆肥の複合経営を軌道に乗せているのだ。

二〇〇一年十月号　用途に合わせたブレンド堆肥がひっぱりだこ

あっちの話こっちの話

ハエ退治は一〇日以内に切返す

伊藤　明

石川県鳳至郡柳田村野田の中谷喜久さんにうかがった話です。

中谷さんは柳田農業高校の農場に勤めておいでですが、担当は畜産で、乳牛や豚の管理を長くされています。

その経験から中谷さん、こうるさい夏場のハエ退治の方法を考えつきました。それは、ハエの卵が大量に生みつけられ大発生の源になる堆肥を、「一〇日たたないうちに」切返ししてしまうという方法です。ハエの生態をよく見ていると、どうやら一〇日間隔で世代交代をしているらしい。そこで、堆肥に生みつけられた卵が成長してハエになる前に、堆肥の奥深くに埋めこみ、熱で殺してしまおうというわけです。

中谷さんもいろいろなハエ退治の殺虫剤を使い比べてみましたが、ハエの習性をじっと見ていて考えついたこの方法に優るものはないとのこと。

一九八八年六月号

もみがら＋サケの身堆肥

鎌田　卓

アスパラガスの一大産地の北海道でも、作付面積が年々減少しています。先日、『アスパラガスの多収栽培』（久冨時行著・農文協刊）を参考に、北海道でも春夏連続どり栽培に挑戦している蘭越町の中屋栄吉さんにお会いしました。中屋さんは去年、六月二十日〜九月十二日までの長期収穫を実現し、反収一・五t、平年の倍くらいの収入が得られたそうです（畑の広さは八反）。

「畑のブタ」とも言われるアスパラガスは、土づくりがとても重要で、中屋さんは四年前から、オリジナル堆肥を作り始めました。

材料は四〇町歩分のもみがらに、筋子を取った後のサケの身六〇t、種菌としてバイムフード。二回目の切返しのときに、てんぷらかすと廃油五〇〇ℓをかけます。切り返すたびに、高温になりすぎないように水分を与えるそうです。三回の切返しをすると、堆肥全体の色もコーヒー色に変わり、サケの骨もボロボロになります。

秋に堆肥にして、翌春に反当たり四tほど畑にまいているそうです。このオリジナル堆肥を使ったアスパラガスは、普通の化成肥料のものより鮮度が落ちにくく、糖度も一度ほど高いとのこと。評判になった中屋さんのアスパラガスは、郵便局の「ゆうパック」で、一・六kg入りが八〇〇箱も売れたそうです。

一九九八年四月号

牛糞+鶏糞の混合堆肥で、野菜直売所も大盛況

鈴木宗雄さん　福岡県前原市

編集部

畜産農家が開いた直売所

福岡県前原《まえばる》市泊《とまり》地区―。直売所の三角屋根に「一番田舎《いちばんでんしゃ》」の看板が見えた。土日は一日千数百人もの人でにぎわうそうだ。一番田舎は、近くで和牛の一貫経営をする鈴木宗雄さん（長浦牧場）が開いた直売所だ。長浦牧場の年間出荷頭数は二二〇頭あまりで、その二割ほどの牛肉がここで販売されている。

㈲一番田舎の代表も務める鈴木宗雄さん

一番田舎の開店は、一九九四年で前原市が、町から市へ移行して二年目だった。前原市は一〇〇万都市・福岡市の中心街・天神から、地下鉄に乗って三〇分で着くというところで、当時、市の人口が急増していた（現在六万三〇〇〇人）。「この人口増加を生かして、かつ地元の農業を守っていくには…」と考えて、いきついたのが直売所だったのだ。

この頃、農協の理事をしていた鈴木さんは、農協が中心になって直売所を開くよう働きかけたが、らちがあかない。それで自分で「ふれあいファーム事業」という貸し農園を始めるための補助事業を導入し、農協からも融資をうけて生まれたのが一番田舎だった。この土地も鈴木さんの田んぼだったところだ。ただ、農振地域の田んぼだったので、簡単には建物を建設することができない。貸し農園併設の直売所とすることでやっと開設が認められた。貸し農園のほうは、年間に約四〇家族が契約している。

直売所には、二〇％の販売手数料を払えば誰でも品物を持ち込める。最初の年は午前中だけの直売だったが、お客さんが増えるにつれて出荷会員が増え現在は五〇〇人以上。高齢農家、女性農家など、今まで野菜を売ったことのない人も会員になった。一方、一番田舎中心に販売する専業農家も数人出て

きて、多い人は月に五〇～六〇万円を売り上げる。一番田舎全体の年間売り上げは三億四〇〇〇万円に上る。

鶏糞が二割混ざった「万能堆肥」

ところで、常時六〇〇頭ほどの和牛を飼育している長浦牧場では、年間およそ一〇〇〇tの堆肥が出る。

「牛糞に鶏糞を混ぜて堆肥にしてくれたらダンプに何台分でも買いますよ」という肥料業者の話を耳にしたのがきっかけで、牛糞に鶏糞を二割ほど混ぜた堆肥をつくっている。発酵の際には、尿素を〇・一%、NK―五二という微生物資材も〇・一%ほど加えて、「万能堆肥」と名付けて販売している。

鶏糞は、近くの養鶏場から年間二〇〇t以上引き取っている。畜産農家は糞処理に困るほうがふつうだから、「本当にいいんですか」と初めはいぶかしがられた。でも万能堆肥には鶏糞が欠かせないのだそうだ。堆肥の成分値を見ると、リン酸を多く含む鶏糞のせいで、一般の和牛堆肥に比べてリン酸分が多く含まれている。

万能堆肥は、牛糞（左）に鶏糞（右）を2割混ぜてつくる

根張りが良くなる、連作障害が出ない

鶏糞じゃ早く効きすぎる。牛糞だけじゃものたりない――。鈴木さんによると、それぞれの短所をおぎなうことができるのが、万能堆肥の長所だそうだ。堆肥舎で六～七回切り返され、販売されるまでには一年半置かれ、十分に熟成がすすんでいる。できあがった堆肥

長浦牧場の堆肥と他の堆肥の分析値の比較（いずれも肉用牛の経営）

	敷料	堆積期間（月）	切り返し（回）	調整剤	分析値								
					pH	EC（ms/cm）	発芽個数	播種数	発芽率%	含水率%	全チッソ%	全リン%	全カリ%
長浦牧場	おがくず	12	6	鶏糞20%、NK52 0.1%、尿素0.1%	7.83	5.70	31	33	93.9	64.9	0.57	0.80	1.05
A堆肥	おがくず	3	3		8.97	5.16	30	33	90.9	68.3	0.75	0.84	1.12
B堆肥	おがくず	3	5	おから	8.77	2.65	29	33	87.9	64.1	0.64	0.39	0.70

長浦牧場では常時600頭の和牛が飼育されている。ここでつくられる堆肥と直売所が、地域の農業を支える力になっている

は真っ黒で、わずかににおいがする程度。利用する野菜農家の一人に、「堆肥の上に落ちた種が芽を出してた」と喜ばれたそうで、発芽試験の成績もよい。万能堆肥は、県内福岡地域の昨年の堆肥共励会で最優秀賞を受賞している。

一番田舎のすぐそばでレタス二ha、ナス五〇a、稲四・五haを作る三坂《みさか》俊司さんも、万能堆肥を一五年くらい愛用してきた。ナスのハウスに一〇a当たり一・五t入れるという。ナスを始めて二〜三年目から万能堆肥を使うようになったが、以前、鶏糞堆肥を使っていたときに比べて根張りがよくなったと感じている。八月下旬に定植。マルチを張るのは十二月中旬だが、十一月頃に株のまわりを掘って根張りを見て堆肥の効果を確かめるのだ。

1袋300円、大口注文は1t10,000円

他の和牛農家の堆肥を使ったこともあるが、根張りはまあまあだったが窒素が足りない感じだった。ナスの葉っぱの色が出ないのだ。追肥はしていくにしても、少しずつジワーッと続く肥効を三坂さんは堆肥に期待する。鶏糞堆肥なら一t五〇〇〇円ほどで手に入る。それに比べて万能堆肥は一t一万円。鶏糞堆肥のほうが半額ですむうえに窒素・リン酸・カリの成分だって多いのだが、ナスの調子がいいのは、万能堆肥のほうだという。

堆肥が売れ、直売所が繁盛して 地域の農業が豊かに

二〇年前、鈴木さんが堆肥販売を始めた頃は、ホルスタインの肥育を主に行なっていたこともあって年間のおがくず代が三六〇万円にもなった。そのコストを少しでもおぎなおうと始めた堆肥販売だったが、昨年の堆肥の売り上げは六一〇万円。おがくず代はもちろん、堆肥舎の償還金やショベルローダーなどの作業機の維持費までまかなえるようになった。

一五kg入りの袋販売は、一番田舎に野菜を出す農家の増加と、そこでの野菜販売額の増加とともに需要が増えてきた面がある。一番田舎の出荷会員五〇〇人の多くは年配農家や小さい農家だ。そうした農家が品質のよい野菜をつくろうとすることで万能堆肥の売り上げが増え、おいしく質の良い野菜がたくさん穫れることで、野菜の売り上げが増える。

畜産農家の堆肥と畜産農家が開いた直売所は、地域の農業を支える大きな力となっている。

二〇〇二年十月号　堆肥が売れれば野菜も売れる

Part 4
家畜糞尿を宝に変える

岩手県大野村では、個々の畜産農家が防水シート利用の堆肥盤をつくり、手間のかかる切り返し作業は畜産公社の攪拌機が巡回する。通常の糞尿処理コストの6分の1ですむという

メッシュバッグ方式で切り返し不要、悪臭なし

戸田辰男　静岡県磐田市

メッシュバッグ方式の簡易堆肥器タヒロン（田中産業㈱TEL06-6332-7185）

静岡県・磐田市良質堆肥生産組合（以下、生産組合）ではメッシュバッグを使って低コストで良質な堆肥生産に取り組んでいる。一二戸の養豚農家が集まり、個人と協同をうまく組み合わせた作業体系を確立し、実績を上げている。生産組合がこの方式をスタートさせたのは平成五年であり、一〇年たった今だから言えるこの方式のよいところや課題などについて紹介する。

個人、グループ、組合で作業を分担

磐田地域では都市化や混住化が大きく進んでいる。これにともない、畜産農家の家畜排せつ物、特に堆肥舎での切り返し作業時の臭気に苦情が多くなり、畜産経営を続けていく上で、その対応策が大きな課題となった。

養豚研究会（生産組合の前身）では事例研修、視察研修を重ね、最終的に切り返し作業を省略でき、比較的臭気発生の少ないメッシュバッグ方式の導入を決めた。平成五年、JA遠州中央が事業主体となって施設・機械を整備・貸与し、生産組合の組合員一二戸が主体的に堆肥生産の管理運営にあたることになった。

堆肥化作業は、組合内を立地条件などにより五つのグループに分け、個人の作業、グループ単位の作業、全組合員による協同作業の三つからなっている。

まず、豚舎から搬出した糞尿は各農家の堆肥舎でおがこなどにより六五％に水分調整し、二～四週間一次発酵させる。その後、グ

ループごとに整備されたスクリューコンベヤーにより、均一化を図りながらメッシュバッグへ詰め込み、グループごとの集積場で三〜五か月間発酵保管する。その後、耕種農家の希望に合わせてメッシュバッグのまま、あるいは小袋に詰め替えて、農協を通じて出荷している。

切り返さず、悪臭なしで良質堆肥に

メッシュバッグは容量一㎥の円筒形をした塩ビ製で、全体が二㎜のメッシュでできている。そのため通気性がよく、各農家で水分調整を適正に行なえば、二次発酵以降の切り返しをしなくてもいいので手間が省け、切り返し時の臭気に悩まないで済む。

また、二㎜のメッシュ構造がハエの進入（脱出）を防ぐ。緑のカラーバッグで包むことにより、イメージ公害になりやすい糞尿を視覚的に改善する効果も生み出している。

さらに、特に大きなスペースを必要とする堆肥舎がいらない上に、発酵状態がよく、二次発酵中の温度も八五℃にまで上昇し、三〜五か月後には豚糞臭や汚物感がなくなった堆肥が出来上がる。耕種農家へ堆肥を運ぶときも道路にこぼすことがなくなり、評判もよい。

製品堆肥はトンボの町にちなんで「トンボ有機」の名称で特殊肥料の届出をしており、遠州中央農協を窓口に地域特産のチンゲンサイ、白ねぎ、米、キク、茶、イチゴ、レタスなどの栽培に使われている。連用試験を含む施用試験や耕種農家との情報交換を実施しており、組合員は自信を持って製品を供給している。

筆者（磐田市良質堆肥生産組合・組合長）

堆肥生産組合の概要

組合員の経営形態	種豚生産	2戸
	子豚生産	4戸
	一貫経営	6戸
飼養頭数	種豚	800頭
	肥育豚	3,500頭
整備施設・機械	共同作業所　195㎡	1棟
	堆肥運搬車（ユニック付き）	
	堆肥袋詰機	1式
	堆肥切り返し機	5台
	スクリューコンベヤー	5台
	簡易堆肥器	2,685袋

メッシュバッグはアンモニアの揮散を防ぐ

バッグ内部では発酵温度の上昇にともなって、150ppmを超える高濃度のアンモニアガスが発生しているにもかかわらず、バッグ外部ではおよそ10分の1の濃度になる。これは温度の高い水蒸気とアンモニアガスが外部へ出ようとするとき、バッグに接触することで液化し、アンモニアガスを水滴に溶かし込み再び堆肥中に戻し、堆肥に吸着させることによって脱臭しているものと推察される（福光、1991）。上蓋をファスナーで閉じることにより堆肥を完全に覆ってしまうというバッグの構造が防臭効果に大きな役割を果たしているようである。

さらにこのことは防臭効果ばかりでなく、ハエの発生を抑制する効果もある。糞尿中に含まれているハエの卵は大部分が発酵熱により死滅するが、たとえ羽化したとしてもバッグのメッシュより大きいハエは外部に出ることができず結局死滅してしまうのである。

（渡辺千春『農学技術大系畜産編』）

副資材で水分調整、一次発酵が大切

生産組合では、製造方法の検討や定期的な製造工程の調査をこれまで何度も行なってきた。その中で得られたポイントをいくつか紹介する。

まず、何と言っても一番初めの水分調整が大事である。必ずおがこなどの副資材で六五％の含水率となるように水分調整を行なう必要がある。副資材の選び方にも工夫が必要で、細かい粉状のものより、形が多少残っているもののほうがよい。また、メッシュバッグへ詰め込むときは、温度が上がり始めてからのほうが発酵がスムーズに進む。

これらのことが適切に行なわれていれば、三か月もすれば豚糞臭や汚物感のない良質な堆肥が出来上がる。もし三か月たっても堆肥温度が外気温に近い温度まで下がっていないときは、もう少し寝かせる必要がある。耕種農家で施用後に臭いが発生するからである。また、メッシュバッグを保管するときは、パレット（すのこ）の上に必ず置き、上からブルーシートを掛けることを忘れてはならない。

なお、これまで五回ほどメーカーの依頼を受け、改良型メッシュバッグを使った堆肥化試験も行なった。試作品は、バッグの底部や取出し口などに改良を加え、機能性をさらに追求したものや、素材を変えてコストダウンをねらったものなどがある。しかし、今のところ最初に導入したタイプが最も使いやすく、今後の改良に期待したい。

各農家の堆肥舎で1次発酵（2～4週間）

各グループでメッシュバッグに詰め込み。ホッパー付きスクリューコンベヤー使用（均一化も兼ねる）

各グループの集積場で2次発酵・保管（3～5か月間）

組合の共同作業所で小袋詰め（各グループの堆肥を混合・均質化）

使い続けて一〇年、まだまだ使える

メッシュバッグ方式は新たに堆肥舎を造ら

メッシュバッグは何回でも使用できる。10年経過しても、まだまだ使える

メッシュバッグに入った状態で出荷。ユニック付きダンプで運搬

メッシュバッグへの詰め込みはスクリューコンベヤーでなくとも、リフトとショベルを使うだけでもよい

小袋で出荷。堆肥成分は乾物あたり窒素全量2.88％、リン酸全量3.98％、カリ全量1.05％、C/N比14.9、水分含有率58.1％

なくてもいい上に、家畜排せつ物法にも適合している。個人で導入する場合であっても、中古のショベルローダーとリフトさえあればメッシュバッグに詰めることができる。ダンプにユニックが付いていなくても、リフトとローダーがあれば堆肥をダンプに積み替えて耕種農家へ運ぶことができる。作業量も中小規模なら切り返し作業が初めの一～二回で済み、バッグへの詰め込み作業も二～三週間に一度で済む。あとは三か月間寝かせておけばいいのである。

施設整備した当初は、メッシュバッグの耐用年数は五年ということだったが、一〇年を経過した現在でもまだまだ充分使える。

磐田市では、県、市、農協、農家などが連携し、環境にやさしい農業を目指し、各種の検討会などを定期的に開催している。生産組合でもこれらの組織と連携を図りながら活動している。特に環境保全とあわせ、有機物による土づくりの推進による持続型農業の確立を通じ、環境にやさしい農業の中心をなすよう努力していきたい。

（静岡県・磐田市良質堆肥生産組合）

二〇〇四年四月号　メッシュバッグ方式で切り返し不要、悪臭なし

遮水シート利用の低コスト堆肥化施設

三上隆弘・須藤純一　北海道酪農畜産協会

簡易で低コストな堆肥化施設が、北海道の畜産試験場と酪農家で試作されている。おもに中小規模経営で活用できる固形物糞尿対応の施設である。いくつかのタイプのうち、シート利用糞尿処理施設について紹介する。

一㎡当たり三〇〇〇円と、安くて簡単

この施設は底部に遮水シートを敷いて糞尿成分の地下浸透を防ぎ、上に被覆シートをかけて屋根代わりとしている。家畜排せつ物法をクリアでき、農家が自力施工できるきわめて簡易な施設であることが最大の特徴である。床土に花崗岩風化物（あるいは火山灰）を敷いて、遮水シートの上に作業機械が入れるようにしている。また、高水分の糞尿の堆積貯留にも対応できるように床土の中に集水管（暗渠管）を埋設し、排汁が抜けるように工夫されている。

糞尿をすべて一カ所で管理しようとすると、大きな施設になって建築コストが高くなる。また、できた堆肥を還元圃場に運搬するための移動機械や作業労働も必要になる。いっぽう、この施設では設置に要する費用は一㎡当たり三〇〇〇～四〇〇〇円程度で、堆肥舎の補完だけでなく、圃場周辺に複数設置することも可能である。とくに中小規模経営や自給飼料畑が飛び地で分散している牧場に有効である。

また、搬入する糞尿の状態によって盛土の高さを調整したり、経営や設置場所の条件によって多様な形態をとることが可能である。堆肥盤のように四角あるいは並列で細長く作ることもできる。

施設は一〇〇㎡規模であれば数日で造成可能である。ただし、シートの敷設に人手を要するので共同作業が便利である。

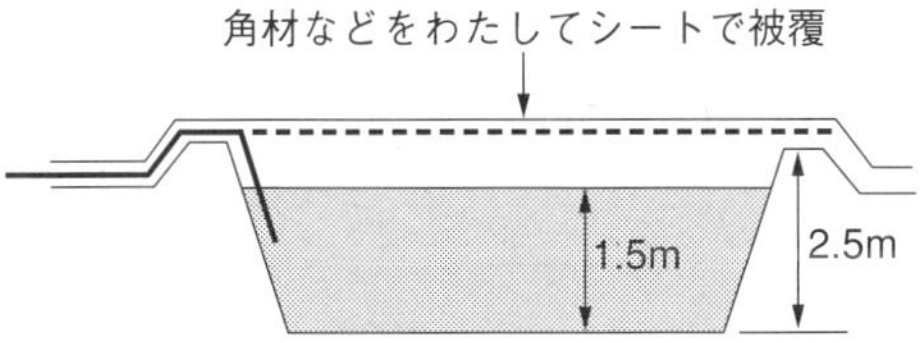

排汁は、排汁槽で漏らさず回収する。排汁槽の容量は搬入する糞尿の量と堆積期間などで決める。堆積期間の途中で汲み出すとすれば10t程度の容量があれば十分対応できる。排汁槽もシートが利用できる。コンクリート土管や中古の飼料タンクなどが入手容易なら、それらでも代用可能

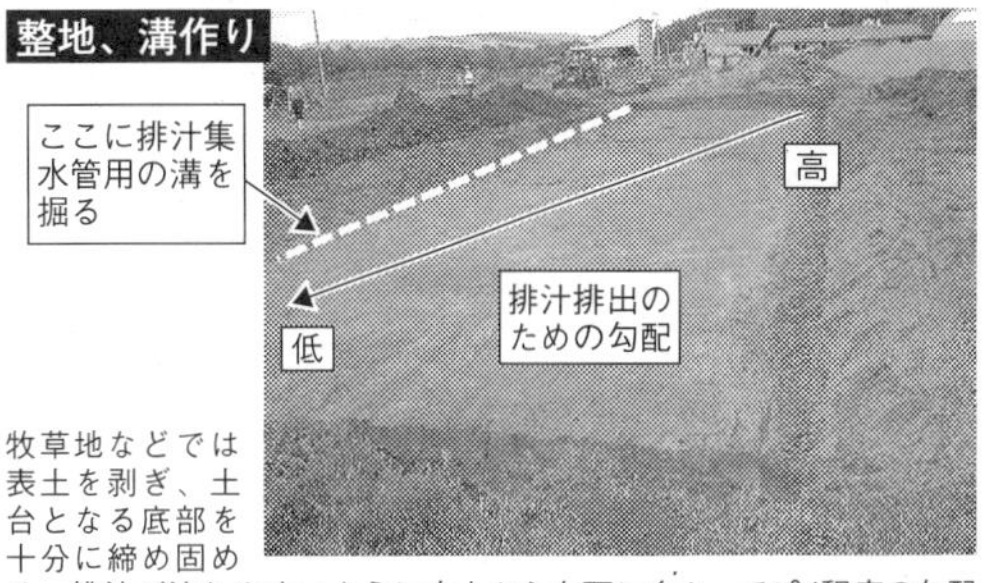

牧草地などでは表土を剥ぎ、土台となる底部を十分に締め固める。排汁が流れやすいように右上から左下に向かって2%程度の勾配をつける。石などの突起物は底部シート破損の原因になるので、除去するか砂などで被覆する。排汁集水管用の溝を掘っておく（排汁が流れやすいように排汁槽に向かって緩やかに勾配をつける）

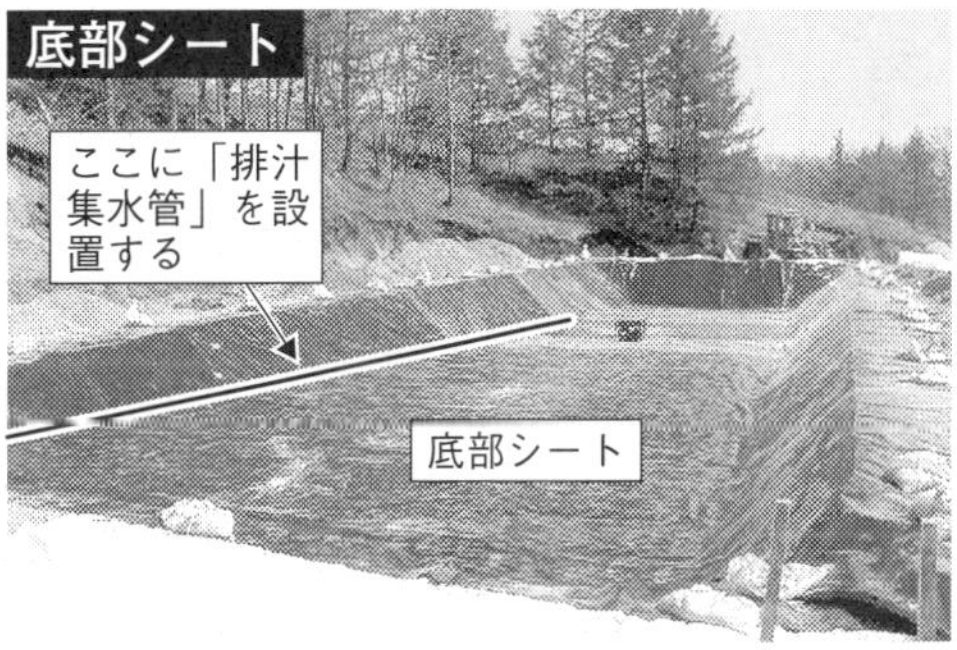

床土の上にダンプなどで糞尿を搬入し、堆積後、雨水が入らないように被覆シートで施設全体を覆う。被覆シートが風でバタつかないように砂袋や古タイヤなどで固定

底部シートの上に床土を入れる。床土は50㎝程度敷き詰め、タイヤショベルなどで沈下しなくなるまで締め固める

高水分の糞尿は水分をとってから

水分が八四％以上の半固形状糞尿の場合には堆積できないため、この施設は利用できない。また、固形の糞尿であっても、水分が八〇～八四％と高い場合には堆積によって排汁が多く排出されるため、床土が泥濘化しやすくなる。

そこで、高水分の糞尿の場合は一次貯留の堆肥舎などで、排汁をある程度出しておくことが必要である（次ページのかこみ記事参照）。施設の大きさについては、飼養規模と規模の関係を算定したので参考にされたい（表1）。

水分がぬけるのでちょっとの切り返しでOK

堆積してシートをかぶせただけの状態でもゆっくりと堆肥化が進むが、圃場に還元できる堆肥にするには、副資材による水分調整や切り返しによって温度を上げる必要がある。しかし、排汁として水分が抜け、糞尿の取り扱い

性が大きく向上するので、その後の堆肥化は比較的容易である。

　排汁が多すぎて床土の表面にたまる場合は、表面から直接排汁を回収することが必要である。床土の上に暗渠管を設置したり、縦に集水管を設置する。さらに、施設に糞尿を堆積していない期間は雨水の流入を防ぐなど、床土の管理に十分配慮することが大切である。

　なお、シートに利用できる資材をいくつか紹介しておく（表2）。ただし、これらに限るわけではないので、地域の資材メーカーと相談するとよい。

　この施設は多様なケースに応用できるので、自分の経営内容や地域の条件にマッチした方法を工夫することが重要である。

（二〇〇三年八月号「野積み」の代わりにシート利用の堆肥化施設）

表1　1か月分の糞尿量と必要面積の目安

頭数	敷料が多い場合（10kg/頭・日）			敷料が少ない場合（2kg/頭・日）		
搾乳牛換算頭数※	糞尿量（t）	必要面積（㎡）	半年貯留での排汁量（t）	糞尿量（t）	必要面積（㎡）	半年貯留での排汁量（t）
40	74	92	11	64	93	10
60	111	118	17	96	136	15
80	147	147	22	128	178	19

〈※搾乳頭数＋（乾乳＋育成）×0.5〉

表2　底部シート資材の種類と特徴

資材名	厚さ	価格の目安	備　考
EVAシート（エチレン酢酸ビニル集合体）	0.4～0.8㎜	300～600円/㎡	安価で耐寒性が高い。簡易スラリー貯留槽やトンネルの遮水工事に利用されている
塩化ビニルシート	0.5～1.5㎜	500～1,400円/㎡	低温により劣化しやすい
加硫ゴムシート	1.0～2.0㎜	1,600～2,400円/㎡	耐寒性・耐久性に優れ、遮水シートとして多く用いられている
ポリエチレンシート	1.5㎜	2,500円/㎡	高価だがより耐寒性が高い

排汁を出すための堆肥舎

　堆肥化の基本は家畜糞尿からいかに水分を抜き、空気を入れるかである。この施設は屋根が片流れ式で前面開放型の堆肥舎である。施設内は四区画に壁で仕切り、右側二区画は壁にスリットを、床には塩ビ管のパイプ型排水溝を入れ、床全体は手前に三％の勾配をつけて排汁の排出を促進する。糞尿の搬入・搬出作業は左から右へと順次行ない、次区画への移動はおおむね一か月間とし、切り返しを兼ねて移動作業を行ない、排汁排出と発熱を促進する。この施設では糞尿を堆積するので、敷料などの副資材が一定量必要になる。また、こまめな切り返し作業が必要である。

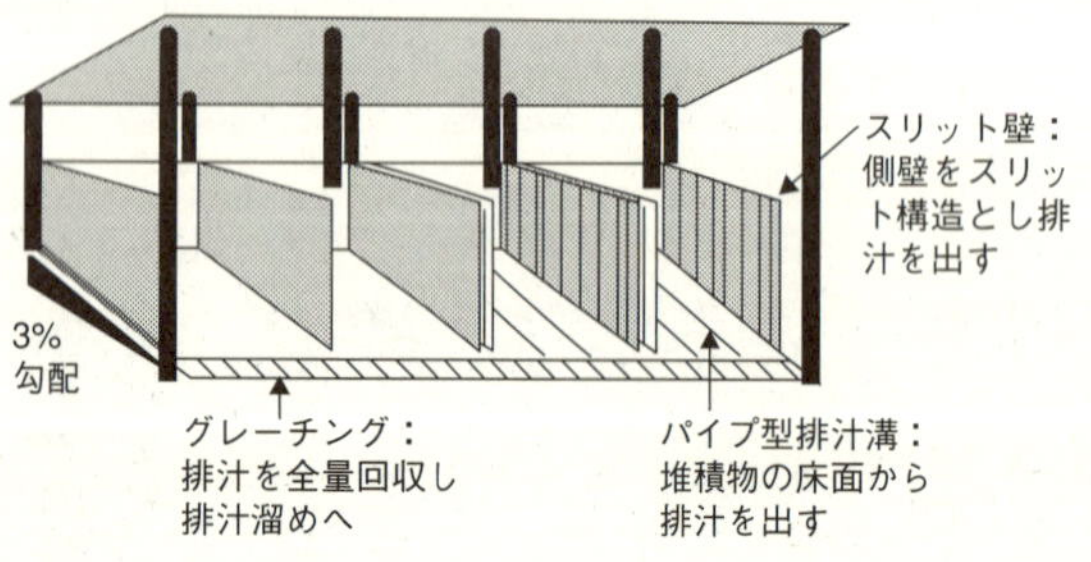

　施設の右側には排汁溜めを埋設し、グレーチングを通して排汁が回収される。排汁は適時くみ上げて尿溜槽に移すので、全量を貯留する容量は必要ない。オプションとして左側二区画に送風管を床にいれ、ブロアーで送風して発熱と腐熟化をより促進する。送風管は目詰まりを起こしやすいので、搬入する糞尿の敷料資材や水分に十分注意する。

あっちの話こっちの話

馬糞堆肥に変えたら、ナスの青枯病が消滅

吉瀬正彦

このごろコンパニオン・プランツ（共栄作物）という、互いにいい影響を与え合う作物のことが話題になっていますが、作物と堆肥の間にも、それに近い関係があるのではないかと思っています。

「イチゴにはもみがら堆肥が合うようだ」とか、「豚糞堆肥でじゃがいもを作れば、そうか病がでない」などと言われています。先日、黒木町のナス農家にお邪魔しましたが、やはりナスにも、そういうことはあるようです。

以前、この辺りのナス農家は、青枯病にすっかり痛めつけられていました。ひどい時は、ハウスの半分をやられてしまう農家が続出したそうです。しかし、馬糞堆肥に変えてみたところ、あれほどひどかった青枯病がすっかり姿を消してしまったということです。今では熊本などから共同で馬糞を購入し、堆肥づくりをしているということでした。

一九九〇年九月号

コンテナ利用 切り返しなし、しかも短期間で牛糞堆肥づくり

鈴木禎之

牛糞堆肥の難点は、発酵して堆肥になるまで長い時間がかかることと、ときどきしなければならない切り返しがとても面倒なこと。群馬県新田郡尾島町前小屋で、昨年からヤマトイモを始めた岡田正之さんから、とても簡単な堆肥のつくり方を聞きました。

牛も飼っている岡田さんは、自分の牛の糞を堆肥にしようと考えています。今、岡田さんがやってみようと思っているのは、ヤマトイモのコンテナを利用する方法です。わらをまぜこんだ牛糞を、ヤマトイモを保管しておくコンテナに入れ、そのコンテナを積み重ねてシートをかぶせておくのです。すると、三、四週間で、切り返しもせずに、牛糞堆肥ができてしまうらしいのです。

岡田さんによると、一か所に積んだまま発酵させると、空気が牛糞の中心までなかなか届かないので、何度も切り返しをしなければなりません。ヤマトイモのコンテナに入れると、牛糞と空気が触れ合う部分が大きくなって、発酵するまでの時間も短くなるし、切り返しの手間も省けるのではないか、ということです。

どうせ、ヤマトイモの収穫・保管期間以外は、コンテナは、倉庫に積んであるだけです。これを利用しない手はありません。また、できた堆肥を、コンテナごとトラックに積んでそのまま畑へもっていけるのも、大きな魅力です。

岡田さんの場合は、ヤマトイモのコンテナを使うつもりですが、密閉されておらず、空気の出入りが自由な容器であるならば、どのような容器でもかまわないと思われます。

一九九〇年七月号

戻し堆肥の敷料で牛の病気が減る

畠中哲哉・伊吹俊彦
草地試験場

戻し堆肥とは

乳牛の生糞は水分率が八〇％前後と高く、これを堆肥化する場合には多量の水分調整材を添加して、開始時の水分率を六〇～七〇％までに下げなければならない。従来はわら類が多く用いられていたが、一九八〇年代に入ってこれらの資材の入手が困難となり、かわってバークやおがくず、もみがら、落花生がら、コーヒーかす、プレナーくず、新聞紙などの、身近で入手できるさまざまな資材が用いられている。なかでも、主流はおがくずなどの木質系資材である。ところが木質系資材は、乳牛の疾病の温床となったり、分解が不十分な状態で堆肥として畑に還元されたとき、作物に悪影響を及ぼすなど、種々の問題を抱えている。

そこで、多頭化が著しい酪農経営のフリーストール牛舎では、堆肥化を行なうための多量の水分調整材が不足する場合に、乾燥糞や発酵堆肥を牛床の敷料や水分調整材として利用したり、発酵堆肥を生糞に混合して堆肥化する方式が多く用いられるようになってきた。このように、乾燥糞や発酵堆肥の一部を牛舎の牛床の敷料や生糞の水分調節資材として用いることを「戻し利用」もしくは「返送利用」と呼んでいる。そして、通常「戻し利用」に用いる堆肥を「戻し堆肥」と称している。

戻し堆肥システムの概要と特徴

戻し堆肥システムとしては、出来上がった堆肥を種堆肥として戻し利用する方式と、牛舎の牛床の敷料および水

図1 戻し堆肥システムの概要（模式図）

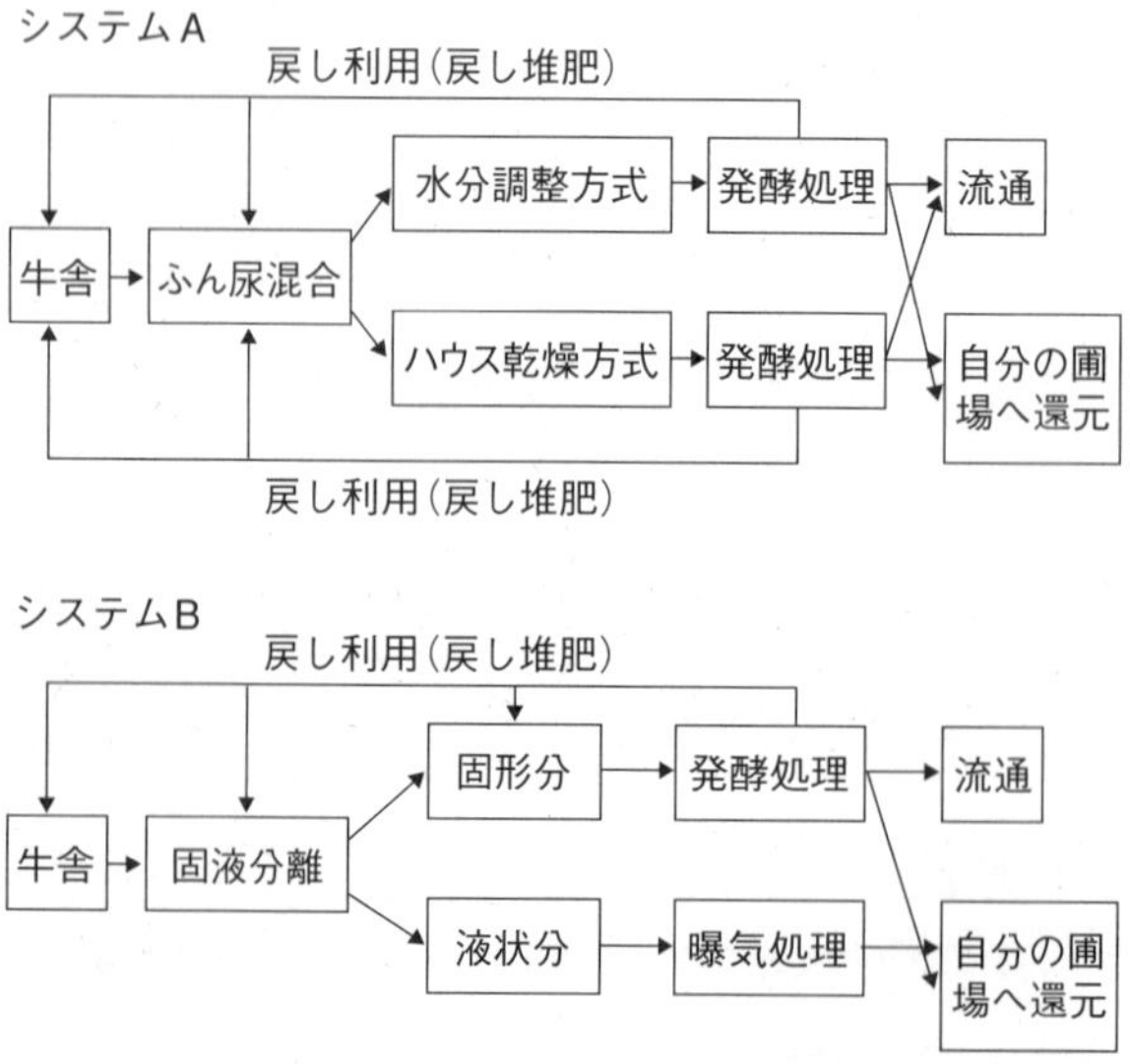

分調整材として戻し利用する方式の両方があげられる。

戻し堆肥を利用する堆肥化には、糞（固形分）と尿（液状分）を一緒に混合して処理する場合と、糞と尿とに分けて処理する場合とがある（図1）。

図1のシステムAは、糞尿を混合して乾燥ならびに堆肥化処理する方式で、①牛床への十分な敷料や水分調整材が入手可能で、これらの資材を活用して糞尿混合物を堆肥化するシステムと、②敷料や水分調整材が入手困難なことから、糞尿混合物の水分をハウス内に設置したかくはん機で乾燥ならびに堆肥化するシステムに大別される。この方式には、密閉型強制発酵機や開放横型の堆肥化施設などが含まれ、全国に広く普及している方式である。

システムBは、水分調整材を用いず、糞尿を固液分離したのち固形分を堆肥化する方式である。

システムA、Bともに出来上がった堆肥を種堆肥として、または敷料や水分調整材として戻し利用するのである。

戻し堆肥システムは、飼育頭数に対して農地面積が狭く、圃場還元に大きな制約を受けるような地域、あるいは周囲の住居環境に非常な注意を払いながら糞尿処理を行なわなくてはならないような、混住化および都市近郊などの地域で多く見受けられるシステムである。

ただし、本システムは、発酵を順調に進行させるための発酵堆肥化施設や乾燥施設への大きな投資、施設のランニングコストや水分調整材の購入費を伴うなど、一般にかなりの経費が必要となる。

乳房炎など病原性の微生物を抑制

戻し利用方式の堆肥化施設で、発酵過程にある堆肥の病原性微生物を調査した。

大腸菌は、発酵槽に投入後一週間以内に検出限界（10^2ＣＦＵ／g現物）以下に減少する。また、乳房炎の原因菌の一つであるクレブシエラ菌は、杉おがくずに一〇五台存在しているが、二～三週間の発酵で検出限界以下になることが判明した。

ある酪農家の例は、フリーストール牛床の敷料におがくずを用いていた時期は、クレブシエラ性乳房炎が多発して数頭の乳牛を廃用した苦い経験を持っていたが、戻し方式の堆肥化施設を導入してから、堆肥中のクレブシエラ菌数が確実に低下し、クレブシエラ性乳房炎の発生が確認されていない。

良好に発酵した堆肥には、乳房炎の原因菌である大腸菌やクレブシエラの増殖を抑制する作用があり、その一要因として、堆肥中の優勢菌種が抗菌物質を産出している。そして、この堆肥を敷料として戻し利用したところ、乳房炎の発生が激減したことが報告されている（細田、1997）。

戻し利用方式で発酵処理した堆肥を敷料として利用する方法は、クレブシエラ性乳房炎対策としてきわめて有効といえる（表1）。

表1　戻し堆肥使用での疾病の発生状況　（細田）

期間	発生件数	内訳（件）		
Ⅰ '91.8～'92.7	62	1）繁殖障害	31	（50　）
		2）消化器系疾患	18	（29　）
		3）乳房炎	6	（ 9.7）
Ⅱ '92.8～'93.7	78	1）繁殖障害	28	（35.9）
		2）乳房炎	14	（17.9）
		3）消化器系疾患	13	（16.7）
		3）肢疾患	13	（16.7）
		趾間腐爛	3	
Ⅲ '93.8～'94.7	81	1）乳房炎	25	（30.1）
		2）繁殖障害	17	（21　）
		3）肢疾患	13	（16　）
		趾間腐爛	9	
Ⅳ '94.8～'95.7	43	1）繁殖障害	13	（30.2）
		2）肢疾患	9	（20.9）
		趾間腐爛	5	
		3）乳房炎	6	（13.9）
		3）消化器系疾患	6	（13.9）

注 網掛け：戻し堆肥使用。甚急性乳房炎の発生なし

戻し堆肥の発酵経過と成分の変化

ここでは、天井クレーン型堆肥切返し装置を利用した堆肥化施設での調査結果を紹介する。

戻し堆肥の発酵経過

堆肥化過程での温度、重量、水分率、有機物の変化と有機物の分解について、夏期の結果を図2に示した。

まず発酵過程での温度変化をみると、夏期および冬期ともに最高温度は二～三週間後に七〇℃を超えていた。とくに夏期は七八℃まで上昇した。

堆肥の現物重量は、夏期では開始時四六tあったものが四週後には半分以下の二二tとなり、六週後には一七t（開始時の三七%）に減少した。一方、冬期では開始時三七tのものが四週後に二八t、六週後に二四t（開始時の六五%）となり、夏期に比べて減少程度が小さく、季節による違いが明瞭であった。

水分率は、夏期では開始時七六%のものが発酵によりしだいに低下し、七週後には六三%にまで低下した。しかし、冬期では七〇%台にとどまり、戻し利用を進めるには出来上がった堆肥の水分をさらに下げる必要があった。

有機物の分解率は、六週後に夏期では五二%であったが、冬期には三〇%であった。季節の違いはあるものの、有機物の分解はかなり進んでいた。

図2 堆肥発酵経過

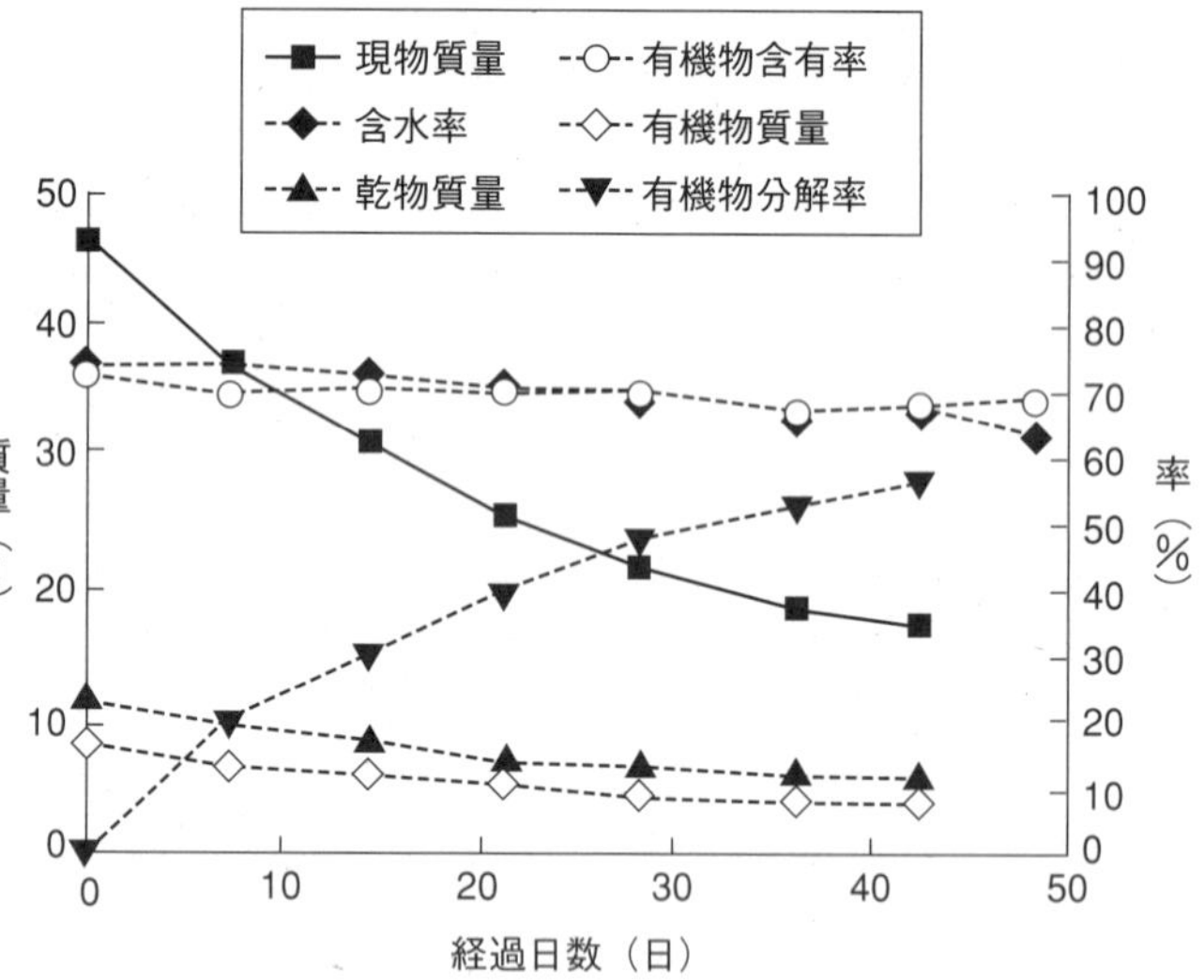

（天井クレーン堆肥切返し装置利用）
1995年7月20日～9月6日

堆肥の腐熟度

七週間発酵処理して出来上がった堆肥の水分はやや多めで、水分調整材に使用した杉おがくずの形態もとどめている。しかし堆肥の色は全体に黒褐色を呈しており、糞臭やアンモニア臭はなく、落ち葉の腐ったような臭いがする。なお、この堆肥化施設では出来上がった堆肥を戻し利用しているので、発酵促進用の微生物資材は使用していない。

現場で簡単にできる総合的判定法に基づいて腐熟度を判定した結果、夏期の場合、色：黒褐色（一〇点）、形状：現物の形状をとどめる（二点）、臭気：堆肥臭（一〇点）、水分：六〇%前後（五点）、堆積中の最高温度：六〇～七〇℃（一五点）、堆積期間：木質物との混合で二〇日～六か月（一〇点）、切返し回数：七回以上（一〇点）、強制通気：あり（一〇点）で合計七二点となり、判定基準から中熟堆肥と判定された。

冬期の場合は水分が七二%で二点、これ以外の項目は夏期と同様なため合計六九点となり、夏期と同様に中熟堆肥と判定された。

ちなみに合計点数による判定基準は、三〇点以下が未熟、三一～八〇点が中熟、八一点以上が完熟となっている。

コマツナ種子の発芽と根伸長が堆肥の水抽出物（六〇℃、三時間）で抑制される程度を調査した結果、幼植物の生育を阻害する成分は四～五週でほとんど消失すると推定された。

堆肥成分の変化

堆肥のpH、無機態窒素、全炭素、全窒素およびC／N比について調べた。

夏期では、pHは開始時に八・四であったが、五週後に九・三まで上昇し、後半になって八台に低下した。冬期では五週目までの傾向は夏期と同様であったが、後半は夏期と異なって九台で推移した。

無機態窒素は、夏期では三週目までアンモニア態窒素が増加・優先したが、日が経つにつれて低下した。一方、三週目から多量に硝酸態窒素が検出されはじめ、出来上がった堆肥は大部分が硝酸態窒素で占められた。冬期では、アンモニア態窒素の生成量は堆肥化期間をとおして夏期より多かったが、硝酸態窒素の生成量は夏期に比べて劣った。しかし、冬期でも、六週間経過後にはアンモニア態窒素とほぼ同量の硝酸態窒素が生成した。夏期および冬期ともに、有機態窒素が分解してアンモニア態窒素になり、さらにアンモニア態窒素が硝酸態窒素へと変化していることから、腐熟化は順調に進行すると考えられる。

全炭素含量は、夏期と冬期がそれぞれ乾物当たり三四～三九％、三九～四二％、全窒素含量は同様にそれぞれ一・六～一・八％、一・八～二・〇％の範囲内にあり、夏期に比べて冬期のほうが高く推移した。

全炭素含量および全窒素含量ともに発酵が進むにつれて低下する傾向を示した。したがって、C／N比は発酵が進むにつれて低下する傾向を示し、この傾向は季節が異なっても変わらず、一九～二三の範囲内で推移した。出来上がった堆肥のC／N比は一九～二〇であった。

堆肥中の塩類濃度の上昇

牛糞尿には、カリウムやナトリウムなどの塩類が多く含まれている。堆肥化を行なう際におがくずやわら類などの水分調整材を混合すれば、それらの資材によって糞尿中の塩類が希釈されるために、出来上がった堆肥中の塩類はさほど高くならない。ところが乾燥糞や発酵堆肥を戻し利用する場合には、戻し堆肥からもたらされる塩類がしだいに蓄積されて、堆肥中の塩類濃度が高くなりやすい。

もちろん出来上がった堆肥の塩類濃度は、戻し量の多少によって変わる。塩類の多くは尿に多く含まれるので、糞と尿をともに処理する場合や発酵中の堆肥に尿汚水を散布する場合に高くなりやすい。

戻し利用した堆肥中の塩類濃度を適正なレベルに保ち、堆肥化を順調に行なうためには、糞だけの戻し堆肥よりも、容積比で三〇％程度は水分調節資材を混合する方式のほうが良好な結果を得やすいという事例もある。

導入での注意点 発酵温度七〇℃以上

戻し堆肥を牛床の敷料として用いる場合、十分に発酵した堆肥を用いることが重要である。発酵中の堆肥温度を七〇℃以上に上昇させて、糞中に含まれる病原性微生物や寄生虫、雑草の種子などを完全に死滅させないと、これを戻し利用することにより乳牛の疾病を逆に多発させたり、畑の強害雑草を増やしたりする危険がある。また、糞尿を比較的急速に乾燥する処理方式の場合、発酵が不十分であると乾燥糞の水分は低くて適正であっても、戻し利用した際に牛糞の水分を吸収してドロドロの泥ねい状態となり、かえって糞尿処理を困難にした事例もあるので、注意が必要である。

『農業技術大系　畜産編』第八巻　堆肥の戻し利用（戻し堆肥）一九九七年より抜粋

簡易曝気装置で尿をにおわない液肥に

澤田寿和

もともと尿は、家畜に限らず人間の屎尿も、速効性肥料として農業生産に利用されてきました。一般に生尿には窒素が〇・五～一％程度含まれているようです。一tの尿を施用すれば、最低でも五kg程度の窒素量と換算されます。しかし今では畜産農家が自給飼料の生産に利用する程度で、農業分野での利用はほとんどありません。

生尿の問題点は、生尿を散布するとアンモニア等の悪臭が発生することです。飼料作物などの圃場に散布すると、飼料作物の硝酸態窒素濃度の上昇につながります。つまり、耕種農家も畜産農家も生尿を簡単に利用できる状況ではないのです。

曝気液肥なら悪臭なし

鳥取県畜産試験場では、乳牛の尿を簡易曝気とおがくずろ過・植物ろ過で処理しています。乳用牛二五頭規模の搾乳牛舎では、バーンクリーナーで糞尿分離し、糞は堆肥舎で処理し、尿はコンクリート製土管二本の曝気処理槽（四m³）にブロワーで曝気することにより処理しています。現地を見てもっとも驚くのは、曝気槽内に生尿特有の悪臭がほとんど感じられないことでした。曝気槽はたった二本の土管だけです。曝気槽内のアンモニアを検知管で測定したところ、二本の曝気槽とも一ppm以下でした。

曝気した尿は、その後、広さ六〇m²・高さ一mのおがくずろ床で固形物をろ過し、さらに四〇m²の黒ボク土の植物ろ床で処理しています。こうして、悪臭のない、色もほとんどついていない、放流可能な状態にまで浄化されているのです。

一頭一万円でできる簡易曝気処理施設

この畜産試験場の方式を手本に農家実証を計画しました。酪農家では、そのまま圃場で液肥として利用することができるため、おが

酪農家が設置した曝気装置　手前にあるのが、空気を送るためのロータリブロワー。曝気を始めて1～2か月後、中にフワフワした活性汚泥（微生物のかたまり）ができると、におわなくなる。尿によっては活性汚泥ができにくい場合もあるが、うまくできた人からゆずってもらうのもよい

鳥取県畜産試験場の曝気槽　たった2本の土管で、乳牛25頭分の尿を悪臭がほとんどない状態に処理できている

くずろ過槽はつくらず、簡易曝気槽のみ設置しました。曝気槽を新たに設けず尿溜を利用したため、初期投資は二〇頭規模で二〇万円ですんでいます。設置から二か月程度で、悪臭がなくなり安定してきました。二四時間連続運転で、機械のメンテナンスは、エアークリーナーの掃除と潤滑オイルの残量チェック程度です。ランニングコストは、電気代が月に四〇〇〇円程度です。

軽トラック載せたタンクから、曝気液肥を流し込み施肥

追肥は流し込むだけ

この曝気液肥を、飼料稲（クサホナミ）の圃場で追肥として利用しました。三枚で七〇aの田んぼのうちの一枚・二八aの圃場で曝気液肥を、別の一枚二八aの圃場では生尿を利用して比較しました。飼料稲の移植は六月八日、液肥利用は七月末～八月末までの一か月間に計四回利用、収穫は九月二十二日です。

五〇〇ℓタンクの液肥を流し込むのに約一〇分かかります。田んぼと牛舎とを往復する時間も含めると、一回一〇a当たり一t利用するとして約一時間かかります。流し込んだ後に、二時間ほど入水し続け、液肥を圃場全体に拡散させます。

施用量は、一回一〇a当たり一t程度、計四回で約四tでした。曝気液肥の窒素は、一t中一kg以下なので、四t施用で四kg以内になると思います。悪臭がないため、液肥を利用する人もまわりの人も、ストレスなしに気軽に利用できます。液肥の効果だけではありませんが、曝気液肥を利用した田んぼでは一二・二ロールの反収でした。冷夏の影響で管内一五haの平均では七・二ロールしか穫れていません。生尿施用圃場の反収が九・五ロールだったのと比較してもずいぶん高い収量となりました。

畜産農家の尿を簡易曝気処理することにより悪臭のない曝気液肥ができるとともに、周辺の耕種農家の理解を得られれば堆肥と同様に利用することが可能です。もちろん酪農家の方々は、自給飼料畑で利用することが可能です。

水田で液肥として流し込む施用法は、すでに化成肥料でも行なわれています。手軽さや肥料効果では化学肥料にはかないませんが、地域内での連携がはかれれば地域の活性化につながるでしょう。飼料稲だけでなく食用米にも利用すれば、有機肥料で栽培した米として自家販売するなど、取り組みに幅が出てきます。今後、全国で取り組みが発展し、各地から情報発信されることに期待します。

（鳥取地方農林振興局　気高農業改良普及所）

二〇〇四年十月号　超低コスト曝気装置でできるにおわない液肥

発酵床なら糞出し不要、豚も健康

山下守さん　熊本県

文　姫野祐子

ボロ出し不要、豚も健康に育つ自然養豚。熊本県・山下守さんの豚舎

豚舎のにおいを自然養豚で解決

「糞尿の処理はお金をかけて設備を整えればできるでしょうが、豚舎のにおいは設備だけではなかなか解消できません」

熊本県の山下守さんは断言する。自然養豚に取り組んでから糞尿処理の問題が解決しただけでなく、においがなくなったことが一番うれしいと言う。においがなくなって一番喜んでいるのは豚たちではなかろうか。本来豚はとてもきれい好きと言われている。ストレスが少ない環境をつくって、豚を健康に育てるのが自然養豚の目的だ。

家畜排せつ物法では、今まで黙認されてきた糞尿の「野積み」や「素掘り」が禁止される。県や保健所の勧告を無視して違反行為を続けると罰金が科せられる。建屋がない場合はシートを掛けるだけでもクリアできるが、今後環境を守ることは必須であり、間に合わせの対策ではなく誰が見ても納得できる豚舎環境をつくる必要があるだろう。

家畜排せつ物法のもう一つの柱は、堆肥の活用促進を図ることである。ただおがくずを混ぜて積んでおいただけの堆肥では耕種農家の利用は進まない。良い堆肥を作ってこそ、畑や田んぼで活かされ、地域で喜ばれる存在としての養豚農家になれるのではないだろうか。

発酵床で糞尿が分解、ボロ出し不要

自然養豚の一番の特徴は発酵床の利用だ。地元の土や腐葉土など土着の微生物を活かした発酵床で、糞尿を分解し外には出さない。熟成した床のほうが微生物が増殖して発酵が安定し、良い発酵床となる。

まず、豚舎の地面を九〇～一〇〇cm掘り下

げる。敷地の条件により、半分掘り下げ、半分床を上げる所もあるが、発酵床自体の厚さは一mにする。床材のおがくずが入手困難な場合は、間伐材や剪定枝のチップを混合してもよい。また、下部にシイタケのほだ木の廃木を敷いて上げ底する方法もある。

おがくずには地元の土と土着微生物と自然塩を混ぜておく。準備した床に豚を入れ、糞尿が加わって、適度な養分と水分の条件が整うと、本格に発酵が始まる。発酵・分解が進んでくると、温度が上がり、有機物の分解を進める微生物がますます繁殖する。豚が動き回ったり、ほじくり返したりするので、自然に切り返されて酸素が補給される。

豚は発酵床を食べるので、腸内で多様な土着微生物が働くようになる。豊かな腸内微生物が胃腸を丈夫にし、健康な豚にしてくれる。山下さんはえさの中にも土着微生物の種菌を一％入れている。

微生物群が働き、発酵床が極上堆肥に

おがくずや糞尿を養分とする微生物は、温度・水分・養分の条件が整いさえすれば、自ら増殖する。わざわざ市販の高価な微生物を購入する必要はなく、周囲の森や林の腐葉土や土を混ぜてやれば十分である。古い発酵床を残しておいて、種にしてもよい。ぬか床をつくる要領と同じだ。微生物の分解力は強く、零下二五℃の極寒の中国でも、豚は床にもぐって元気だ。

また、この有機物を分解する微生物群が優先的に増殖するためか、豚への病原菌の繁殖を抑制する効果があるといわれている。自然界の酵母菌やこうじ菌、乳酸菌、放線菌などの抗菌作用で、豚に寄生する細菌などの繁殖が抑制されるのであろうか。

古くなった発酵床はそれ自体が堆肥化しているので、畑や田んぼに使用することができ

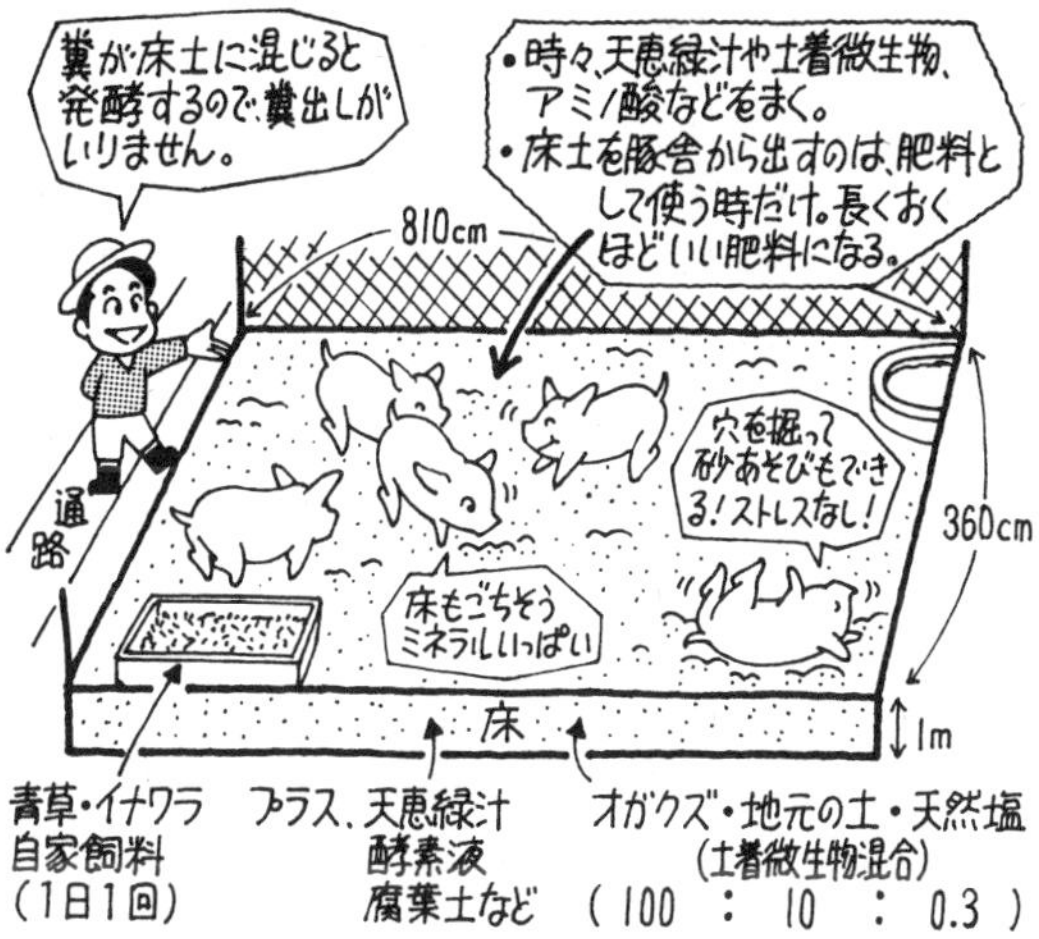

床の発酵が落ち着くまでは、トイレ部分と乾燥部分を混ぜて水分を調節する。とくに冬場は微生物の働きが弱まるので、床の管理に気をつける。水分が多すぎる部分はいったん外に出し、土や土着微生物を加え、環境を整えてから戻してやる。豚が発酵床を食べ床がじょじょに沈んでいくので、床材を補充する

床を掘ると、発酵しているのは表面から40〜50cmで、その下はまっさらなおがくず。この部分が空気を含んで上層の発酵を促し、大雨が降り込んだ時の水の逃げ場にもなる

る。地域の耕種農家に買ってもらっている人も多い。韓国済州島のある自然農業のカンキツ農家では豚を出荷した後、豚舎内に米ぬかや魚粉などの有機質肥料を持ち込み、ボカシ肥を作っている。味の良い無農薬みかんの生産に成功しており、これこそ有畜複合経営の良さではないだろうか。

快適な豚舎、胃腸を強くする給餌の相乗効果

自然養豚のもとである「自然農業」は韓国の趙漢珪氏（㈳韓国自然農業協会）が提唱し、韓国では現在一万五〇〇〇人の会員が取り組んでいる。日本でも趙先生指導のもと、一〇年前から取り組みが始まった。「土着微生物」という言葉も趙先生が提唱したものである。

自然農業の豚舎は、自然の理を活かした構造になっている。屋根は天窓があってトタンでできているので、太陽光線が当たるとすぐ熱くなる。屋根が熱くなるとすぐ下の空気も熱くなり、熱い空気は軽いので天窓から抜けていく。豚舎の脇は壁が開放してあり、外気が豚舎内には引き込まれるように工夫されている。豚は常に新鮮な空気を吸うことができ、湿気も飛んで床の表面が乾燥する。屋根の形は流線形なので、強風にも強い構造になっている。

豚舎は東西に建てられ、太陽の動きによって光線が豚舎の隅々まで行き渡る。また、舎内に日向と日陰とができ、豚は日向で土浴びをしたり、日陰で休んだりしている。床の微生物の発酵にとっても、この自然の林のようなバランスが重要だ。

自然養豚では豚の胃腸を丈夫にするために、子豚の時から粗飼料や青草をたっぷり食べさせ、制限給餌を行なう。丈夫な胃腸と微生物による豊かな腸内微生物でしっかり消化吸収されるので、出てくる糞はにおいが少ない。自然養豚では床の土着微生物の働きだけでなく、総合的な作用が相乗効果をもたらして、におわない環境をつくり出し、健康な豚を育てるのである。

▼サイドカーテンを上げると対流が起こる

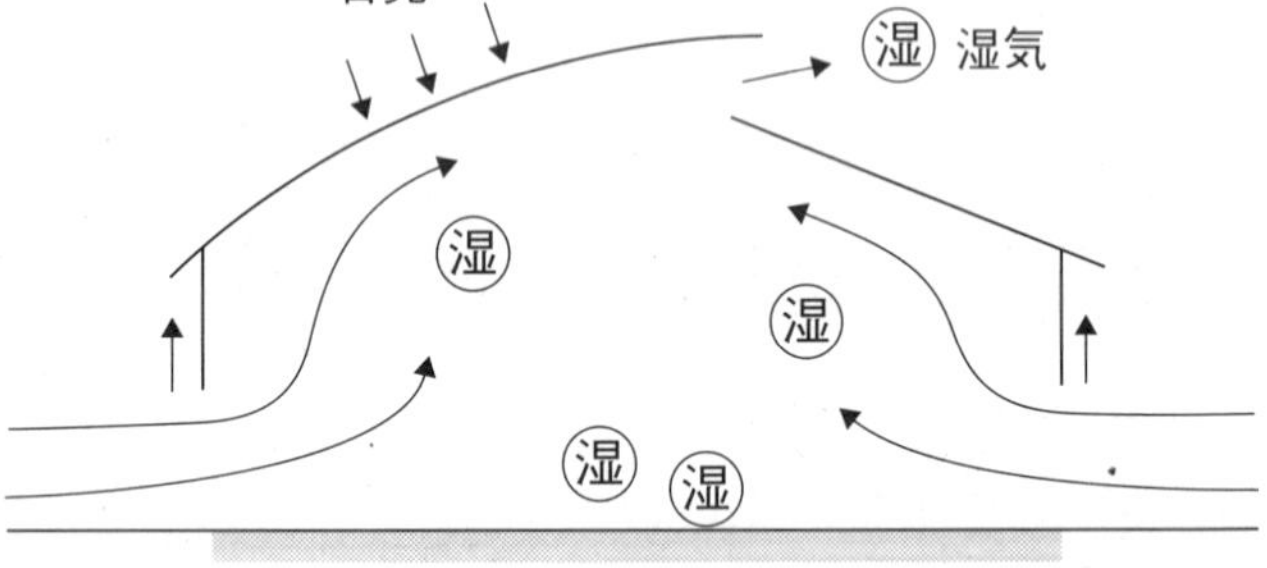

屋根は断熱材などを用いず、逆に熱伝導率の高いトタンを用いることで天窓から空気を逃し、サイドから外気を入れる

▼ごく蒸し暑い時はサイドカーテンを下げる

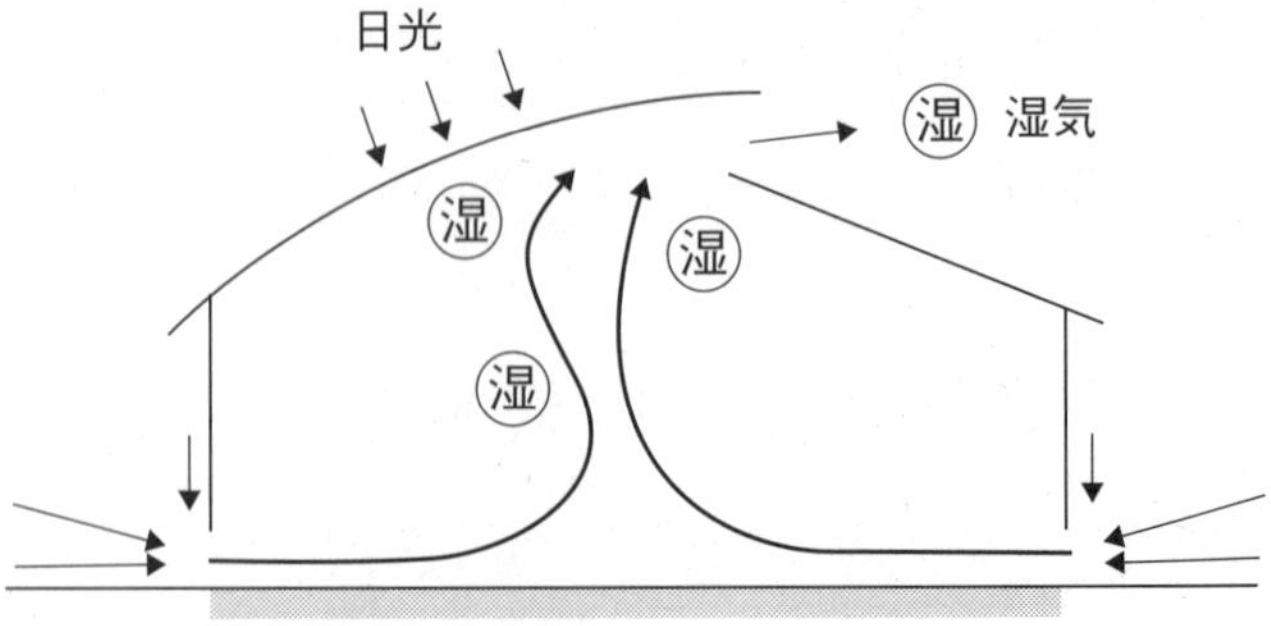

サイドのすき間がせまくなり、屋根に日光が強くあたることで、舎内の風速は増す。家畜が涼しく感じ，床近くの湿気もはらわれる

さらに低コストの積み上げ式発酵床でもＯＫ

自然農業式の豚舎を建てるのが理想だが、今あるコンクリートの床に発酵床を積み上げる方式でも効果を上げている。豚舎の構造により一〇cmくらいの所もあれば、五〇cmくらいの所もある。

鹿児島県樋脇町の高原篤志さんは八年前から積み上げ式でやっている。豚房の周りにガードレールや竹で囲いを作り、四〇～五〇cm積み上げている。人参酵素（にんじんをすりおろし、米・麦・大豆などを加えて発酵させたもの）に土着微生物を混合して土こうじを作り、発酵床にしている。肥育舎はすべてこの方式で、ボロ出しの量は三分の一に減った。土こうじは、えさにも二〇％加えているので糞がにおわず、ボロにも加えて発酵させて極上堆肥で販売している。土着微生物の活用で豚は上物率九〇％だ。「糞尿処理の問題解決だけでなく、豚が健康に育つことがうれしい」と言う。

前出の山下さんの話を聞いて、えさに土着微生物を一％入れた天草町の平山ファーム（母豚二五〇頭一貫経営）は、抗生物質の使用を毎月六〇万円から二〇万円に減らしたそうだ。経費削減としても大きいが「これからは安全なものを消費者に届けたいから」と言う。

豚価の低迷が続く中、生き残っていくには、生産費を下げて上質の豚肉を生産し、安全で環境を守っていることを消費者にアピールし、安定した取引先をつかんでいくしかないのではないだろうか。それには細やかな手がかけられる、中小規模の家族経営にこそ可能性があると感じている。

（特定非営利活動法人　日本自然農業協会）

二〇〇四年三月号　カネ・テマいらずの発酵床で豚は健康

牛糞＋豚糞＋発酵床で良質堆肥

山下守さんは養豚のほか、和牛繁殖（母牛四七頭、子牛三五頭）、温州ミカンも栽培する複合経営農家である。牛舎から出る糞尿は相当な量になるが、なかなか堆肥化が難しい。繁殖和牛はえさも少なめで、よく消化されるので、糞に含まれる発酵材料が少ないからだ。未消化物が多い肥育牛とは異なる。また、発酵床は肥育豚舎だけで、母豚舎・子豚舎はコンクリート床である。発酵床では菌が分解してくれるが、コンクリート床では糞を取り出し、堆肥化しなければならない。

そこで、繁殖和牛の糞に、母豚・子豚舎の糞を合わせることにした。これで堆肥化にとってちょうどいい原料配合となる。さらに、肥育舎の入れ替えで出た発酵床を混ぜた。これで早く発酵が進み、一週間～一〇日ごとに切り返せば、六か月で完全に堆肥が仕上がる。こうして出来上がった堆肥は悪臭がせず、ハエもわかない。（西村良平）

二〇〇三年十二月号

土着微生物による自然養豚9年目の山下守さん

あっちの話こっちの話

繊維質の堆肥でトマトは病気知らず

朽木直文

トマト栽培で、毎年トップクラスの成績を維持している方にお会いしました。福島県中島村のAさんです。

その秘訣は何か？忙しい仕事の合間にうかがったところ、それは繊維質の堆肥をタップリ畑に施すことだとか。

Aさんは、近所の養豚農家から一年間野積みにしておいた豚糞をもらってきます。これに稲わら、もみがら、トウモロコシの残渣などを混ぜるのです。

以前は、河原のヨシも刈ってきて入れていました。ヨシが入るととくに通気性がよくなって病気も出ません。ヨシ刈りはおじいさんの仕事でしたが、最近は、体も弱って大儀になってきたので入れてないそうです。

発酵をよくするために、油かすや米ぬかも加えます。堆肥づくりのポイントは、病原菌が死ぬように七〇℃の発酵温度を何日も保つこと。そしてむらのないように、切り返しを何回もくり返すことが大切です。人力ではたいへんなので、トラクタのフロントローダを使います。

こうして一年。自慢の堆肥のでき上がりです。

一九九四年十月号

猛暑でも着色の良いリンゴの秘密はバーク堆肥

前田欣吾

青森県大鰐町は、高品質で美味しいリンゴがとれると評判の産地。ここの畑の標高は三二〇mで、寒ければ寒いほど美味しいものができるリンゴにとっては絶好の条件です。

昨年は猛暑のせいか、大鰐町でもリンゴの色つきが悪いと皆さん困っていました。しかし藤田義則さんの畑は違います。いつもと変わらずとても色づきの良いリンゴが実っていました。

その秘密をうかがったところ、毎年四月中旬～五月中旬の花の咲く前頃に入れるバーク堆肥が良いのではとのこと。一反歩当たり三〇袋（一袋は一五kg入り、六三〇円）くらいを施します。

バーク堆肥を入れ始めて八年ほどになりますが、三年目からグーンと着色が良くなりました。おかげでハネモノがほとんど出ないほどです。また、無袋でも日持ちが良くなりました。基肥の化学肥料はどんどん減らして、今では反当三～四袋くらいしか入れていません。

藤田さんの見事なリンゴに刺激されてか、近所の畑でもバーク堆肥を入れる人が増えているそうです。

一九九五年五月号

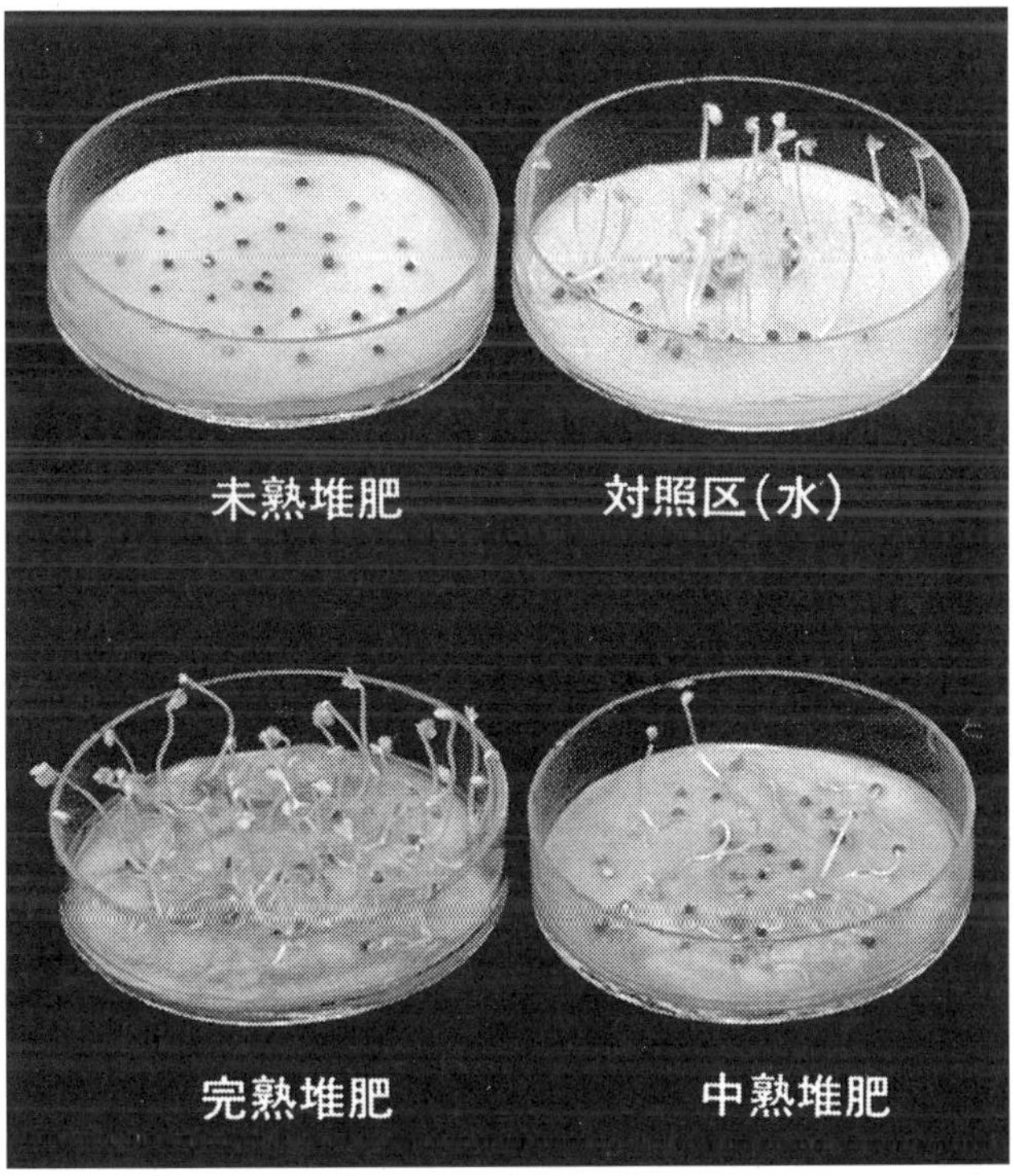

堆肥から抽出した液に、コマツナの種をまく。発芽率や根の様子を観察して、堆肥の腐熟度を判定する

堆肥化の原理と方法

羽賀清典　農業技術研究機構畜産草地研究所

堆肥化の目的

取り扱いやすい堆肥

家畜から排泄された糞尿は、ベトベトして、汚物感があって取り扱いにくい。その原因は水分が高いことと、含まれる易分解性有機物（分解しやすい有機物）が腐敗して悪臭を発生させるからである。

堆肥化過程では、微生物が糞尿中の易分解性有機物を積極的に分解する（第1図）。その結果、汚物感や悪臭が少なく、取り扱いやすい有機質肥料を生産することができる。さらに、堆肥化過程で有機物が分解するときに発生する発酵熱によって、堆肥の温度が上昇し、水分の蒸発が促進され、堆肥の水分を低下させることができる。このときの高温によって病原菌や雑草の種子などを死滅させ、衛生的な堆肥を製造することができる。

土壌や作物に有効な堆肥

生糞をそのまま土壌に施用すると、土壌や作物に悪影響を与えるおそれがある。土壌中で易分解性有機物が分解して多量の二酸化炭素が発生したり、低級脂肪酸やフェノール性酸などの有害物質による害や、生糞に害虫が集まってくることなど、さまざまな悪影響が考えられる。堆肥化では微生物の作用によって、糞尿中の易分解性有機物や低級脂肪酸、フェノール性酸などの有害物質が積極的に分解される。よく腐熟した堆肥は、土壌や作物に害を及ぼさず、土壌微生物の活動を活発にさせて地力維持に結びつく。

有機性資源リサイクルと環境保全

資源循環型社会を迎えようとしているなかで、堆肥化によって家畜糞尿を流通利用することは、有機性資源をリサイクルすることであり、意義は大きい。また、わが国の畜産において環境保全型農業を実現するためには、家畜糞尿から品質のよい堆肥を製造し、耕種農家に有効利用してもらうことが必要とされる。

第1図　糞尿の堆肥化過程

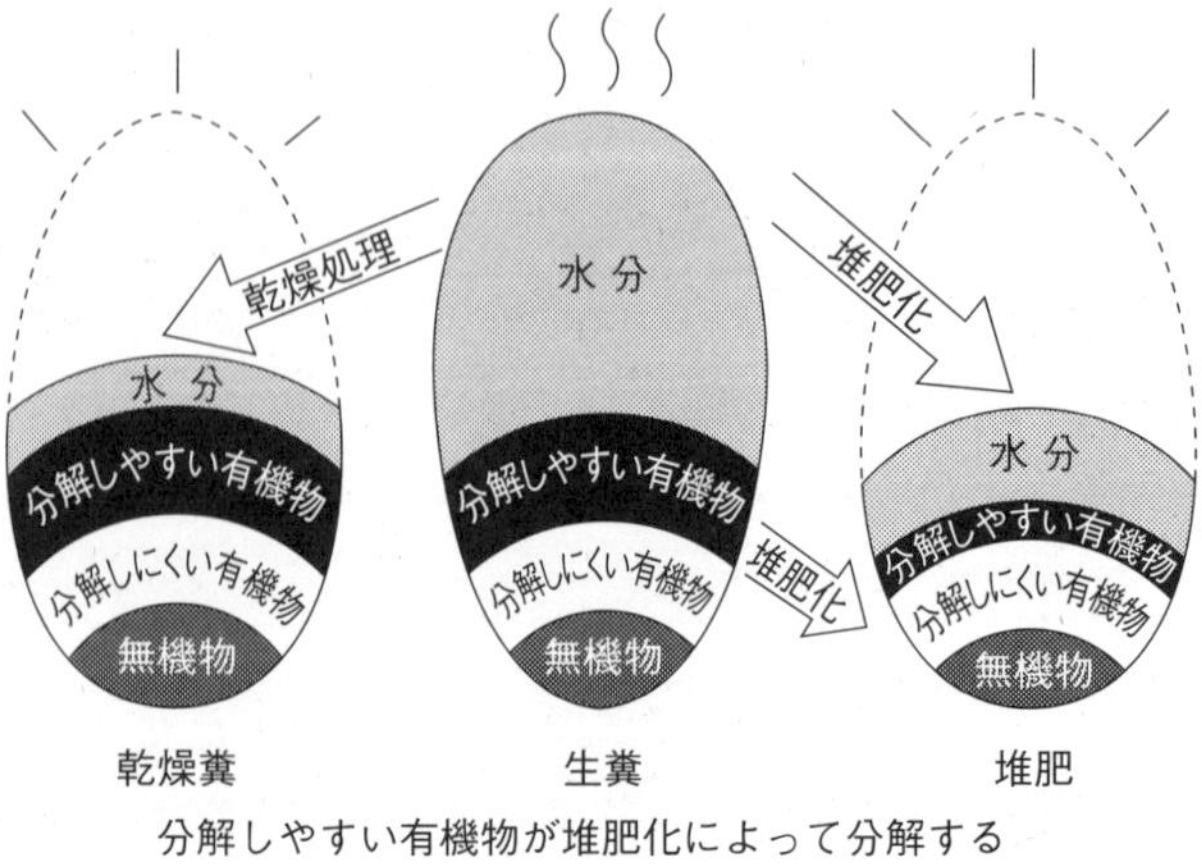

分解しやすい有機物が堆肥化によって分解する

堆肥化を促進する条件

堆肥化の主役は好気性微生物である。好気性微生物とは空気（酸素）を好む微生物で、空気を嫌う嫌気性微生物と区別される。好気性微生物は嫌気性微生物よりも有機物の分解速度が格段に速く、分解に伴う発酵熱によって堆肥の温度を上昇させ、悪臭の発生が少ない。その好気性微生物の活動を活発にする適正な環境条件を整えることによって、堆肥化が促進される。環境条件は、栄養源・水分・空気・微生物・温度・堆肥化期間の六つに整理される（第2図、第1表）。

第2図　堆肥化を促進する6つの環境条件

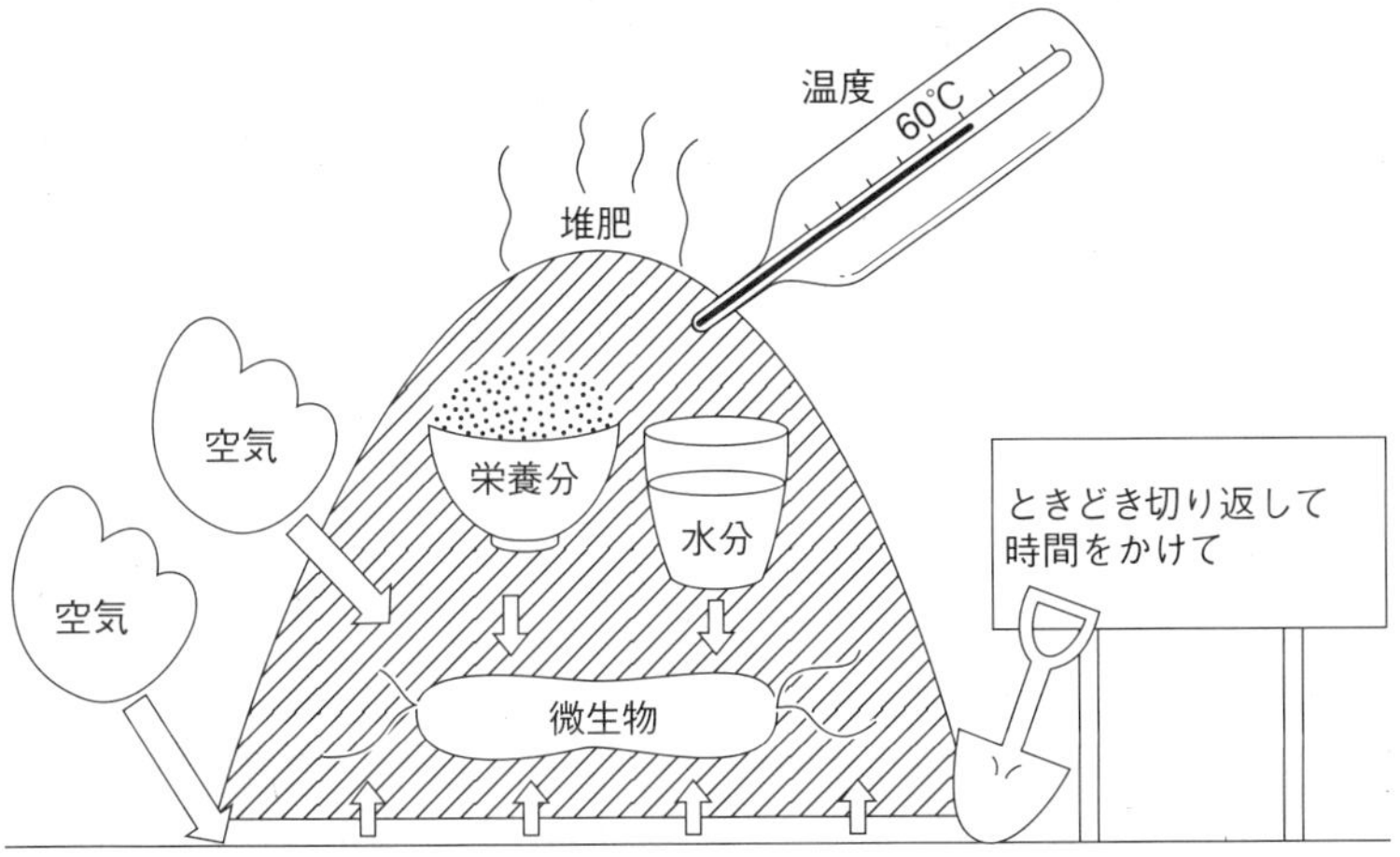

栄養源

①分解しやすい有機物と分解しにくい有機物

家畜糞は水分と乾物（固形物）から成り立っている。乾物は有機物と無機物（灰分）からなり、そして有機物には易分解性有機物（分解しやすい有機物）と難分解性有機物（分解しにくい有機物）がある。微生物の栄養源となるのは主に易分解性有機物である。

②C／N比（炭素率）

栄養バランスとしてC／N比がある。炭素（C）と窒素（N）の比率である。微生物のC／N比は約二〇であるから、C／N比の高い有機物は微生物によって分解され、しだいにC／N比が二〇に近づいていく。しかし、家畜糞のC／N比は低く、牛糞で一五～二〇、豚糞で一〇～一五、鶏糞で六～一〇くらいであり、窒素の割合が高い。したがって、堆肥化過程では、有機物の分解に伴って、余剰な窒素がアンモニアガスとして放出される。

C／N比は、わら類、野菜くず、野草類、樹木類、食品かすなどによってさまざまである。また、食品かすでも植物性と動物性で大きく異なるし、植物性のなかでも豆類はC／N比が低い傾向がある。家畜糞の堆肥化のために従来から混合されてきた副資材のわらやおがくずはC／N比が高い。わら類や樹木類は水分調整だけでなく、C／N比の調整にも大きな役割を果たしてくれる。

また、C／N比や肥料成分の異なるいくつかの原材料を融合コンポスト化（堆肥化）した製品がブレンド堆肥である。たとえば、畜種の異なる糞を用いたブレンド堆肥や、下水汚泥に牛糞をブレンドした堆肥などがある。

第1表　堆肥化を促進する条件の目安

条件	目安
栄養分	十分にある（BOD数万mg/kg以上が目安）。C/N比は窒素過多
水分	60～65%程度に調整する。通気性のよくなるような水分がよく、容積量0.5kg/ℓにできるだけ近づける
空気（酸素）	通気性がよくなるように堆積する。攪拌またはときどき切り返す。強制通気する場合は50～300ℓ/分・㎥が目安
微生物	十分にある。戻し堆肥で十分
温度	60℃以上で数日間が目安
堆肥化期間	家畜糞のみの場合は2か月。稲わら、籾がらなどの作物残渣を混合した場合は3か月。おがくず、バークなど木質資材を混合した場合は6か月が目安

水分

堆肥化をスタートするときは、水分を五五～七〇%くらいに調整して、通気性をよくする必要がある。

①微生物と水分

微生物は乾燥状態には弱く、水分が四〇%以下になるとその増殖が抑制される。一方、堆肥化処理の主役である好気性微生物は、酸素の供給が十分であれば、かなりの高水分状態でも増殖が可能である。しかし、あまり水分が高いと、通気性が悪くなり、好気的な堆肥化ができなくなり、嫌気発酵を起こして、悪臭を発生するようになる。したがって、通気性を保つような水分に調整してから、堆肥化をスタートする必要がある。

②水分調整と通気性

家畜糞の水分調整方法には大きく分けて二種類ある。ひとつはハウスなどによる予備乾燥法であり、もうひとつはおがくず、もみがらなど水分の少ない副資材を混合して水分調整を行なう方法である。

通気性の目安として、糞中の空隙率（気相の割合）が三〇%以上必要とされている。なお、この通気性が良好となる家畜糞の水分は畜種（第3図）および混合する副資材の種類によって異なる（第4図）。堆肥化スタートの水分は、（a）副資材におがくずやもみがらを混合した場合、豚糞で六二%、牛糞で七二%以下に、（b）予備乾燥または戻し堆肥混合の場合、鶏糞で五二%、豚糞で五五%、牛糞で六八%以下が目安とされる。

第3図　畜種と通気性が良好になる水分

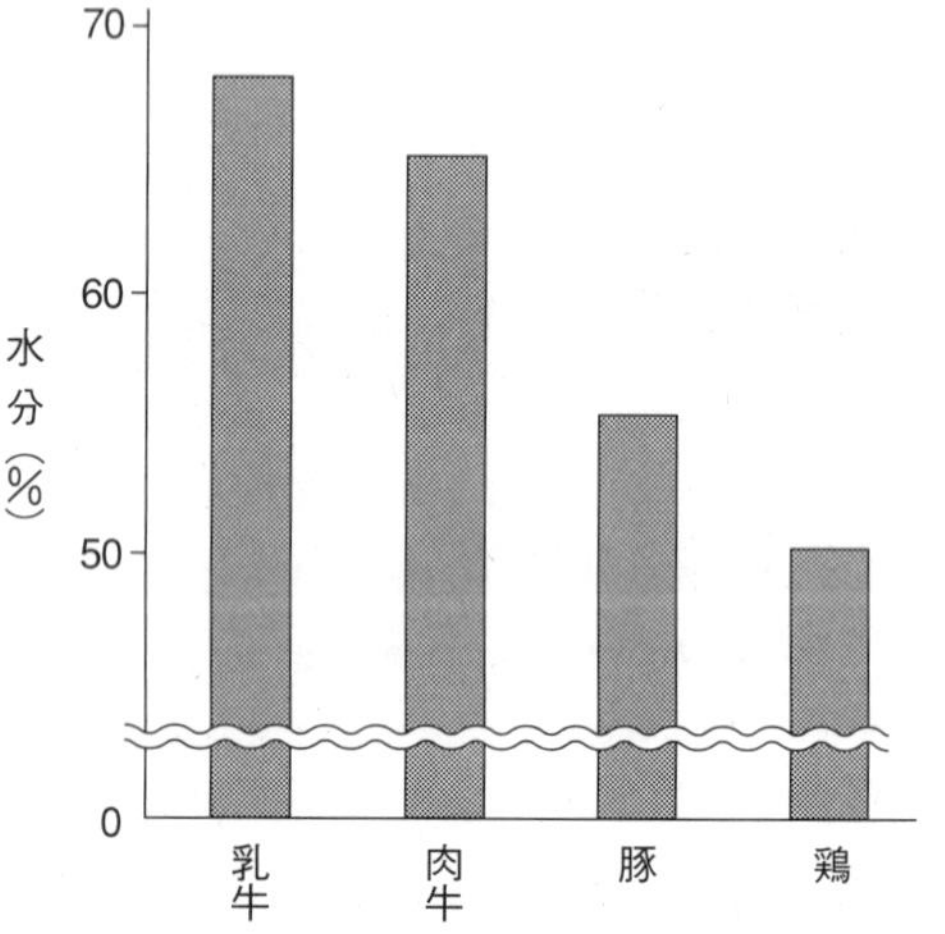

第4図　副資材の種類と通気性が良好となる水分

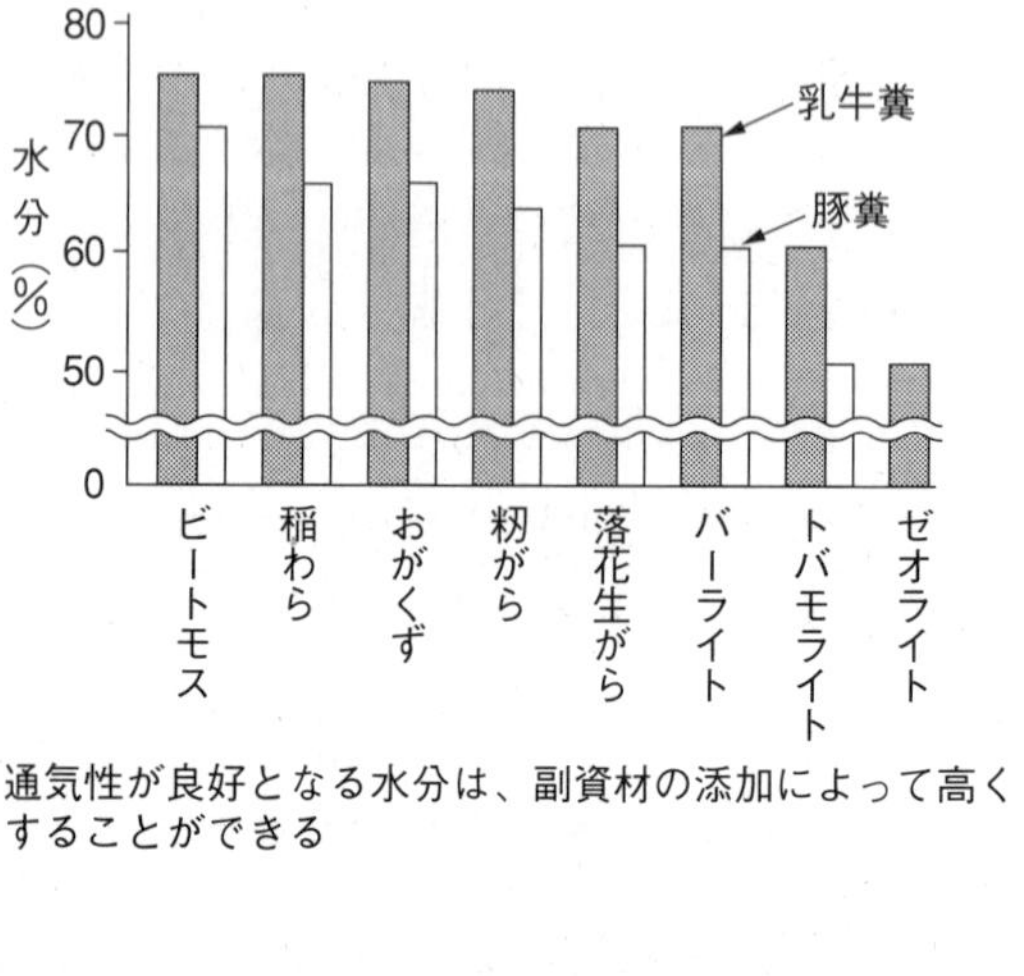

通気性が良好となる水分は、副資材の添加によって高くすることができる

③副資材による通気性の改善

おがくずなどの副資材が具備すべき条件として、吸水性・保水性に富み、家畜糞と混合した場合にその通気性が高められることが必要である。これらの条件を満足させる副資材の特徴と性状を第2表に示した。

おがくずまたはもみがらは、家畜糞に比較して分解速度は遅いが、その乾物分解によるエネルギーによって、材料中の水分を蒸発させる利点がある。しかし、おがくずは作物の生育阻害物質を含有している場合があるので、これらの分解に長期間が必要であり、施設面積が広くなり、堆肥生産コストに影響するなどの問題点がある。

一方、もみがらは、未粉砕の場合は吸収性がよくないが、通気性改善の面では良好である。また、粉砕した場合は逆の性質をもっている。粉砕したもみがらでも未粉砕のものと分解速度は大差ないので、未粉砕のものでも十分堆肥化は可能であるとされている。

パーライト、ゼオライトなどの無機質系の副資材も使用されているが、この資材は水分の吸収と物性改良の効果があるものの、おがくずなどの有機資材のように、乾物分解による熱エネルギーの発生は期待できず、これらの資材の効果は物理性の改良であるといえ

第2表　おもな副資材の特徴

	利　点	欠　点	備　考
稲わら・麦稈	・材料の通気性改善効果が大 ・分解が比較的容易	・収集時期が限定される ・収集作業が多労 ・処理施設によっては細断が必要	・収集作業の共同化（機械化）が必要 ・粗飼料として利用される場合が多い
籾がら	・材料の通気性改善効果がある（未粉砕） ・粉砕すると吸水性が高まる	・分解が比較的困難 ・粉砕に多エネルギーが必要	・共乾施設で発生する籾がらの有効利用が必要
おがくずバーク	・材料の通気性改善効果・吸水性がある	・入手がしだいに困難になる（高価のため） ・分解が比較的困難 ・作物の育成阻害物質を含むものがある	・常時一定量入手可能な相手先の確保が必要
無機質資材（パーライトなど）	・材料の通気性改善効果・吸水性がある ・安定した必要量の確保が可能 ・分解しない	・高価である	・使用量を極力少なくするよう畜糞の水分低下をはかる ・製品が高価販売できるよう努める
戻し堆肥	・材料の通気性改善効果・吸水性がある（ただし低水分の場合） ・確保が比較的容易	・高水分の場合は通気性改善効果が小 ・分解による発生熱エネルギーは小またはなし ・販売できる製品量が少ない	・戻し堆肥の水分を低下させる乾燥施設を設ける必要がある ・共同処理施設などでは、この例が多い

る。無機質資材は有機質資材に比較して、混合重量比が大となるので、副資材の添加量は最小限にすることが大切である。なお、これら無機質資材は元来、土壌改良材として用いられているものであり、製品の圃場施用にあたってはその添加量によって土壌改良効果が期待できる。

戻し堆肥は、できるだけ水分の低いもの（五〇％以下）を用いないと、戻し堆肥の量が膨大になってしまうので注意が必要である。なお、糞のみの戻し堆肥を多量に添加した場合には通気性が低下する傾向があるし、塩類濃度が上昇する可能性がある。したがって、戻し堆肥を用いる場合でも、つねに新しい副資材を少量ずつ添加することが必要である。

④容積重

水分調整は通気性の改善であると同時に、容積重の調整でもある。同じ水分（％）でも容積重（比重）が小さいほうが堆肥化過程の温度上昇が速い。現場では、この容積重を参考にして通気性の改善効果を判定することもできる。たとえば、一定容積のバケツなどに材料を充てんして重量を計測することによって、容積重を簡便に測定することができる。堆肥化スタート時の容積重はできるだけ五〇〇kg／m³に近づけると通気性がよくなる。

空気（酸素）

①微生物と空気

好気性微生物の増殖には空気（酸素）が不可欠である。微生物は酸素を利用して有機物を分解し、発酵熱を発生し、腐熟と水分蒸発を促進する。酸素の供給が停止した状態で家畜糞を長期間放置しておくと、嫌気性微生物が活動するが有機物の分解速度は低く、温度も上昇せず、硫化水素などの硫黄化合物や揮発性脂肪酸などの悪臭物質が多量に生成する。したがって、堆肥化には十分な空気を供給できるように、水分調整などによる通気性の改善、強制通気、攪拌・切返しなどの操作が重要である。

②通気

生糞に副資材を混合して材料中の空隙率を高め、容積重を低下させ、通気性を改善することによって、堆肥への自然通気が可能となる。また、適度の攪拌または切返しによって通気性を改善し、均一に酸素の供給を受けやすくさせることが、堆肥化を促進する基本条件である。さらに、機械的な強制通気を併用することによって、腐熟の促進、処理期間の短縮による施設面積の減少などの効果が期待される。また、通気は堆積物中の水分を外へもち出す効果もある。

③適正通気量

適正通気量は糞の種類と量、水分（％）、季節などによって異なっているが、水分七〇％以下の場合は一〇〇ℓ以下／分・㎥、七〇％以上では一〇〇～一五〇ℓ／分・㎥の通気量を必要とする成績が多い。しかし、これらの値は材料中の乾物（有機物）の分解による腐熟促進効果にウエイトを置いており、材料から水分を除去する乾燥効果にウエイトを置くならば、さらにその通気量を増やさなければならない。電気代などを考慮すると五〇～三〇〇ℓ／分・㎥程度が妥当と考えられ、堆積高一m以上の場合は一〇〇ℓ／分・㎥以上の通気量としている例が多い。

なお、密閉型発酵装置は、材料中に直接通気しないで材料表面に通気する方法としているので、通気量は前記の数値よりは大きくして乾燥促進を図っている。

微生物

①微生物の数

生糞の中には一〇〇〇万～一億個／gの多種類の微生物が存在する。堆肥化は、特定の微生物によって行なわれるのではなく、このような多種類の微生物が温度条件の変化などに応じて入れ替わりながら進行する。たとえば、豚糞とおがくずを混合したロータリーキルン方式の堆肥化過程における微生物の変化は、最初に細菌が優先しているが、四週目には放線菌が出現し、十二週目には糸状菌・セルロース分解菌がみられる。

また、堆肥が高温になったときには高温微生物が優勢となるが、中温微生物が全滅するわけではなく一〇〇万～一億個／gは存在している。温度が低下し再び中温域になると中温微生物や糸状菌が優勢になる。この段階になると悪臭は消えて堆肥臭（放線菌臭）となり、堆肥化の終了に近づく。

②微生物の添加

堆肥化のための微生物は、排泄物中、空気中、畜舎など自然に存在するもので十分であり、特別に添加する必要はあまりない。むしろ、好気性微生物が活動できるように、水分調整や通気性などの環境条件を整えることが重要である。一方、有機物の分解促進をうたった数多くの微生物資材が販売されているが、マイナス効果はないものの、発酵促進効果については不明な部分が多い。しかも、堆肥化の適正環境条件とかけ離れた条件下における発酵促進効果の発現は難しい。

盛んに発酵している発酵槽や製品の堆肥の中には、堆肥化を進行させる微生物が多く含まれている。その点で、密閉縦型堆肥化装置の発酵槽に生糞を投入することや、戻し堆肥と生糞の混合方式は、堆肥化のための微生物を生糞に混合する方法である。

温度

①温度と微生物

微生物を活動する適温によって分類すると、低温微生物（一二～一八℃）、中温微生物（三〇～三七℃）、高温微生物（五五～六〇℃）の三種類になる。堆肥化に関与する微生物は、通常三〇℃以上の環境温度のもとで増殖が旺盛になるとされている。

②乾物分解時に発生する熱量

畜種と家畜の飼養条件、給与する飼料の種類、排泄後堆肥化装置に投入するまでの時間などによってもこの発生するエネルギー量は異なり、明確には決めがたいが、糞の乾物一kgが分解すると約四五〇〇kcalの熱量が発生する。

また、堆肥化処理を順調に進めるために糞に添加される副資材のうち、糞と同様に乾物分解する有機質副資材、たとえば、おがくず・もみがら・麦わらなどの乾物分解による発生熱量も明解ではないが、この熱量は三〇〇〇〜四〇〇〇kcal／kg乾物程度と考えられる。

③水分の蒸発

水分一kgを蒸発させるのに必要な熱エネルギーは、理論上は約六〇〇kcalである。しかし、堆肥化処理では、材料の温度上昇エネルギー、通気空気の温度上昇エネルギー、発酵槽などの損失エネルギー、乾物分解により発生する水分の蒸発エネルギーなどにも乾物分解による発生エネルギーが消費されるため、堆肥材料中の水分一kgを蒸発させるために必要な熱エネルギーは六〇〇kcalより大きくなる。堆肥材料中の水分一kgを蒸発させるのに必要な熱エネルギーは約九〇〇kcal、断熱性の良好な密閉型発酵装置では八〇〇kcal程度とみられ、寒冷・積雪地帯ではこの値が大きくなる。

④病原菌や雑草種子の死滅

六〇℃以上の高温が数日間続くと、病原菌や寄生虫（第3表）、雑草の種子（第4表）が死滅する。堆肥の表面と中心部では温度が異なることから、堆肥全体が高温を経験するように、攪拌・切返しを行なう必要がある。

堆肥化期間

切り返しても温度が上昇しなくなるまで、少なくとも堆肥化期間が必要である（第5図）。堆肥の温度が周囲の温度よりもかなり高いうちは、微生物が有機物を分解している証拠であるから、まだ堆肥化は終了していない。少なくとも、切り返しても温度が上昇しなくなるまでの堆肥化期間が必要である。この場合、堆肥化期間は腐熟に要する期間を基本に考えることになる。

しかし、堆肥化施設の容量などの制約から、

第3表　人体病原菌および寄生虫の死滅温度

種　類	温度（℃）	時間（分）
腸チフス菌	55〜60	30
赤痢菌	55	60
ブドウ球菌	50	10
大腸菌	55	60
	60	15〜20
回虫（卵）	60	15〜20
クリプトスポリジウム	60	30
	常温・乾燥	1〜4日間

第4表　牛糞堆肥埋設の雑草種子の発芽率

種　類	埋設条件		対　照
	50℃未満	60℃2日間	
メヒシバ	96	0	74
ノビエ	72	0	87
カヤツリグサ	56	0	30
オオイヌタデ	8	0	53
イヌビユ	68	0	70

第5図　牛糞堆肥化中の温度（品温）変化

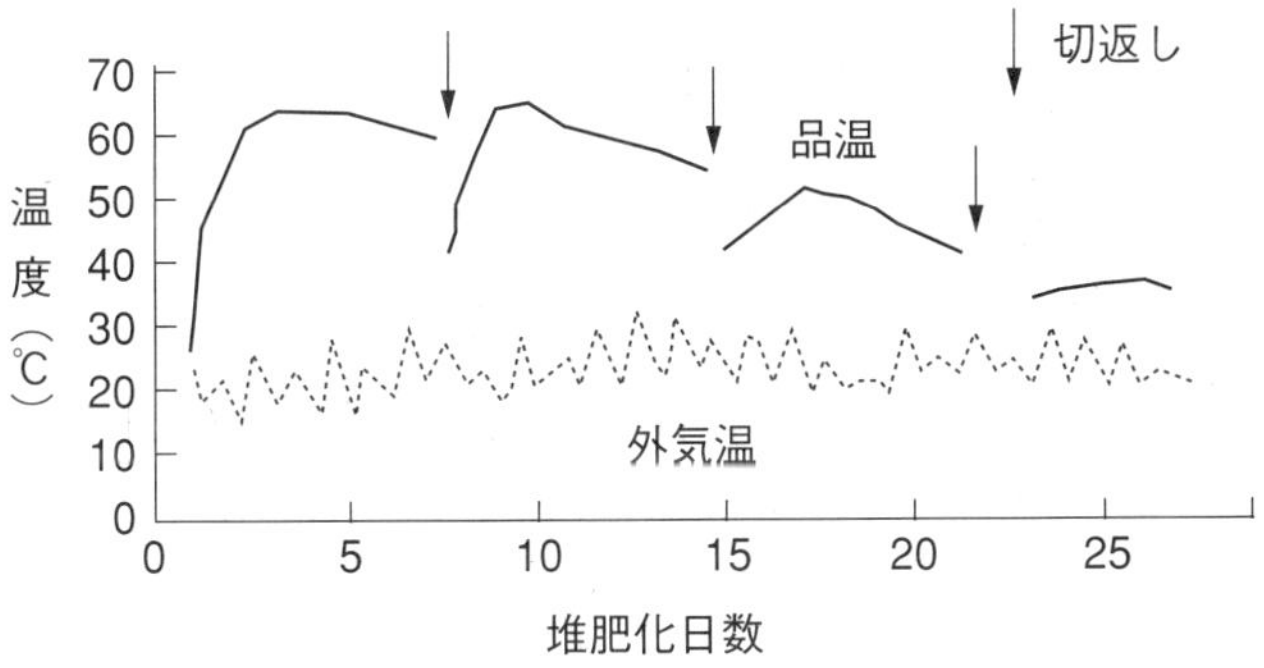

どのようなケースでも完熟堆肥が製造できるわけではない。また、堆肥を利用する側のニーズに合わせた熟度の堆肥を供給することになると、必ずしも完熟を求めていない場合も多い。生に近い堆肥、一次発酵（一次処理）が終了しただけの堆肥などさまざまなニーズがあるが、おのおのの性状に適合した施用方法に留意する必要がある。

　堆肥化期間は堆肥化方式や、混合されている副資材の種類などによって異なる。一応の目安として、堆積方式では、家畜糞のみの場合で二か月程度だが、作物収穫残渣との混合物で三か月程度、木質物との混合物では六か月程度と長くなる。

　発酵槽を用いて数日～三〇日程度一次処理（一次発酵）を行ない、その後堆積方式で二次処理式を行なう場合には、堆積方式よりも堆肥化期間を短縮することができる。

堆肥化施設

堆肥化方式の分類

　堆肥化方式は、大別すると堆積方式と攪拌方式に分けられる（第6図）。さらに堆積方式は堆肥盤、無通気型の堆肥舎、通気型堆肥舎などに分けられる。一方、攪拌方式は開放型と密閉型に分けられる。

　開放型は発酵槽の形によって直線型、円型、回行型（エンドレス型）などがあり、おのおの特徴的な攪拌装置（切返し機）を装備している。密閉型には、円筒形の発酵槽が縦型のものと横型のものがあり、発酵槽が回転したり攪拌羽によって材料を攪拌・混合する仕組みとなっている。

　堆肥化処理は基本的に一次処理と二次処理の二つの処理の組み合わせで行なう。一次処理では主に易分解性有機物を早く分解させ、二次処理ではさらに後熟させて安定化をはかる。堆肥舎のみを使用する場合にはこの区別をあまりしないが、通気型堆肥舎、開放型堆肥化装置、密閉型堆肥化装置を使用する場合にはこれらの装置を一次処理用とし、二次処理には堆肥舎を使うという組み合わせになる。

堆肥化処理施設の特徴

　堆肥舎は、主として切返しによって堆肥化

第6図　堆肥化方式の分類

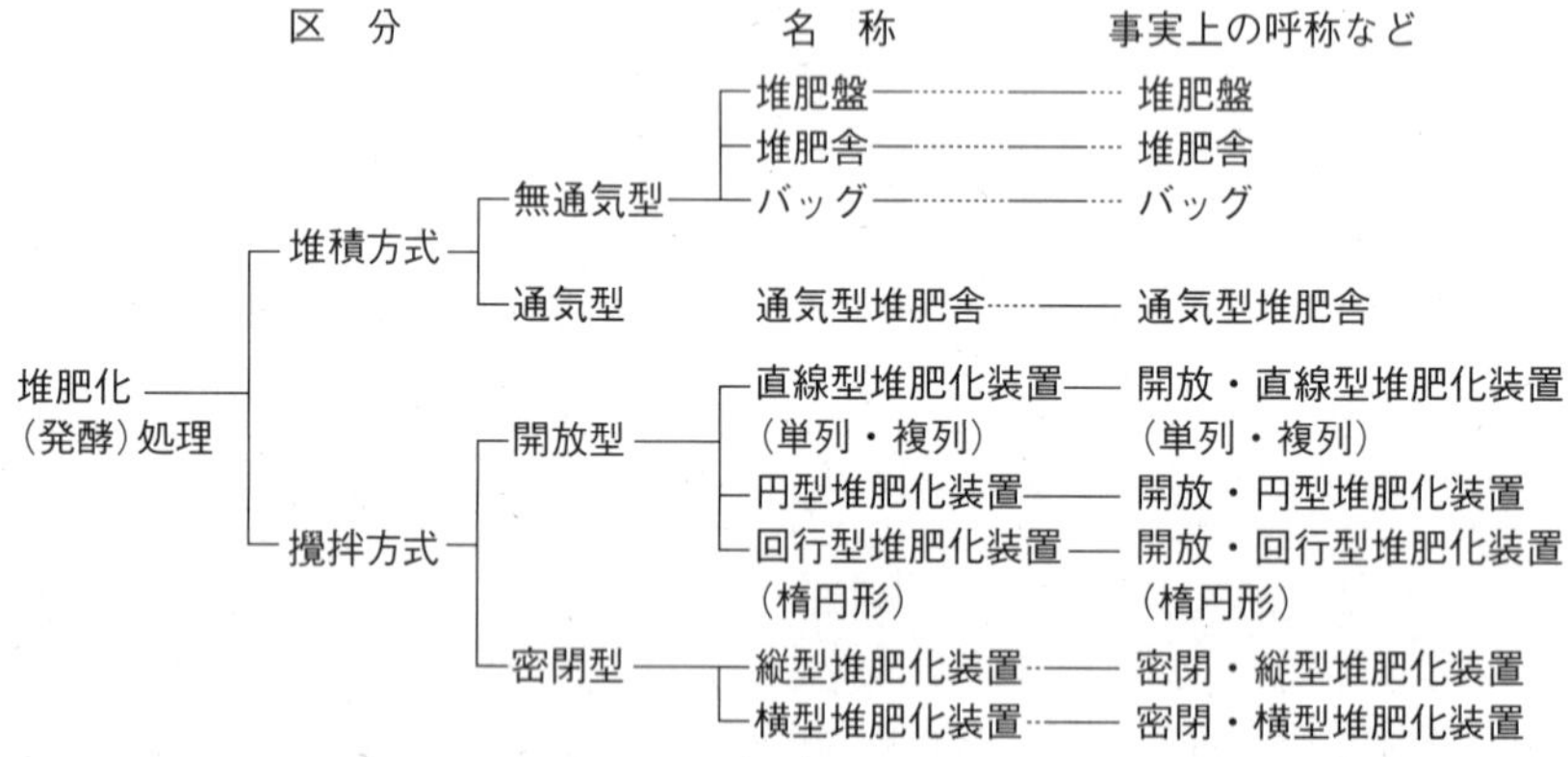

攪拌方式の開放型堆肥化装置には、通気型、無通気型がある

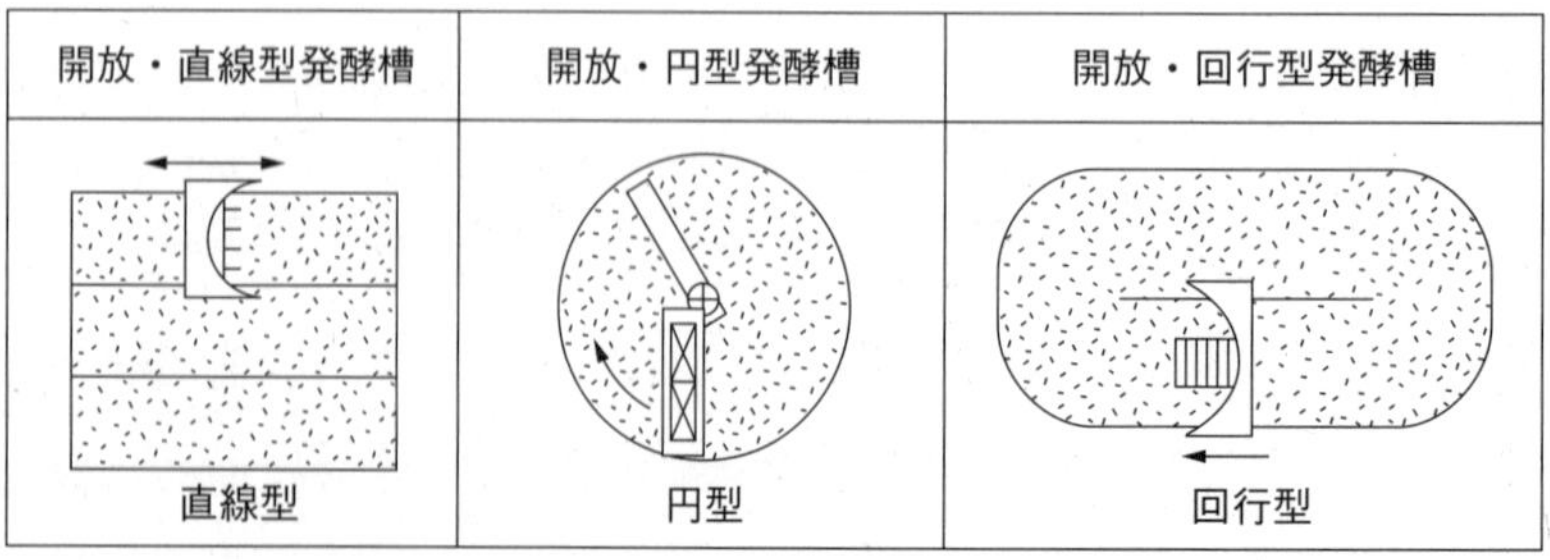

を行なう装置である。有機物の分解促進のためには切返しだけでなく、ブロアーなどを使って床面から通気を行なう通気型堆肥舎も各畜種によく使われる。堆肥舎は、堆肥生産を行なうだけでなく、発酵槽で一次処理したものを二次処理したり、製品の貯蔵などにも利用されている。

開放型堆肥化装置は、発酵槽の形によって直線型、円型、回行型などに分けられることは前に述べたが、さらに撹拌装置（切返し機）によって、ロータリー式やスクープ式、パドル式、堆肥クレーン式などがある。

『農業技術大系 畜産編』第八巻 堆肥化の原理と方法 二〇〇一年

悪臭を抑える方法

堆肥づくりの際の悪臭の成分は、アンモニアガスをはじめとする種々の臭気ガスである。悪臭防止には、アンモニアガスなどを薬液で酸化または中和する方法や、炭やゼオライトで吸着する方法などがある。

悪臭防止法に基づき敷地境界線上で規制される臭気成分とその濃度範囲および臭気強度

臭気成分	臭気強度 / 化学式	2.5	3	3.5
アンモニア	NH_3	1 ppm	2 ppm	5 ppm
メチルメルカプタン	CH_3SH	0.022 〃	0.004 〃	0.1 〃
硫化水素	H_2S	0.02 〃	0.06 〃	0.2 〃
硫化メチル	$(CH_3)_2S$	0.01 〃	0.05 〃	0.2 〃
二硫化メチル	$(CH_3)_2S_2$	0.009 〃	0.03 〃	0.1 〃
トリメチルアミン	$(CH_3)_3N$	0.005 〃	0.02 〃	0.07 〃
アセトアルデヒド	CH_3CHO	0.05 〃	0.1 〃	0.5 〃
スチレン	$C_6H_5CH・CH_2$	0.4 〃	0.8 〃	2 〃
プロピオン酸	CH_3CH_2COOH	30 ppb	70 ppb	200 ppb
ノルマル酪酸	$CH_3(CH_2)_2COOH$	1 〃	2 〃	6 〃
イソ吉草酸	$CH_3(CH_2)_3COOH$	0.9 〃	2 〃	4 〃
ノルマル吉草酸	$(CH_0)_2CHCH_2COOH$	1 〃	4 〃	10 〃

注 プロピオン酸以下の低級脂肪酸類の4成分は平成2年4月1日より施行された

脱臭剤の概要（福森功『畜産編』）

	原理	材料名
酸化剤	酸化作用を有するもので、臭気成分を酸化して無臭にする	過マンガン酸カリ、二酸化塩素、次亜塩素酸塩、オゾンなど
中和剤	酸または塩基の中和反応によって臭気成分を無臭成分に変える	石灰、苛性ソーダ溶液、ギ酸、希硫酸、過リン酸石灰、硫酸第一鉄、腐植物質など
マスク剤	臭気を他の香等で和らげ、においの質を変える	香料、精油など
吸着剤	臭気成分を吸着して除去する	活性炭、ゼオライト、腐植物質、活性白土など
酵素剤	微生物（細菌、カビ、酵母など）によって得られる酵素の分解作用で臭気発生物質の分解を促進し、発生する臭気の量と質を変える	消化酵素 微生物培養物など

堆肥の腐熟度判定法

藤原俊六郎　元神奈川県農業総合研究所

農業者が自家用堆肥を製造する場合は、堆積期間、色、香り、手触りなどから、経験的に堆肥の腐熟度を判断している。しかし、これでは正確な判断ができず、基準化できないため、何らかの指標が必要である。腐熟度の検定方法には、現場で容易に可能な評価方法もあるが、判定者の主観が入りやすいことなど、正確な判断はできないことが多い。

客観的な方法としては、生物の反応を利用する方法と化学分析による方法がある。生物反応は、ミミズや作物種子を使い有害物質の有無を検定する方法である。化学成分の指標としては炭素率（C／N比）、BODやCOD、還元糖割合などが用いられている。このように多くの方法があるが、あらゆる有機物に汎用的に使えるものは少ない。

腐熟度検定の方法としては、できるだけ汎用性のある方法であることが望ましい。ここでは、各種の腐熟度の判定方法から、比較的容易に行なえるものを選び、その方法を説明する。

外観による評点法

外観上の性状や堆積状態からみた腐熟の判定方法を評点で表わし、基準化するもので、生産現場で試験的に行なわれていたことを数量化したものである。いろいろな提案があるが、ここでは原田（一九八三）がまとめたものを紹介する。

方法　堆肥の状態を現場で評価する基準を、表1に示した。この基準にしたがって採点する。

腐熟の判定　各点数を合計する。合計点が三〇点以下は未熟、三一～八〇点は中熟、八一点以上は完熟と評価する。各項目を適切に評価できれば、信頼のおける結果が得られる。

品温評価法

堆肥化の過程では、堆積発酵中に温度が上昇した後低下する。切返しを行なえば再び上昇するが、腐熟がすすむにつれ、温度上昇の傾向は小さくなる。この現象を利用して評価する方法である。

用意する物　温度計（深さ五〇㎝程度まで測れるもの。電気式自記記録方式が良いが、棒状温度計のときは、周囲を金属で覆い破壊防止加工がなされるものを使用する）

方法　堆積している山の、上部（二〇～三〇㎝）と下部（五〇～六〇㎝）の二か所について、毎日測定し、記録する。自記記録方式温度計の使用が便利である。

腐熟の判定　切返しをしても温度の上昇がみられなくなると、完熟状態になっていると考えられる。しかし、切返しのときに、水分

表1　現地での腐熟度判定の基準

色	黄～黄褐色（2）、褐色（5）、黒褐色～黒色（10）
形　状	現物の形状をとどめる（2）、かなりくずれる（5）、ほとんど認めない（10）
臭　気	ふん尿臭強い（2）、ふん尿臭弱い（5）、堆肥臭（10）
水　分	強く握ると指の間からしたたる…70％以上（2）、強く握ると手のひらにかなりつく…60％前後（5）、強く握っても手のひらにあまりつかない…50％前後（10）
堆積中の最高温度	50℃以下（2）、50～60℃（10）、60～70℃（15）、70℃以上（20）
堆積期間	家畜ふんだけ………………20日以内（2）、20日～2か月（10）、2か月以上（20） 作物収穫残渣との混合物…20日以内（2）、20日～3か月（10）、3か月以上（20） 木質物との混合物…………20日以内（2）、20日～6か月（10）、6か月以上（20）
切返し回数	2回以下（2）、3～6回（5）、7回以上（10）
強制通気	なし（0）、あり（10）

注　（　）内は点数を示す
　これらの点数を合計し、未熟（30点以下）、中熟（31～80点）、完熟（81点以上）とする

含量の過湿や乾燥があった場合や、堆積の規模を小さくしたりした場合は温度上昇が妨げられるので注意が必要である。また、バークやおがくずを多量に含む堆肥では判断が困難な場合がある。

色評価法

堆積物は、堆肥化がすすむと黒褐色の腐植様物質が生成し、製品は黒色をおびてくる。堆積物のこれらの色の変化を腐熟度の判定に利用する。

方法　堆積物の各部位をサンプリングし、堆肥化物の色あいを観察する。

腐熟の判定　腐熟がすすめば色が黒くなるので、その程度で判定する。

未熟：褐色もしくは暗黄色
中熟：暗褐色
完熟：黒褐色

この方法による腐熟度の判定はとくに難しい。このため、判定にあたっては同種の腐熟した堆肥との相対比較を行なうことが大切である。また、最初から着色している汚泥類の堆肥、バーク堆肥等には適用が困難である。

臭気評価法

未熟な堆肥にはアンモニア臭等の悪臭があり、完熟した堆肥には特有の臭気があるため、それを判断の基準にする方法である。

方法　堆積物の各部位をサンプリングし、臭いをかぐ。

腐熟の判定　未熟なものでは、おもにアンモニアに由来する強い刺激臭がある。さらに、硫化水素による強い刺激臭やカプタン類による卵が腐ったような臭いが感じられる場合は、嫌気性発酵が行なわれた可能性がある。また、バーク堆肥の場合、針葉樹に特有な芳香、すなわち木の香が残っているものは未熟である。

完熟すれば、ほとんど刺激臭が感じられなく、かつ堆肥臭を感じる状態になる。堆積物の表層（〇～二〇㎝）ではかなり刺激臭の減少が早いが、下層では刺激臭が残っているように全体が不均一である場合は、まだ完熟になっていない。このため、堆積物からサンプリングする場合、表面から少なくとも五〇㎝以下の部位も必ず調査し、全体の均一性を確認することが必要である。

手触り評価法

　堆肥化の進行により組織が破壊されてゆく。この状態を手触りで判定する方法である。

方法　堆積物を指でねじって、粒子のくずれ具合や長い繊維質のちぎれ具合等を観察する。堆積物によっては、水洗残渣物や水洗後乾燥物について、くずれ具合を観察したほうが判定しやすいことがある。

腐熟の判定　未熟なものは、原料の状態が強く感じられ、もんだりちぎったりしてもくずれない。完熟すると指で力を入れるとくずれやすくなり、わら堆肥のように植物質のものでは、もむとくずれるようになる。

　試料を堆積物からサンプリングする場合、各部位からまんべんなく採取することが大切である。家畜糞きゅう肥や汚泥堆肥のように、粗大有機物を含まない資材は測定困難である。

ポリ袋評価法

　堆肥化の過程では、BOD、COD源となる易分解性物質が減少する。堆肥化初期には、これら易分解性物質が多いために二酸化炭素が多量に発生するが、腐熟するに従って二酸化炭素の発生量が少なくなることを利用した判定法である。

用意するもの　ポリ袋（幅二〇cm、長さ三〇cm程度のもの）

方法　①約三〇〇gの堆肥をポリ袋に入れる。

②袋の中の空気を追い出して輪ゴムで袋の口を密封する。

③三～四日間、室内に放置する。できれば室温は二五℃程度がよい。

腐熟の判定　ポリ袋のふくらみ状態を観察する。堆肥を入れたポリ袋がガスでふくらむようなら未熟、ポリ袋がふくらまなければ完熟である。

硝酸検出法

　堆肥化の過程において、初期は有機物分解に伴うアンモニアが発生するが、後期にはアンモニアが微生物により硝酸に変化する。この硝酸の発現を検出する方法である。

用意するもの　二〇〇mℓ容ポリビン、硝酸イオン試験紙（メルコクァント製等）、純水

方法　①一〇〇mℓの純水を入れてあるポリビンに、生堆肥五〇gを加える。

②手で数回振とうし、一〇分ほど静置する。

③上澄み液に硝酸イオン試験紙を浸け、発色をみる。

腐熟の判定　硝酸の生成がみられなければ未熟、完熟すれば硝酸の生成がみられる。堆肥原料によって硝酸の生成量は異なるので、一概に評価できないが、抽出液中に数mg／ℓあれば完熟しているといえる。

　硝酸の測定は、ジフェニールアミンを用いる方法があるが、硝酸イオン試験紙を使用するのが簡易である。また、ポータブル型の硝酸イオンメーターの利用も良い。

　ポリビンに純水一〇〇mℓを入れたところと、それに堆肥五〇gを入れたところに線を引いておくと、水と試料をそのつど測定しなくても良いので、現場での測定では便利である。

ミミズ評価法

　ミミズは腐敗した栄養分の多い堆肥に生息するが、未熟な未分解有機物の中に含まれるフェノール類やアンモニア等のガスを嫌う傾向が強い。このミミズ行動を観察することにより、堆積物の腐熟度をみる方法である。

用意するもの　容器（プラスチック製の透明でないコップがよい）、黒い布（遮光用）、ミミズ数匹（体長五〇mm以上のシマミミズが望ましい）

方法　①堆積物をコップに三分の一程度入

表2　各種有機物の特徴と施用効果　（藤原）

有機物の種類	原材料	施用効果			施用上の注意
		肥料的	化学性改良	物理性改良	
堆肥	稲わら、麦わらおよび野菜くずなど	中	小	中	最も安心して施用できる
きゅう肥（牛ふん尿） （豚ぷん尿） （鶏ふん）	牛ふん尿と敷料 豚ぷん尿と敷料 鶏ふんとわらなど	中 大 大	中 大 大	中 小 小	肥料効果を考えて施用量を決定する
木質混合堆肥（牛ふん尿） （豚ぷん尿） （鶏ふん）	牛ふん尿とおがくず 豚ぷん尿とおがくず 鶏ふんとおがくず	中 中 中	中 中 中	大 大 大	未熟木質があると虫害が発生しやすい
バーク堆肥	バークやおがくずを主体にしたもの	小	小	大	未熟木質があると虫害が発生しやすい
籾がら堆肥	籾がらを主体にしたもの	小	小	大	物理性の改良効果を中心に考える
都市ごみコンポスト	家庭のちゅう芥類など	中	中	中	ガラスなど異物の混入に注意する
下水汚泥堆積物	下水汚泥および水分調節剤	大	大	小	石灰の量に注意する
食品産業廃棄物	食品産業廃棄物および水分調節剤	大	中	小	肥料効果を考えて施用量を決定する

表3　有機物1t当たりの成分量と有効成分量　（藤原）

有機物名	水分（%）	成分量（kg/t）					有効成分量（kg/t/年）		
		窒素	リン酸	カリ	石灰	苦土	窒素	リン酸	カリ
堆肥	75	4	2	4	5	1	1	1	4
きゅう肥（牛ふん尿）	66	7	7	7	8	3	2	4	7
きゅう肥（豚ぷん尿）	53	14	20	11	19	6	10	14	10
きゅう肥（鶏ふん）	39	18	32	16	69	8	12	22	15
木質混合堆肥（牛ふん尿）	65	6	6	6	6	3	2	3	5
木質混合堆肥（豚ぷん尿）	56	9	15	8	15	5	3	9	7
木質混合堆肥（鶏ふん）	52	9	19	10	43	5	3	12	9
バーク堆肥	61	5	3	3	11	2	0	2	2
籾がら堆肥	55	5	6	5	7	1	1	3	4
都市ごみコンポスト	47	9	5	5	24	3	3	3	4
下水汚泥堆積物	58	15	22	1	43	5	13	15	1
食品産業廃棄物	63	14	10	4	18	3	10	7	3

注　有効成分は施用後1年以内に有効化すると推定される成分量
　　農林水産省農蚕園芸局農産課1982年調査結果を参考にして作成した

れる。水分条件は六〇〜七〇%程度（手で強く握ると水が出るくらい）とする。

②ミミズをコップの中に落とし、直後および一日後のミミズの行動、色調の変化を観察する。

③容器を黒布で被覆するか、または遮光した室内で試験することが望ましい。室温は二〇〜二五℃が適当である。

腐熟の判定　未熟：入れた直後に逃亡しようとする。一日後死滅する。

中熟：入れた直後、多少いやがる。一日後、色が変化したり動きが悪くなる。

完熟：入れた直後、すぐもぐる。一日後も変化なく、元気である。

ミミズは、過剰気味に湿った堆肥に放たれると、その瞬間、これを降雨と間違えて明所でもはい出そうとすることがあるので水分条件には注意する。また、ミミズは中性弱酸性を好むので、腐熟度とは別に試薬紙等でpHを記録しておく。

試験しようとする堆肥がもとの

生息環境と酷似している場合には、未熟物であってもミミズはそれを好むことがあるため、できればあらかじめ人工培土で飼育し、一定の生息環境に馴らしてから判定に供する。

幼植物試験法

作物種子の利用は、ハツカダイコンやキュウリ、ハクサイの種子を利用して発芽率や生育量を調査する方法が行なわれている。これらは、土壌と混合して栽培試験を実施しているが、土壌から立枯れ菌などの有害微生物を持ち込む危険性もある。これを回避するためには、熱水抽出法が好ましい。

用意するもの　コマツナの種子、シャーレ、二〇〇mℓ容三角フラスコ、ビーカ、ろ紙、ガーゼ、アルミホイル、熱湯、物差し、低倍率の光学顕微鏡

方法　生試料一〇g（乾燥試料は五g）を二〇〇mℓ容三角フラスコにとり、沸騰水一〇〇mℓを加え、アルミホイルでふたをする。一時間放置後、ガーゼ二枚を重ねてろ過する。このろ液一〇mℓを、あらかじめろ紙二枚を敷いてあるシャーレに分注し、その上からコマツナの種子三〇〜五〇粒をまく。このとき対照として、水一〇mℓを入れたものを用意しておく。このシャーレにふたをして室温または二〇℃に保持し、三〜六日後に発芽率と根の状態を観察する。

抽出に熱水を用いるのは、抽出しやすくするとともに殺菌効果を持たせることにある。沸騰水を使わないで六〇℃の熱水を使うことも良い。このときは一時間に一度程度撹拌しながら六〇℃の常温槽に三時間保持した後、ろ過し、同様に処理する。

図1　堆積にともなう幼植物検定結果と抽出液ECの変化

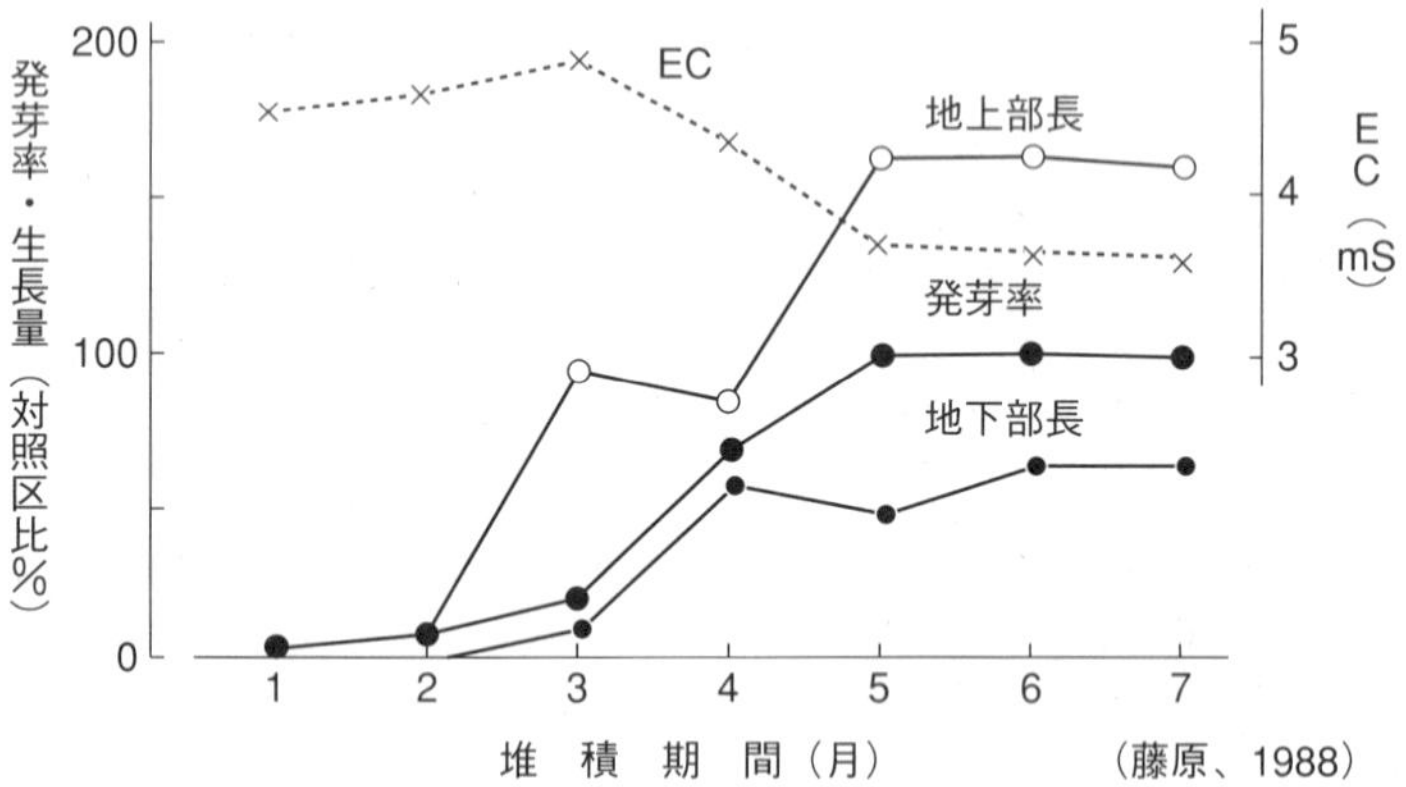

（藤原、1988）

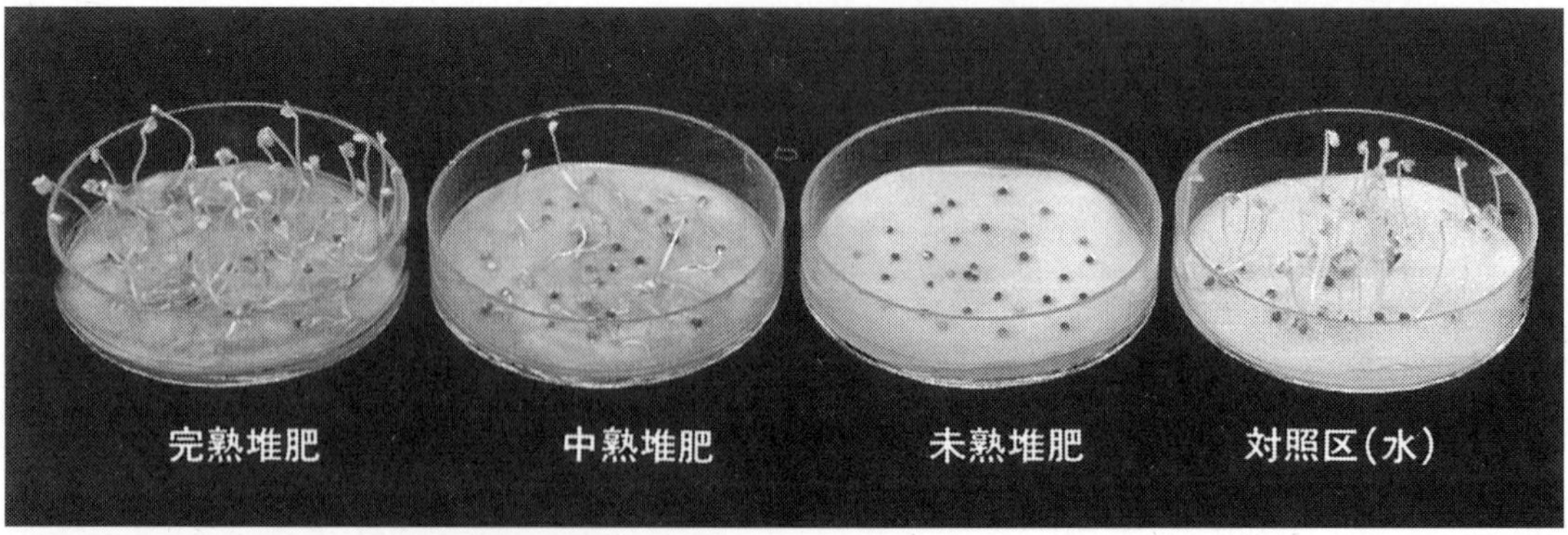

コマツナの種子の発芽率や根の観察で熟度を判定

抽出液に含まれる有害物だけでなく、抽出液の塩濃度が高いと根に障害を生じる。抽出液のＥＣを測定し、五mS／cmを超える場合は、一mS程度に希釈した液についてもあわせて試験を実施する。

腐熟の判定　調査は、発芽率と根長を物差しで測定し、水で栽培した対照区に対する比率（％）で表示する。その例を図1に示した。発芽率が八〇％以上にあることが必要であるが、発芽率が一〇〇％近くになっても根に異常がみとめられることがある。根に障害を及ぼす物質があれば根は渇変する。さらに、未熟で易分解性物質が多いときは根の周囲に褐色のゼリー状物質ができ、その周囲に細菌が多量に分布することがある。

さらに詳しい情報を得たい場合は、根を切り取りLact Phenol Cotton blue液等の色素で染色し、五〇～一〇〇倍の光学顕微鏡で、細根の状態を観察する。微弱でも障害を受けていれば、主根は伸びても細根の伸びが悪く、その状態は顕微鏡で観察できる。このように、発芽率とともに根の観察を行なえば、弱い障害も検定できる。

ポット栽培試験法

堆肥の腐熟度の効果を判定するには、作物栽培試験がもっとも適している。畑やポットにおけるさまざまな栽培方法があるが、ここでは肥料の効果の判定方法として用いられている農林水産省（一九八四）の方法を紹介する。

用意するもの　ノイバウエルポット（内径一一・三cm、高さ六・五cmの鉢）、土壌（二mm目のふるいを通した風乾土）、コマツナの種子

方法　①土壌は、二mm目のふるいを通した風乾土を用い、ノイバウエルポット当たり五〇〇mℓ使用する。土壌水分は、最大容水量の五〇～六〇％とするよう水を加える。

②堆肥の使用量が少ないので、できるだけ細かく砕き、均質化する。

③堆肥使用量は、乾物当たりの窒素量が二％以下の資材では乾物換算で五g、二％以上の資材では窒素（N）として一〇〇mgを標準使用量とし、この量の二倍量、三倍量、四倍量の区を設定する。なお、これらの全区について、窒素（N）、リン酸（P_2O_5）、カリ（K_2O）として、それぞれ二五mgに相当する硫酸アンモニア、過リン酸石灰、塩化カリをそれぞれのポットに施用する。

対照区として、窒素（N）、リン酸（P_2O_5）、カリ（K_2O）、それぞれ二五mgに相当する硫酸アンモニア、過リン酸石灰、塩化カリを施用した区を設ける。

④資材および肥料は、容器内で均一に混合する。

⑤コマツナの種子を、ポット当たり二〇粒または二五粒を播種する。播種は、種子が等間隔となるようます目状にピンセット等を用いて行ない、播種後、風乾土で種子が隠れる程度に覆う。

⑥水分は、播種後一〇日間は初期に設定した量（最大容水量の五〇～六〇％）を保持し、その後は作物生育に応じて、適宜給水する。

⑦栽培温度は、原則として、五～二五℃に保ち、三週間栽培する。

腐熟の評価　以下の調査項目について調査し、対照区と比較する。未熟であれば作物に生育阻害がみられる。作物生育が対照区と同等またはそれ以上であれば完熟している。

供試土壌：土壌の種類、土性、pH、ＥＣ、塩基置換容量、最大容水量

跡地土壌：pH、ＥＣ、アンモニア態窒素、硝酸態窒素

作物生育：発芽率、葉長、生体重、生育状態の異常の有無

『有機廃棄物資源化大事典』―有機物の腐熟度判定法より抜粋

有機質肥料等堆奨基準（民間基準）による堆肥等の品質基準

・主原料ごとの品質基準

（1）バーク堆肥の品質基準

ア．品質表示を要する基準項目

基準項目	基 準 値	
有機物	乾物当たり	70%以上
炭素一窒素比（C/N比）		40以下
窒素（N）全量	乾物当たり	1%以上
無機態窒素（N）	乾物100g当たり	25mg以上

イ．品質表示を要さない基準項目

基準項目	基 準 値	
水分	現物当たり	60%以下
電気伝導率（EC）	現物につき	3mS/cm以下
陽イオン交換容量（CEC）	乾物100g当たり	70m eq以上

（2）下水汚泥肥料の品質基準

ア．品質表示を要する基準項目

基準項目	基 準 値	
有機物	乾物当たり	35%以上
炭素一窒素比（C/N比）		10以下
窒素（N）全量	乾物当たり	2%以上
リン酸（P_2O_5）全量	乾物当たり	2%以上
アルカリ分	乾物当たり	25%以下

イ．品質表示を要さない基準項目

基準項目	基 準 値	
水分	現物当たり	30%以下

（3）し尿汚泥肥料の品質基準

ア．品質表示を要する基準項目

基準項目	基 準 値	
有機物	乾物当たり	35%以上
炭素一窒素比（C/N比）		10以下
窒素（N）全量	乾物当たり	2%以上
リン酸（P_2O_5）全量	乾物当たり	2%以上
アルカリ分	乾物当たり	25%以下

イ．品質表示を要さない基準項目

基準項目	基 準 値	
水分	現物当たり	30%以下

（4）食品工業汚泥肥料の品質基準

ア．品質表示を要する基準項目

基準項目	基 準 値	
有機物	乾物当たり	50%以上
炭素一窒素比（C/N比）		10以下
窒素（N）全量	乾物当たり	2.5%以上
リン酸（P_2O_5）全量	乾物当たり	2%以上
アルカリ分	乾物当たり	25%以下

イ．品質表示を要さない基準項目

基準項目	基 準 値	
水分	現物当たり	30%以下

（5）下水汚泥堆肥の品質基準

ア．品質表示を要する基準項目

基準項目	基 準 値	
有機物	乾物当たり	35%以上
炭素一窒素比（C/N比）		20以下
窒素（N）全量	乾物当たり	1.5%以上
リン酸（P_2O_5）全量	乾物当たり	2%以上
アルカリ分	乾物当たり	25%以下

イ．品質表示を要さない基準項目

基準項目	基 準 値	
水分	現物当たり	50%以下
pH	現物につき	8.5以下

（6）し尿汚泥堆肥の品質基準

ア．品質表示を要する基準項目

基準項目	基 準 値	
有機物	乾物当たり	35%以上
炭素一窒素比（C/N比）		20以下
窒素（N）全量	乾物当たり	2%以上
リン酸（P_2O_5）全量	乾物当たり	2%以上
アルカリ分	乾物当たり	25%以下

イ．品質表示を要さない基準項目

基準項目	基 準 値	
水分	現物当たり	50%以下
pH	現物につき	8.5以下

（7）食品工業汚泥堆肥の品質基準

ア．品質表示を要する基準項目

基準項目	基 準 値	
有機物	乾物当たり	40%以上
炭素一窒素比（C/N比）		10以下
窒素（N）全量	乾物当たり	2.5%以上
リン酸（P_2O_5）全量	乾物当たり	2%以上
アルカリ分	乾物当たり	25%以下

イ．品質表示を要さない基準項目

基準項目	基 準 値	
水分	現物当たり	50%以下
pH	現物につき	8.5以下

（8）家畜ふん堆肥の品質基準

ア．品質表示を要する基準項目

基準項目	基 準 値	
有機物	乾物当たり	60%以上
炭素一窒素比（C/N比）		30以下
窒素（N）全量	乾物当たり	1%以上
リン酸（P_2O_5）全量	乾物当たり	1%以上
カリ（K_2O）全量	乾物当たり	1%以上

イ．品質表示を要さない基準項目

基準項目	基 準 値	
水分	現物当たり	70%以下
電気伝導率（EC）	現物につき	5mmS/cm以下

注　%は、重量/重量単位

・共通品質基準

（1）ひ素50ppm、カドミウム5ppm、水銀2ppm以下（乾物当たり）であること

（2）植物の生育に異常を認めないこと。幼植物試験（コマツナ）により異常の有無を検定することが望ましい

（3）乾物当たりの銅および亜鉛の含量がそれぞれ600ppmおよび1,800ppm以下であること

あっちの話こっちの話

コーヒーかすがネコブを撃退

百合田敬依子

おいしいコーヒーを楽しんだ後のコーヒーかす、じつはあれが畑のやっかいものネコブセンチュウに効くんだそうです。福岡県朝倉町のねぎ農家・梅尾昌昭さんに、「無農薬でも野菜はできる」と、この話をうかがいました。

梅尾さんは、追肥で二〇キロの堆肥をまくなかに五キロのコーヒーかすを混ぜたところ、ネギ畑のネコブの害がピタリととまったといいます。以前読んだ農業の本からヒントを得て試したというこの方法、効果はバッチリだったそうです。ただ問題なのは、コーヒーかすの確保です。梅尾さんの場合、友人からゆずってもらったそうですが、知り合いの喫茶店とでも契約しておくのが一つの手かなと思います。

また梅尾さんは、ねぎをつくるハウスのなかに、うね一列分だけ大根やにんじん、ほうれん草をつくっています。混植ではないのですが、ねぎの威力でしょうか。ヨトウムシは決して寄りつかないし、大根などの生育もいい。きれいな野菜に育つそうです（ただレタスとは相性が悪く、これはやめたほうがいいとのこと）。日持ち、味など市場でも評判の無農薬野菜をつくる梅尾さん、さすがにいろいろ工夫をしていますね。

一九九〇年四月号

コーヒーがアブラムシに効く

中田浩康

ここ北海道壮瞥町は洞爺湖に隣接し、道内でも比較的暖かいところです。ここで自然の力を借りて無農薬栽培に取り組んでいる岡崎義春さんにコーヒーかすを使ったアブラムシの防除法を教えてもらいました。

九八年十月号の「あっちの話こっちの話」で、島根県の農家がコーヒーかすをマルチ代わりに使ってアブラムシを寄せつけない話が出ていました。ところが、岡崎さんの場合はコーヒーかすを一度沸騰させ、コーヒーかす汁として葉面散布するのです。要するに、薄いコーヒーです。これでなぜかアブラムシが寄ってこなくなり、とくにスイートコーンにかけたら効果てきめんだったといいます。

岡崎さんはこのコーヒーかすを牛糞と混ぜて発酵させ、堆肥としても使っています。一一～一三町経営の岡崎さんには葉面散布は面倒。堆肥を振っていくだけなら何とかいけると思ったのです。すると今度は根からコーヒーの成分を吸い、やはりスイートコーンにアブラムシがつきませんでした。コーヒーかすはコーヒー工場から一t五〇〇円で購入、一二〇～一三〇tの堆肥の中に四tのコーヒーかすを混ぜているそうです。

一九九九年四月号

素材の性質　家畜糞尿

原田靖生　農林水産省九州農業試験場

糞尿の水分含量

家畜糞尿の成分組成を表1に示す。これは、草地試験場が全国の農業試験場と畜産試験場を対象にアンケート調査をしてまとめたものである。ここで、生糞の水分は牛糞が最も高く八〇%、次いで豚糞六九%、採卵鶏糞六四%、ブロイラー糞が最も低くて四〇%であることが乾物率からくみとれる。

これらの水分含量数値は必ずしも排せつ時の水分を示したものではなく、畜舎・鶏舎から搬出されるときの数値であろう。糞の水分は、排せつ直後にはもっと高いが、これらが畜舎・鶏舎に放置されている間に乾燥し、調査結果のような数値になったと考えられる。ブロイラーの糞の水分が極端に低いのは、鶏の飼育期間中糞が床上に放置され、鶏舎内が暖房されるためである。

肥料成分含量

牛糞は一般的に繊維質を多く含み、C/N比が高く、窒素（N）・リン酸（P_2O_5）・カリ（K_2O）などの肥料成分の含有率は低い。これに対して、鶏糞は糞と尿の混合物であり、C/N比が低く、肥料成分の含有率は概して高い。採卵鶏では、とくに石灰（CaO）含有率が高いことが特徴である。豚糞中のリン酸の含有率は鶏糞と同程度であり、他の肥料成分の含有率は牛糞と鶏糞の中間にある。

飼料の種類による違い　また、牛糞の肥料成分の含量は給与する飼料の種類によって大きく変動する。粗飼料を主体とする場合には繊維質とカリウムの含量が高くなり、窒素・リン・カルシウム・ナトリウムなどの含量が低くなる（表2）。

このような糞では難分解性有機物が多くなるため、肥料としてよりは土壌改良資材とし

表1　家畜糞尿の成分組成（乾物%）（草地試験場、1983）

			乾物率	N	P_2O_5	K_2O	CaO	MgO	Na_2O	T-C	n	f
鶏	採卵鶏ふん	M	36.3	6.18	5.19	3.10	10.98	1.44	—	34.7	5	50
		CV	42.3	21.50	28.80	9.80	25.50	21.60	—	21.5		
	ブロイラーふん	M	59.6	4.00	4.45	2.97	1.60	0.77	—	—	1	2
		CV	—	—	—	—	—	—	—	—		
豚	ふん	M	30.6	3.61	5.54	1.49	4.11	1.56	0.33	41.3	7	62
		CV	24.1	17.30	18.00	54.40	35.50	39.60	53.60	0.4		
	尿	M	2.0	32.50	—	—	—	—	—	—	1	11
		CV	—	—	—	—	—	—	—	—		
牛	ふん	M	19.9	2.19	1.78	1.76	1.70	0.83	0.27	34.6	10	100
		CV	26.3	15.4	11.9	36.5	18	24.6	—	22.3		
	尿	M	0.7	27.1	tr	88.6	1.43	1.43	—	—	1	6
		CV	—	—	—	—	—	—	—	—		

注　M：平均値、CV：変動係数、T-C：全炭素、n：回答場所数、f：分析点数

表2　飼料の種類と牛糞の成分組成（乾物％）（尾形）

飼料内容	T-C	T-N	C/N	P	K	Na	Ca	Mg
牧草のみ	43.6	1.26	34.6	0.49	1.2	0.15	0.58	0.32
牧草＋配合飼料　4kg	42.8	2.19	19.6	0.92	0.62	0.25	1.54	0.56
牧草＋配合飼料　8kg	42.8	1.97	21.7	1.27	0.63	0.27	1.42	0.47
牧草＋配合飼料　12kg	42.9	2.94	14.6	1.74	0.38	0.53	2.2	0.55

注　ミネラルはすべて元素表示 T-C：全炭素、T-N：全窒素

表3　家畜排泄物量、窒素およびリン排泄量の新しい原単位（築城・原田）

畜種		排泄物量（kg/頭/日）			窒素量（gN/頭/日）			リン量（gP/頭/日）		
		ふん	尿	合計	ふん	尿	合計	ふん	尿	合計
乳牛	搾乳牛	45.5	13.4	58.9	152.8	152.7	305.5	42.9	1.3	44.2
	乾・未経産	29.7	6.1	35.8	38.5	57.8	96.3	16.0	3.8	19.8
	育成牛	17.9	6.7	24.6	85.3	73.3	158.6	14.7	1.4	16.1
肉牛	2歳未満	17.8	6.5	24.3	67.8	62.0	129.8	14.3	0.7	15.0
	2歳以上	20.0	6.7	26.7	62.7	83.3	146.0	15.8	0.7	16.5
	乳用種	18.0	7.2	25.2	64.7	76.4	141.1	13.5	0.7	14.2
豚	肥育豚	2.1	3.8	5.9	8.3	25.9	34.2	6.5	2.2	8.7
	繁殖豚	3.3	7.0	10.3	11.0	40.0	51.0	9.9	5.7	15.6
採卵鶏	ひな	0.059	—	0.059	1.54	—	1.54	0.21	—	0.21
	成鶏	0.136	—	0.136	3.28	—	3.28	0.58	—	0.58
ブロイラー		0.130		0.130	2.62	—	2.62	0.29	—	0.29

ての性格が強くなる。

いっぽう、濃厚飼料を主体に給与した場合には肥料成分の含量が高くなり、これらの違いはきわめて顕著である。

尿の成分　排尿量はバラツキが大きいし、また洗浄水や糞の混入の程度によってその成分濃度は大きく変動する。一般的にみれば、尿には窒素のほかにカリウムやナトリウムの塩化物および硫酸塩が含まれるが、カルシウム・マグネシウム・リンなどの含有率は低い。これらの成分は大部分が無機態であり、あるいは有機態でも比較的分解されやすい形態のものであって、窒素とカリウムを中心とする速効性の液肥として利用できる。

敷料が混入した糞尿の性状

肥育牛やブロイラーの飼養では多量の敷料を使用するのが一般的であり、フリーストール牛舎やハウス豚舎でも敷料を使用する場合がある。その場合、畜舎から搬出される糞尿の性状は糞尿のみの場合とは大きく異なるため、敷料が混入した場合の糞尿の性状も把握しておくことが重要である。

敷料の種類と特徴　かつては畜舎の敷料として、おもに稲わらや麦稈が使用されていた。稲わらは水分をよく吸収し弾力もあり、堆肥化の際に分解性もよいので優れた敷料素材である。しかし、省力の観点から、米をコンバインで収穫する際に細断して土壌にすき込んだり焼却されたりすることが多く、敷料としてはほとんど使用されていない。

麦稈は稲わらより水分吸収力や分解性は多少劣るものの、弾力があって優れた素材であるが、麦の作付面積は大幅に減少しており、稲わらと同じく敷料として使用されることは少ない。

現在では、これらに替わっておがくずともみがらが主要な敷料素材として使用されている。また、プレーナーくず、チップ、バークなどの木質資材やピートモス、牛舎での滑転

防止のためにトバモライトなどの無機質資材を用いる例もある。

さらに、最近ではこれらの資材が不足していることや堆肥の利用先が少ないことなどの理由から、発酵し水分が低下した堆肥を再び畜舎に戻して敷料として利用している例もみられる。

敷料は、家畜の肢蹄や体の損傷防止、保温、糞尿の付着を防止して体表面を清潔に保つなどの目的で用いられるが、畜舎から搬出した後の堆肥化の過程でも無害かつ有効な資材でなければならない。敷料素材はいずれも、糞尿に混合すれば水分を吸着するとともに、通気性を改善し発酵を促進する効果をもつことから、堆肥化の際の副資材（物性改良材）としても使用されている。

これらの資材、とくに有機質資材は容積重が小さく容水量が高い、すなわち軽くて水分を吸着しやすいものであることがわかる（表4）。

敷料容積重の把握　敷料が混入した場合の糞尿の重量は、糞尿の排せつ量に敷料の使用量を加算して求めればよい。しかし、敷料が混入すると容積が大きく変化するので、堆肥化施設などの規模を算定する場合には、その容積重を把握しておくことが重要である。

豚糞におがくず、未粉砕もみがら、稲わらなどの資材を混合して堆積した場合、堆積物の容積重は水分が高いほど、また堆積高さが高くなるほど重くなる。また、添加資材の種類によっても容積重は異なる。同一水分で比較して最も容積重が軽くなる資材は稲わらであり、未粉砕もみがら、おがくず、落花生がら、戻し堆肥の順に高くなる。粉砕もみがらについてはデータがないため明らかではないが、未粉砕もみがらとおがくずの中間的な数値になると推察される。

敷料混入糞尿の成分組成　敷料が混入した糞尿の成分組成については、おがくず、もみがら、稲わらなどは、窒素・リン酸・カリなどの養分濃度が低いため、これらの養分は希釈されて低い濃度になる。

ただし、戻し堆肥を敷料に使用した場合には、逆に養分が濃縮されていく。とくに塩類濃度が高くなるため、農地に施用する場合に障害が生じる。このため、戻し堆肥だけを使用するのではなく、他の敷料と併用するのが望ましい。

『農業技術大系　畜産編』　第八巻　糞尿の性状
一九九九年より抜粋

表4　各種物性改良材の性状（畜産環境整備機構）

物性改良材		水分（%）	灰分（%）	容積重（kg/ℓ）	最大容水量（%）	容水量（%）	溶解度（%）	pH	備　考
有機質	おがくずA	14.65	0.90	0.10	399.35	361.38	0.10	5.1	有機質系素材の対照区
	おがくずB	13.09	0.95	0.11	756.59	566.15	0.10	5.4	無機質系素材の対照区
	落花生がら	12.84	3.38	0.16	214.22	212.34	0.33	5.1	直径約5cmのキューブを手揉み解体
	稲わら	13.86	17.59	0.07	347.23	350.16	0.31	7.1	約1.5cmに細断
	籾がら	11.00	27.32	0.09	229.26	219.52	0.04	7.2	未粉砕
	ピートモス	64.48	3.27	0.04	1,167.03	1,455.13	0.04	3.5	カナダ産、中粒
無機質	パーライト	0.78	98.39	0.08	405.01	343.18	0.04	7.5	平均粒度4.6μm
	トバモライト	13.18	81.77	0.57	115.90	126.37	0.12	8.5〜9.5	粉末
	ゼオライト	7.78	87.62	0.75	84.63	97.46	0.16	5.7〜6.5	モルデナイト系　粒径1.5mm以下

注　柴田ら：千葉畜セ研報9（1995）、千葉畜セ研報10（1996）から作成した
水分・灰分：JIS K 0102工場排水試験方法による
容積重・最大容水量：土壌物理性測定法・養賢堂（東京）（1976）、京大・農業化学実験書（1974）による
容水量：蒸留水に24時間浸漬後、漏斗上で24時間放置したのち、重量を測定した
溶解度：蒸留水中で30分攪拌後静置して得た上澄液中の溶出量より算出

素材の性質　おがくず

豊川　泰　長野県農事試験場

国内におけるおがくずの総発生量（流通量）は、およそ一三〇〇万千m³と推定されている。その九割以上が丸太の製材・加工の副産物として産出される。この他、菌床きのこの培地材料として、菌床きのこ栽培専用おがくずが生産されている。木材需要量はおよそ三八〇〇万千m³（九四年）で、そのうち五五％を外国からの輸入に依存しているが、ここ数年は国産材がわずか増加しており、外材依存割合は減少する傾向にある。

樹種別にみると外材ではベイマツ、ソ連カラマツなど針葉樹が八六％、残りはラワンなど南洋材が占めている。いっぽう、国産材ではスギ、ヒノキなど針葉樹が九四％でブナ、ナラなど広葉樹はわずか全体の六％にすぎない。

これらおがくずの用途は、家畜舎の敷料、餌、堆肥としての利用が六二％、菌床きのこ用が一三％、残りがオガライト原料、活性炭原料などの工業用として利用されている。菌床きのこ栽培に利用されたおがくずも、きのこを栽培した後は、やがて堆肥素材になる。この栽培残渣をきのこ産地では「廃おが」と呼び、製材したてのおがくず（生おがくず）と区別している。国内における総発生量は一四四万m³（約五〇万t）と推定されている。

おがくずの特性

木材の性質

おがくずの水分は平均して四〇％程度である。粒度は広葉樹のほうが細かい。また冬期に凍結した木材を製材した時も、夏期の乾燥木材に比べて粒度は細かい。菌床きのこ栽培培地の材料としては粗いほうがよいので、おがくず製造機で生産したおがくずは製材の副産物としてのものよりかなり粒度が粗い。

木材の元素組成については表1に示したが、炭素が五〇％水素は六％程度で、針葉樹、広葉樹といった樹種別の違いはないが、きわめてわずか含有する窒素の違いが炭素率（以下C／N率）に大きな影響を与える。

木材の主要成分はセルロース、ヘミセルロース、リグニンである。この他、副成分とし

表1　木材の元素組成（％）

樹　　種	C	H	N	灰分	C/N
モミ	50.36	5.92	0.05	0.28	1,007
トウヒ	50.31	6.20	0.04	0.37	1,258
ブナ	49.01	6.11	0.09	0.54	545
カバ	48.88	6.06	0.10	0.29	490
ナラ	50.16	6.02	—	0.37	—
トネリコ	49.18	6.27	—	0.57	—
シデ	48.99	6.20	—	0.50	—

注　右田・米沢・近藤編「木材化学・上」による
　　C/Nは加筆

て熱水やエタノール、ベンゼンなどで抽出される各種の糖類、有機酸、アミノ酸がある。また、それらのなかには褐色腐朽菌、白色腐朽菌などの木材腐朽菌の生育を阻害し、木材の腐朽を抑制する抗菌性物質、作物の生育を阻害する物質も含まれる。とくにテルペン類、フェノール類は抗菌力が強く、木材の耐朽性に強く影響している。

セルロースは一～一・四万個程度のD―グルコース残基が直鎖状にβ―D（1→4）結合した高分子で、そのいくつかが横にしっかり結びついて束になっている。木材のセルロースは、リグニンと密接に結合しているのででんぷん、稲わらなどのセルロースに比べてはるかに難分解性である。

ヘミセルロースはマンノース、ガラクトース、グルコース（以上六単糖）、キシロース、アラビノース（以上五単糖）などいろいろの糖が不規則に結合したものである。分子の結合がセルロースほど強くないため、木材腐朽菌による初期の分解は比較的速やかに進む。また稀アルカリ液・熱稀酸にも容易に溶ける。ヘミセルロースは抽出成分とともに樹種の特徴にもっとも影響を与えている。針葉樹には二〇％、広葉樹には三〇％程度含まれており、広葉樹のほうが腐熟しやすいということを裏づけている。樹種により含まれる糖の種類にも違いがあり、針葉樹ではグルコースとマンノースからなる鎖のもの（グルコマンナン）がもっとも多く、キシロースの鎖にウロン酸やアラビノースの枝がついたもの（グルクロノアラビノキシラン）も多い。広葉樹ではキシロースの鎖に糖、ウロン酸、アセチル基の枝がついたもの（グルクロノキシラン）が多い。

リグニンの化学構造はまだ明らかではないが、メトキシル基を有する高分子化合物である。それ自体が難分解性であるとともに、ヘミセルロースやセルロースの骨格のなかに入りこみ、バインダー的にそれらを固定するなどして木材を一層難分解性のものにしている。

C／N率を四〇程度になるまで窒素源を添加して木質資材の腐熟を促進しようとしてもほとんどその効果が期待できないのはこうした木材の構造に由来する。

廃おがの特性

いっぽう、菌床きのこを栽培した後のいわゆる廃おがは、きのこの主たる栄養剤として添加する米ぬか・ふすまのかなりの量が、きのこに利用されつくさないで残存している。そのため、C／N率・ECなどが生おがくずとはかなり異なる（表2）。

表2　廃おがくずの成分組成（エノキタケ）

（水分以外は乾物値）

	水分（%）	pH	EC（mS/㎝）	T-C（%）	T-N（%）	C/N	リグニン（%）
廃おがくずA	53.0	6.4	3.0	51.0	1.2	43	33
廃おがくずB	52.5	6.4	2.8	48.5	1.12	44	―
廃おがくずC	47.6	6.8	―	50.4	1.07	47	33
生おがくず（参考）	40.0	6.3	0.1	53.1	0.09	590	―

表3　菌床きのこの培地組成（びん栽培）

	培養日数	おがくずの種類	添加栄養剤	同左比率（容量）	水分（%）
エノキタケ	50	スギ、カラマツ、アカマツ	米ぬか	3：1	65
やまびこほんしめじ	96	スギ、マツ、ブナ、コナラ	米ぬか、ふすま	5：2	65～70
ナメコ	120	ブナ、コナラ	米ぬか、ふすま	10：1～2	65～70

また栽培するきのこの種類によって培地に使う樹種、栄養剤の組成、水分含量も違う（表3）。エノキタケはスギ、マツなど針葉樹一〇〇％、やまびこほんしめじは針葉樹と広葉樹が半々、ナメコはブナ、コナラなど広葉樹を一〇〇％培地に使用している。今日ではおがくずの絶対量の不足、価格面からコーンコブ（トウモロコシの穂軸を砕いたもの）、おからなど代替物も使用されている。

　これらきのこ類はいずれも木材腐朽菌であるが、培養期間の短いエノキタケはおがくずの成分を栄養源として利用することはほとんどなく、おがくずの役割は菌糸体や子実体を保持することと、菌糸が増殖するに必要な酸素と水分の供給が大きな役割である。したがってエノキタケ栽培後の廃おがのおがくずそのものは、ほとんど生おがくずに近い。

　これに対して、ナメコややまびこほんしめじは培養期間も長く、おがくずの成分であるヘミセルロースを利用し、一部セルロース、リグニンまで利用する。したがって、これら広葉樹を含む廃おがのおがくずは、もとの生おがくずに比べてかなり分解・腐熟が進んでいる。

堆肥化の過程

おがくず入り混合堆肥の分解は、堆積初期は高熱性の糸状菌や細菌が関与し、六〇～八〇℃の高熱状態で分解が進む。この段階ではヘミセルロース、セルロース、リグニンといった木材の主要な成分の分解はほとんど行なわれず、家畜糞、汚泥、おからなどおがくず以外の素材に含まれている易分解性有機物の分解が行なわれる。後半には高熱性の嫌気性菌も働きセルロースの分解もわずか行なわれるが、木材成分の本格的な分解は高熱分解が過ぎ去り、堆肥の品温が下がり、担子菌に属する木材腐朽菌の関与によって進められる。

　この時期は堆肥化過程では、中～後熟期に相当する。木材腐朽菌にはヘミセルロースとセルロースのみを分解する褐色腐朽菌と、リグニンも分解する白色腐朽菌がおり、木材成分の分解に関与する。しかし、こうした木材成分の分解は、ヘミセルロースを除いてかなりゆっくり進められる。分解されたリグニンの一部はたんぱく質などと重縮合して腐植物質へと移行する。この時点で堆積当初四〇～五〇前後であったC／N率も三〇～二〇前後にまで低下する。

素材の配合は水分の調整を優先

発酵補助剤としてのおがくずと混合する適当な素材としては窒素含量の高いもの、水分が多いもの、汚物感が強いものとして、家畜糞尿、おから、ジュースしぼりかす、汚泥などが挙げられる。

　腐熟という観点からは、比較的腐熟しやすいヘミセルロースが多い広葉樹のおがくずのほうが針葉樹のおがくずよりも好ましい。しかし、おがくずの素材として広葉樹は針葉樹に比べて絶対量が少ないうえ、製材の副産物として産出・流通される場合は針葉樹、広葉樹がそのときどきの割合に混合されたものが出まわる。したがって、流通しているおがくずは、ほとんど針葉樹のおがくずと思って使用するほうが現実的である。

　生おがくずを使用する場合は、木材に含まれる有害な抽出成分および港湾での海水貯留中に吸収した塩分を洗い流すために、野外で堆積して一定期間雨水にさらすか散水するなどの前処理を行なうことが望ましい。廃おがの場合は、きのこ栽培に利用する段階でそれらの措置をすましているのでその必要はない。

　一般に堆肥化には、C／N率を四〇～五〇

程度に調整することと、水分を六五%前後に調整することが重要である。おがくず入り混合堆肥の場合は、C／N率よりもまず水分調整に重きをおき、素材の混合比率を決めるのがよい。すなわち、おがくずと混合する各種素材の混合比率は、おがくずの水分を基本とし、それぞれの素材の水分をもってその重量比で決定する。乾燥鶏糞のように水分の少ない素材の場合は、逆に水分を補給する。

各素材のおよその水分の目安としては、生おがくず四〇%、廃おが五〇%、牛糞尿九〇%、豚糞尿八五%、乾燥鶏糞一五%、おから八〇%、食品加工残渣九〇%、生汚泥七五%、家庭生ごみ八五%程度である。

以上の水分値をもとに、おがくず入り豚糞堆肥について一〇〇kgの混合物（水分六五%）をつくる場合の計算例は、囲みのとおりである。

おがくず入り豚糞堆肥を100kgつくる場合の配合例

おがくず　炭素…53%　窒素…0.09%　水分…40%　素材量…$x$kg
豚糞　炭素…39%　窒素…4.1%　水分…85%　素材量…$y$kg

方程式は

$$\begin{cases} x+y=100\text{kg} \\ 0.4x+0.85y=0.65\times100\text{kg} \end{cases}$$

解は　$x=44$kg　$y=56$kg

炭素の合計　44kg×（1−0.4）×0.53＋56kg×（1−0.85）×0.39＝17.3kg
窒素の合計　44kg×（1−0.4）×0.0009＋56kg×（1−0.85）×0.041＝0.37kg
C／N＝47

表4　おがくず堆肥の素材の混合割合（100kgの混合物をつくる場合）

（kg）

混合素材（水分%）	牛ふん尿（90%）	豚ぷん尿（85%）	乾燥鶏ふん（15%）	おから（80%）	食品加工残渣（90%）	生汚泥（75%）	家庭生ごみ（85%）
生おがくず（40%）	50：50	44：56	30：20：水50	38：62	50：50	29：71	44：56
廃オガ（50%）	63：37	57：43	36：20：水44	50：50	63：37	40：60	57：43

現場においては有機物としての堆肥素材に加え、ヘミセルロースの分解促進を目的にpH調整も兼ね石灰窒素を添加したり、家畜糞および堆肥化中の消臭効果を目的にゼオライトなどを添加する場合もあるが、堆肥素材の量に比べて添加量も少ないために上記のような水分調整、堆肥素材の混合比率調整の必要はない。またおがくず以外に数種類の堆肥素材を混合する場合もあるが、この場合も混合割合を決定する基本は、原則として水分調整を優先する。

◆

おがくず入り混合堆肥、バーク堆肥など木質入りの堆肥については、素材がバラエティーに富んでいることもあり、腐熟度の判定法も明確になっていない。また現状においては、これを運用した場合の可給態窒素をはじめ各成分等の土壌中における挙動について数値化の集積が、稲わら堆肥などに比べて少なく、必ずしも作物からの要求に応えるような施用がなされていない。そのため、堆肥化過程における物質の変化、成分の推移についての研究に加えて土壌中での挙動の解明に重点をおいた研究の進展に期待したい。そのことにより、作物別の吸収量を考慮した適正な施用基準がつくられ、利用促進がはかられると思われる。

『有機廃棄物資源化大事典』―おがくずより抜粋

素材の性質　もみがら

松村昭治　東京農工大学

もみがらの成分、堆肥化特性

もみがらが稲のもみ全体に占める重量割合は、平均約二五％である。わが国では、毎年、約三〇〇万tのもみがらが発生していることになる。なお、もみがら一tの容積は約一〇㎥である。

もみがらの形状や大きさはほぼ均一であり、撹拌装置のような機械による移動・撹拌作業に適している。また、リグニンやケイ酸を多く含み構造が堅固であるため、内部に大きな空隙を長期間維持する。そのため、水はけの悪い水田の暗渠に詰めたり、水分の多い下水汚泥や家畜の糞尿を好気的に発酵させる際に、通気確保資材として混合されることがある。

しかし、構造的に空隙が大きすぎ、また、撥水性があるために、水分の吸収保持量が小さく、もみがらそのものは微生物による分解を受けにくい。堆肥化のために、外部から尿素などを添加しC／N比を調整しても、水分が不足して発酵・分解が進みにくい。そこで、この構造を破壊して水分の吸収保持量を増大することが行なわれている。

①破砕切断処理…刃が高速で回転する容器内で、もみがらを浮遊させながら切断破砕する。破砕もみがらの粒径別吸水能力は、粒径が小さいほど大きくなる。

②膨軟化処理…もみがらをプレスパンダーに適量の水とともに投入し、六～一五kg／㎠の圧力で圧縮すると、もみがら中の水分は熱水状態になる。これが排出口から出るときに急激な圧力低下が起こり、水分の急膨張によってもみがらの堅い組織が破壊される。もみがらは綿状になり、自重の二～二・五倍の水分を吸収できるようになる。

③圧縮破砕処理…プレスミル（圧縮破砕機）を用い、もみがらをスクリューで圧送し、ひねりを加えながら粉砕する。これによりもみがら表面に並ぶ突起が破壊され、細かい亀裂ができるとともに、内部に通じる細孔が露出して、水の吸収保持量が大きくなる。

堆肥化の方法・システム

前述のように、もみがらに窒素を加えて堆積しただけでは、発酵に好適な水分を保持できず、堆肥化がうまく進行しない。そこで、もみがらに蒸気のような処理を加えるか、または水分保持量を増大するために他の有機物資材を混合することが必要になる。どちらを選ぶかはそれぞれの条件によるが、畜産が盛んな地域ならば、混合資材として家畜糞尿を利用できるので、後者がきわめて有利である。

敷料にしたもの　一般に畜舎の敷料としてはおがくずが利用されている場合が多い。おがくずは多量のリグニンを含み、また、C／N比が大きく分解しにくいため、必ずしも堆肥材料として好適ではない。しかし、水分吸収能がきわめて大きいので、畜舎床面の尿汚水の吸収や糞尿発酵の際の水分調整資材として利用されている。ただし、入手難や購入コストなどの問題があるため、おがくずの代替資材としてもみがらを利用する試みが多くの研究機関において行なわれてきた。

①もみがら処理の要否：尿汚水の吸収および堆肥化期間短縮の点では膨軟化処理もみがらが最適であり、圧縮破砕もみがら、切断破砕もみがらがこれに続くが、必ずしもこれらの処理は必要でない。ただし、豚舎で未処理もみがらを敷料に使用した際、皮膚刺激により豚の下腹部に発疹が現われたケースがある。

②混合方法：堆積時に糞尿ともみがらを混合するよりも、畜舎の敷料として用い、もみがらと糞尿の混合物の水分が発酵に好適な水分になったときに取り出して堆積するのが作業面からも合理的である。

③糞尿との混合割合：牛糞尿の場合、重量比でもみがらを等量かそれ以上加えて混合するのがよい。豚糞尿の場合は、もみがら：糞尿＝一：一～二（重量比）の範囲がよい。いずれの場合も一㎡あたり一～二kgの尿素を添加して、発酵当初のC／N比を三〇～五〇になるようにすると速やかに発酵が進行する。

④堆積方法：もみがらと糞尿の混合物を三〇～三五cmの高さに広げる平積みと、木枠やコンクリート枠の中に積み込む枠積みの方法がある。前者は通気がよいため発酵が比較的速く進行するが、広い面積を必要とする。後者では面積が少なくてすむが、下層部が通気不良になりやすく、切返し回数を多くしないと発酵が遅れる。規模を一t（一〇㎥）以上にすると熱の過剰拡散を防止でき、発酵が順調に進行する。規模が大きい場合、切返し作業にはシャベルドーザーやフロントローダーが用いられる。堆肥化が完了するまでの期間は九〇～一二〇日である。いずれの場合も降雨を避けるために簡易ビニールハウスなどの施設内で行なうのが望ましい。

⑤熊本畜試における堆肥化試験によれば、粉砕もみがらと液状きゅう肥を混合・堆積し、七日ごとに二回切返すことによって、約二〇日間という短期間で腐熟化が完了した。

⑥バーンクリーナー、スクレーパー、ベルトコンベアー、自動撹拌型糞尿発酵装置などが完備し、糞尿処理作業がシステム化されている畜舎では、上記要点を考慮すれば、さらに短期間に、しかも容易にもみがらを堆肥化できよう。

敷料にせず堆肥化する　近隣に畜産農家がない場合には、畜舎の敷料にせずにもみがらを発酵させなければならない。もみがら自身が発酵・分解するためにはもみがら組織内に水分が浸入する必要があり、したがって、膨軟化・圧縮破砕などの前処理を行なっておくのが望ましい。すでに農用トラクターのPTO駆動によるもみがら膨軟化装置も開発されていることから、何軒かの共同購入により比較的小規模でも処理することも可能であろう。処理したもみがらに水を十分に吸収させ、尿素のような窒素素材を加えてC／N比を三〇～五〇になるように調整し（例：風乾状態の粉砕もみがら一㎡あたり尿素を約一・五kg加える）、さらに米ぬかやおからのようなたんぱく質に富む資材を混合して堆積すれば、容易に発酵が始まる。堆積方法は前項同様であり、この場合も一〇㎡以上の規模で堆積するほうが順調に発酵が進行する。

もみがらの成分

水分（%）	T-C（%）	T-N（%）	C/N比	P_2O_5（%）	K_2O（%）
11.7	32.8	0.45	72.9	0.18	0.33

注　水分以外は乾物当たり

もみがらにはケイ酸が約20%、リグニンが20%含まれている

おがくずよりも早く分解

愛媛県農試では難分解性の堆肥材料としておがくずとともにもみがらをとりあげ、混合する家畜糞の種類や混合割合について検討している。その試験では、もみがら一五〇kgに対し豚ぷんを八〇〇kgを混合して発酵させた。こうしてできたもみがら豚糞堆肥の成分、作物に対する施用効果および栽培跡地土壌の性質に及ぼす影響などについて調べた。この場合、糞尿の混合割合が普通よりも大きいため、成分含有率が高く、とくにリン酸の含有率は５％を超えている。

ポット試験の結果ではもみがら堆肥の施用効果はおがくず堆肥よりも大きく、残効も著しく大きいことが示されている。この理由は明らかではないが、跡地土壌の性質をみると、pHを上昇させる効果、置換性塩基の増加などのほかに孔隙率や保水量を増大する効果も大きいと考えられる。また、土壌のT―CとT―Nを詳細にみると、おがくず堆肥よりももみがら堆肥のほうが高くなっており、したがって、もみがら堆肥はおがくず堆肥よりも速く分解すると推定される。

『有機廃棄物資源化大事典』―もみがらより抜粋

ケイ素は作物の抗菌活性を強化する

ケイ素の病害抵抗発現は、従来からケイ化細胞の形成による物理性の強化や光合成能の促進効果等で説明されていた。しかし、それだけではないことをカナダのベランジェのグループの一人ファエが一九九八年に発見した。ケイ素を与えているキュウリにうどんこ病菌を感染させると、接種部位に強い抗菌活性が認められ、その活性物質はフラボノールの一種であるラムネチンであり、それがキュウリのファイトアレキシン（病原微生物の感染によって植物に新たに合成される抗菌物質の総称）であることを明らかにした。ラムネチンは、いもち病菌感染時に生成する、稲のファイトアレキシンの一種であるサクラネチンとも構造が似ている。

作物は人間のように抗体を作るわけではないが、一度病原菌に感染すると抵抗性が発現することが近年明らかになってきている。それを獲得抵抗性といい、感染した部位だけに発現する場合を局部獲得抵抗性（ＬＡＲ）、作物体全身に発現する場合を全身獲得抵抗性（ＳＡＲ）と言う。ケイ素もファイトアレキシンの生成に関与していることがキュウリで判明したが、ファイトアレキシンの生成蓄積が獲得抵抗性誘導に関与している。

兵庫県立中央農業技術センターの神頭武嗣、三好昭宏らは、イチゴの水耕栽培で培養液に試薬のケイ酸カリウムを添加すると、うどんこ病の発病が抑えられることを一九九七年に実証した。実験経過を観ていた筆者も驚いた。ケイ酸カリウムでSiO_2を五〇ｐｐｍ以上施用しているところは、みごとにうどんこ病発生が抑制されている。その後彼らは、圃場レベルで各種ケイ素含有資材を施用してテストしている。水耕栽培ほどの劇的な効果はないが、イチゴにおいてもケイ素施用がうどんこ病発生を抑制することは事実である。

（渡辺和彦・前川和正）

『現代農業』二〇〇〇年一月号より抜粋

素材の性質

おから、コーヒーかす、バーク、チップダスト、せん定枝葉、わら、山野草、大豆稈、米ぬか、廃白土

おから

おからは豆腐や油揚げの製造の際につくる豆乳をしぼったあとのかすで、以前は食品や家畜の飼料として利用されていた。しかし、現在ではあまり利用されなくなり、産業廃棄物として処理されることも多い。

大豆の皮や細胞壁など繊維分がほとんどだが、豆乳も少しは残っており、たんぱく質、脂肪、粗繊維、灰分など栄養分が多く含まれている。また水分を八〇%も含んでいるので、微生物が繁殖しやすく、すぐに腐り始める。栄養価が高いので本来は飼料などに利用するのが望ましいが、良質の肥料や堆肥としても利用できる。

たんぱく質が豊富なので、堆肥化の際に、アンモニアガスが揮散して悪臭を発生しやすい。これを防ぐには、炭素率の高い素材と組み合わせるか、密閉型の発酵槽を使用する。組み合わせる素材は炭素率が高くかつ水分が少ないものがよく、きのこの廃培地などが適している。せん定くず、枯れ草、芝草、コーヒーかすなどでもよい。

おからで堆肥をつくると窒素成分が高い堆肥ができるので、堆肥というよりは、有機質肥料のように少なめに使用する。

おからの肥料成分（神奈川県農総研）

	含水率	窒素	リン酸	カリ	炭素率
現物含量	80%	0.9%	0.17%	0.33%	
乾物含量		4.4%	0.8%	1.6%	11

コーヒーかす

コーヒー豆を焙煎し、粉砕し、熱水で抽出した残りがコーヒーかすである。一般家庭やレストランなどのレギュラーコーヒーから出るが、これらは少量ずつしか出ないので、一般のごみと一緒に焼却されている。インスタントコーヒーのかすは、工場内で燃料として利用されており、廃棄物としてまとまって排出されているのは、缶コーヒーのかすと、コーヒー牛乳などリキッド類製造の過程で出るコーヒーかすである。

熱水で抽出するために水分を六五%含み、堆肥化には好ましい水分含量である。肥料成分としては、窒素を二%（乾物重量）ほど含むが他の成分はごくわずかである。コーヒーかす単独では発酵・分解しにくく、一か月堆積しても窒素分がまったく無機化しない。そのため生のまま土中に投入すると、窒素飢餓の恐れがある。

コーヒーかすは多孔質のために保水力が高い。アンモニアガスなどを吸着させる力も強いので、豚糞やおからなど、アンモニアガス

作物の残渣や、樹皮、落ち葉の炭素率 （全農肥料農薬部）

ランク C/N比	有機物資材名	C/N比	全炭素 乾物%	全窒素 乾物%
10〜20	ベッチ茎葉	13.0	38.3	2.95
	ツルエンドウ（開花期）	16.8	45.3	2.69
	アルファルファ（乾草）	18.5	43.2	2.34
	大豆葉	19.0	44.4	2.34
	堆肥	20.3 ±6.5	7.9 ±6.5	0.39 ±0.17
20〜50	ツルエンドウ （さや除く成熟期）	29	44.0	1.50
	カシワ葉（風乾）	26	35.1	1.36
	クルミ葉（〃）	26	29.5	1.12
	野菜乾草	43	45.6	1.07
	針葉樹落葉	20〜60		
50〜100	松葉落葉	56	42.0	0.75
	ダグラスモミ葉	58	55.8	0.96
	ピートモス（平均）	52	43.3	0.83
	ススキ茎葉	62	42.0	0.68
	稲わら	67	45.0	0.63
	籾がら	72	39.8	0.55
	大麦わら	92	49.0	0.53
	裸麦わら	88	46.5	0.53
	広葉樹落葉	50〜120		
100〜150	小麦わら	107	41.8	0.39
	とうもろこしの穂軸	108	46.9	0.45
	とどまつ樹皮	116	50.2	0.45
	ヒッコリー樹皮	117	48.1	0.41
	ダグラスモミのまつかさ	133	49.2	0.37
	アカハンノキのおがくず	134	49.6	0.37
	ライ麦わら	144	47.4	0.33
200以上	米マツ老材	292	58.4	0.20
	みずなら樹皮	320	41.6	0.13
	おがくず（平均）	340	44.3	0.13
	アマ（種子を除く）	373	44.7	0.12
	ダグラスモミの樹皮	491	54.0	0.11
	米マツの薄皮	494	54.3	0.11
	タグラスモミの木質部	548	49.4	0.09
	レッドスギのおがくず	729	51.1	0.07
	カラマツ樹皮	993	59.6	0.06
	ダグラスモミのおがくず	996	49.8	0.05
	ポンテロッサマツおがくず	1,064	53.2	0.05
	[illegible]樹皮	1,206	51.8	0.04

コーヒーかすの成分（乾物表示）（日本肥糧検定協会1992）

資料名		コーヒーかすA	コーヒーかすB	コーヒーかすC
水分含量（現物%）		66.3	3.70	4.99
容積重（現物g/mℓ）				0.55
pH（1:10）		5.8	5.9	5.1
EC（mS/cm）				0.65
有機物（%）		98.8	98.9	98.7
粗脂肪（%）				6.1
全炭素（%）				55.2
全窒素（%）		1.99	2.00	2.17
C/N比				25.4
NH_4—N（mg/kg）				3.68
NO_3—N（mg/kg）				0.14
全P_2O_5（%）		0.24	0.22	0.24
全K_2O（%）		0.27	0.26	0.44
CEC（meq/100g）				26.5
CaO（%）		0.24	0.18	0.14
MgO（%）		0.26	0.24	0.20
水溶性フェノール（mg/kg）				8,400
窒素の無機化率（%）	7日後	<0	<0	<0
	14日後	<0	<0	<0
	28日後	<0	<0	<0

を発生しやすい素材と組み合わせるとよい。

　コーヒーかすを多量に圃場に施用すると、作物の生育を阻害することがあるので、長期間堆積して熟成させるか、他の素材を等量以上混合することが望ましい。

バーク

　バークは樹木の皮のことで、チップやパルプの生産（製紙業）、製材業、木材輸入港湾などで排出される。バークが堆肥原料としてさかんに利用されはじめたのは、一九八〇年代のころである。

　バークの原料は、かつては米国産のベイツガがもっとも多く、ほかにはミズナラ、ニレ、ヤチダモ、シデ、カシ、シイ、ブナなど国内産広葉樹が主であった。現在は広葉樹バークの入手は困難で、スギ、ヒノキなどの針葉樹のバークが多くなっている。

　木材の成分はセルロース、ヘミセルロース、リグニンの三つの高分子化合物が主成分である。そのほかに、フェノール類やテルペン類などの従属成分があり、この強い抗菌力で、きのこなどからの侵食を防いでいる（とくにヒバ、ヒノキ、コウヤマキなどの心材は耐朽性が高く、昔から建材に利用されてきた）。

かつてはバークを一～二年堆積してから粉砕し、家畜の糞尿と混ぜて堆肥化していたが、近年は、生バークを粉砕して糞尿や他のかす類を添加して堆肥化する方法が多い。

チップダスト

チップダスト（チッパーダスト）は、製紙原料の木材チップ（樹皮をはいだ木部をチッパーで削り取った一～二cm角の木片）を製造する際に発生する木くずである。バーク堆肥に混合されたり、家畜糞尿の水分調整のために利用されている。

木材の腐朽のしやすさは樹種によってかなり異なり、一般には広葉樹のほうが針葉樹より腐りやすい。また、同じ木でも心材の中心部よりも、枝の先端部など辺材のほうが堆肥化しやすい。

ちなみに、おがくずが一mm以下の粉状なのに対して、チップダストは一～五mm、プレーナーくずは一cm前後のかんなくずである。


土壌に設置した場合の主な樹種の心材の耐用年数

（松岡昭四郎ら、1970、S. Amemiya、1979）

日本種		北米種		南洋種	
樹種	耐用年数	樹種	耐用年数	樹種	耐用年数
エゾマツ	2.5	ベイツガ	3.0	アガチス	1.5
ブナ	4.0	ベイモミ	3.0	ジェルトン	1.5
クヌギ	5.0	スプルース	3.0	ラブラ	1.5
アカマツ	5.5	ベイマツ	6.0	セルチス	2.0
カラマツ	6.0	ベイヒ	6.0	ターミナリア	3.0
スギ	6.0	ダフリカカラマツ	6.5	アピトン	4.5
シラカス	6.5	ベイヒ	7.0<	クルイン	5.0
ミズナラ	6.5	ベイスギ	7.0<	カロフィルム	5.0
ヒバ	7.0			ライトレッドメランチ	6.0
ヒノキ	7.0			カプール	7.0
クリ	7.5			チェチールパンユイ	7.0
ケヤキ	7.5			プザック	7.0
				ギアム	14.0<
				パラウ	14.0<
				パンキライ	14.0<
				ユキクサイ	16.0<

せん定枝葉

せん定枝葉は、街路樹、公園、一般家庭の庭木などから生ずる。街路樹にはおもに落葉樹が用いられ、イチョウ、ユリノキ、サクラ、ケヤキ、トウカエデなどが多い。公園には常緑樹のマテバシイ、クスノキなどが多い。

夏にでるせん定枝葉は水分が多い若葉や枝が多いので、比較的早く分解する。逆に冬にせん定したものは枯葉や硬い枝が多く、水分が少ないので分解しにくい。C／N比は、夏は葉が多いため七〇前後で、冬は木部が多いため八〇前後である。堆肥化するときは二～三cmに粉砕し、乾燥鶏糞、油かす、ビールかす、尿素、硫安など窒素（N）成分の高い材料と混ぜて熟成させる。

わら

昔から、日本人にとってわらはきわめて重要な生活資材であり、なわ、畳、むしろ、草履など多くの生活用品に利用されてきた。そして、使い古された草履などすべてのわら類は堆肥にされて、田畑に還元されていた。

現在、稲わらは年間およそ一一〇〇万t発生し、うち六六〇万tはそのまま田にすき込まれている。残りは堆肥、粗飼料、敷料、

稲わら、籾がら、麦稈の成分組成（%）

	全炭素	全窒素	C/N比	P_2O_5	K_2O	CaO	MgO	SiO_2	出典
稲わら	40.8	0.62	66	0.17	2.17	0.56	0.14	8.78	吉沢ら、1983
籾がら	33.8	0.36	94	0.17	0.51	0.12	0.09	21.66	西沢ら、1978
麦稈	44.3	0.36	123	0.37	1.96	0.24	0.19	4.86	吉沢ら、1983

注　土づくり土壌改良資材、全肥商連（1994）

主な有機物の炭素率と必要な窒素添加量（炭素率40%）　（藤原）

材料	水分（%）	炭素（C）（%）	窒素（N）（%）	C/N	材料1tに添加必要な窒素量*（kg）
稲わら	14.2	41.0	0.63	65.0	4.0
大麦わら	11.0	45.2	0.46	98.3	7.1
小麦わら	11.0	41.2	0.32	128.8	7.1
山野草	11.0	35.0	1.19	29.4	—
大豆稈	15.5	48.5	1.03	47.0	1.8
籾がら	11.8	36.3	0.48	75.6	4.3
おがくず	7.0	53.4	0.10	534.0	12.4
レンゲ	16.7	44.6	2.25	19.8	—

注＊

$$X=\frac{C}{A}-N$$

X：添加するNの割合（%）
C：堆積材料の炭素含量（%）
N：堆積材料の窒素含量（%）
A：矯正する炭素率

山野草の成分（乾物%）

	T-C	T-N	C/N	P_2O_5	K_2O	備考
カヤ	—	1.11	—	0.17	0.87	乾物
ヨモギ	37.1	2.47	15.0	—	—	乾物
ハギ	—	2.36	—	0.51	1.01	乾物
ススキ	42.0	0.68	62.0	—	—	現物
野草	—	1.19	—	0.39	1.26	乾物

マルチなどに利用されるが、焼却も五%ほどある。そして、北朝鮮（一〇万t）、台湾（九万t）、韓国（二万t）など、一八ヵ国から計三五万tが輸入されている（九六年）。

いっぽう麦は、六〇年代にアメリカ産麦の輸入によって、北海道や佐賀など一部の地域をのぞいて国産麦の作付けが激減してしまった。現在の麦わらの生産量は七〇万tほどとみられ、利用（処理）については、焼却、すき込み、堆肥との交換の順である。

昔から堆肥材料といえば、稲わら、麦わらを利用するのが普通であったが、現在では入手が困難な素材となっている。永続的な農地の地力維持という観点からすれば、その土地から生じた有機物はその土に還元するべきである。足りないからといって安易に他国に依存するのではなく、自国のわらの利用を高めることが大切である。

稲わらのC／N比は六〇～七〇、麦わらは一〇〇前後である。このままでは、堆肥化しにくいが、家畜糞尿など窒素含量の高い素材とまぜたり、尿素や硫安を添加すると良質の堆肥ができる。

山野草

山野草は、昔は「刈敷き」として田畑の土を肥沃に保つための重要な資材であった。また、家畜の飼料として主要な位置を占めていた。しかし、草刈り作業は危険で重労働のため、近年ではほとんど利用されなくなっている。

山野草は種類が多いので、成分がまちまちであるが、カヤ、ハギ、ヨモギなどの野草類の成分は、一般にはわら類よりも窒素含量が高く、リン

大豆稈の成分（乾物%）　　（佐賀県下、池田・小野）

	T-C	T-N	C/N	P_2O_5	K_2O	CaO	MgO	Na_2O	備　考
大豆稈	49.3	0.92	53.6	0.26	1.47	0.42	0.33	0.13	中粗粒灰色低地土
大豆稈	47.7	1.14	41.8	0.37	2.12	0.46	0.35	0.04	細粒灰色低地土
莢	44.0	1.45	30.3	0.55	2.59	0.50	0.70	0.08	
茎	50.4	0.82	61.5	0.18	1.36	0.38	0.40	0.04	

米ぬかと他のぬか類の分析表

成分 / 品名	粗たんぱく質（%）	粗脂肪（%）	粗繊維（%）	可消化粗たんぱく質（%）	可消化純たんぱく質（%）	可消化養分総量（%）	でんぷん価
米　ぬ　か（平均）	15	18	9	10	9	80	75
こ　う　じ（平均）	16	4	8	12.5	11	64	48
大　麦　ぬ　か（平均）	7	2	23	4	3.5	50	40
大豆皮およびくず	11	3	34	7	6	38	30

米ぬか等の組成、成分（%）

	水分	窒素	リン酸	カリ	石灰	文　献
米ぬか	11.3	2.08	3.78	1.40	0.08	奥田東著『肥料学概論』（養賢堂刊）
小麦ぬか	13.1	2.24	2.69	1.53	0.15	
米ぬか油かす		2.00	4.00	1.00		前田正男著『肥料便覧』（農文協刊）
米ぬか油かすとその粉末		2.00*	4.00*	1.00*		伊達昇編『便覧有機質肥料と微生物資材』（農文協刊）

注　＊含有すべき成分の最少量

酸もやや高い。炭素率は三〇～五〇なので、単独でも早く分解し、良質の堆肥ができる。

大豆稈

大豆稈の成分は、地域や土壌条件によって、差がある。これには大豆が栽培された、畑の肥沃度の違いが影響していると考えられる。

また、莢《さや》と茎とを比べると窒素・リン酸・苦土・カリの含量は、莢のほうがはるかに高い。大豆稈（莢、茎を含む）の炭素率は四〇～五〇で、わら類より低い。このため、わら類に比べて早く堆肥化することができる。

米ぬか

米ぬかは玄米を精米する過程で約一割発生するので、年間約一〇〇万tの米ぬかが産出されていることになる。かつては米油や飼料に利用されてきたが、近年はボカシ肥など発酵肥料の材料としても重宝されている。

米ぬかの成分は、組成でみると、でんぷんが七五％、たんぱく質が一〇～一五％、脂肪が約二〇％、繊維が約一〇％含まれており、ビタミン類やミネラルも多い。きわめて栄養価、エネルギーが高い素材である。また、肥料成分でみると、窒素二％、リン酸四％、カリ一%程度であり、他の有機物素材にくらべると、リン酸が多くカリが少ない（水分含有率は一〇%強）。

米ぬかを土づくりに利用するときは、肥料成分が豊富なので、ボカシ肥など肥料として使用するのがよい。また、油脂成分が多くカロリーが高いので、カロリー不足で堆肥の温度が上がりにくい場合に添加すると、堆肥化をスムーズに進めることができる。家庭ごみのように素材の量が少なくて、発酵熱が逃げやすい場合にも有効である。

廃白土

「白土」とは秋田県などで産出するモンモリロナイトを主成分とする粘土で、珪酸塩白土といわれる。モンモリロナイト（Al_2O_3・$4SiO_2$・nH_2O）は、ケイ酸層―アルミナ層―ケイ酸層の三層から成る結晶構造で、きわめて薄い板状になっている。この結晶の板は負に帯電しており、K^+、Ca^{2+}、Mg^{2+}など陽イオンを間に挟んで重なると、電気的に安定になる。そのため、結晶層が何層にも重なったサンドイッチのような状態で存在している。

陽イオンは電気的に弱く結合しているため、他の溶液イオンが触れると、容易にイオン交換する。表面積が大きいために、陽イオン以外の物質を吸着する力も強い。また、水を吸着すると、結晶層の間が二倍近くまで膨張することが知られている。

このモンモリロナイトを硫酸で処理して、大きな比表面積、大きな吸着能を有する多孔質構造にしたものが活性白土である。活性白土は油脂などの脱色や精製に広く利用されており、使用済みの活性白土を、廃白土という。農業で利用される廃白土は、食料油の脱色・精製に使用されたもので、食品産業からの廃棄物として産出する。

廃白土は硫酸を含有するため（pH三・五）、アンモニアを中和・吸着する能力が高く、かつ油脂を多く含んでいてカロリーが高い。堆肥の材料に廃白土を混合すると、脱臭効果があるうえに、発酵温度を高くすることができる。

また、白土自体は土壌改良剤としても利用されている粘土鉱物なので、CECを高める効果がある。産業廃棄物であるために価格も安い。ただし、農地に還元できるのは、食料油を精製した廃白土であり、石油等の精製に使用した廃白土は使えないので注意が必要である。

（まとめ　本田進一郎　本誌）

モンモリロナイトの構造の模式図

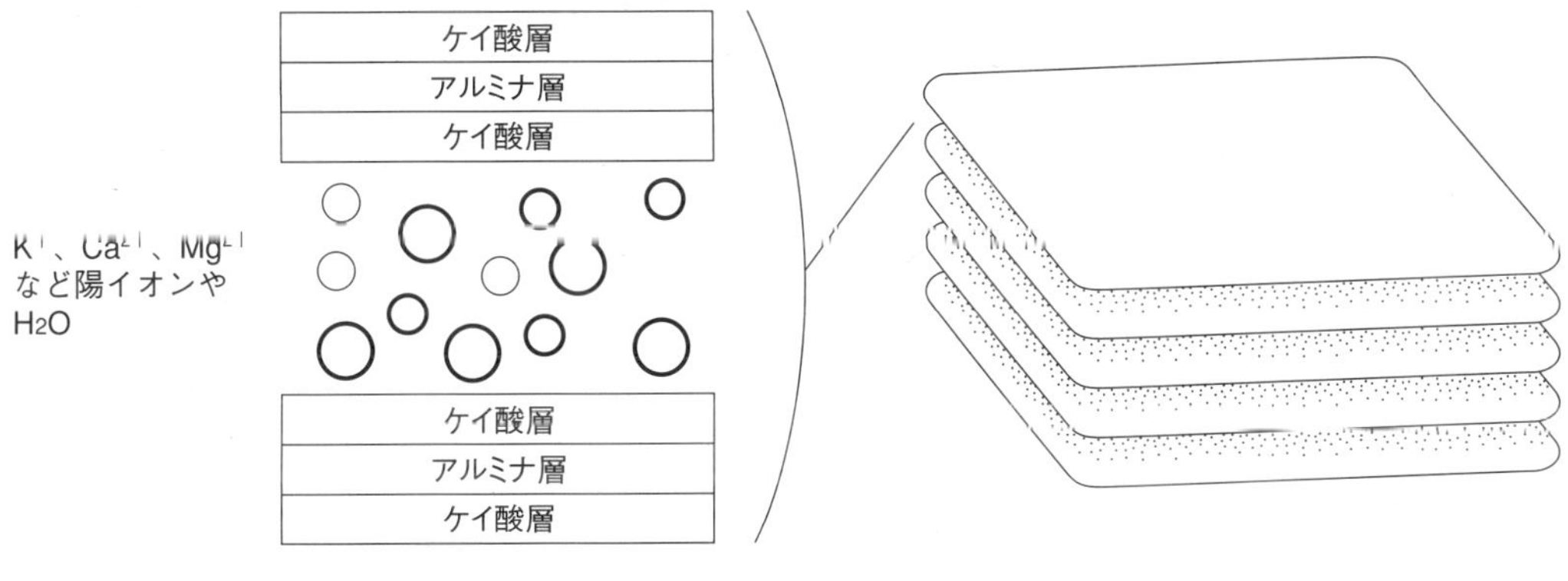

結晶の間に陽イオンをはさみ、何層にも重なっている

堆肥と腐植

青山正和　弘前大学

腐植とは

土壌有機物と腐植

土壌に入ってくる動植物遺体は微生物によって分解されるが、分解の過程で生産される中間産物から、生物的および非生物的な反応により暗褐色ないしは黒色の有機物が合成される。この種の有機物の生成過程を腐植化という。

腐植という言葉は、土壌中に存在する有機物の総称である土壌有機物と同義語で用いられる場合もあるが、一般には、土壌有機物のうちで腐植化によって生成する褐色〜黒色を呈する部分を指す用語として用いられてきている。コノノワ（一九六四）は、土壌有機物のうち新鮮および分解不十分な動植物遺体を除いた部分を腐植としている（第1表）。ここでは、土壌有機物のうち、まだ明確な形が残る生物遺体を除いた無定形の褐色ないしは黒色の有機物、すなわち第1表Ⅱに相当する部分を腐植と呼ぶことにする。

腐植物質と非腐植物質、粗大有機物

また、第1表のⅡ（a）のように、腐植の中でも暗色を呈する部分を指して腐植物質と呼ぶ。腐植物質以外の部分は非腐植物質と呼ばれ、第1表のⅡ（b）に相当する物質から構成されている。ただし、腐植物質と非腐植物質は渾然一体としており、現在のところ両者を区別して定量化する手段は存在しない。このため、概念上、腐植は腐植物質と非腐植物質の両方から成っているものとして取り扱われる。なお、第1表のⅠに相当する有機物は、おもに分解途上にあって明確な形が残っている動植物遺体から成ることから、粗大有機物とも呼ばれる。

筒木（一九九四）は、おおよその目安として、土壌中の生きた有機物である生物を除い

第1表　土壌有機物の区分（コノノワ、1964）

Ⅰ	新鮮および分解不十分な動植物遺体（粗大有機物）
Ⅱ	腐植
	（a）腐植物質：腐植酸、フルボ酸、ヒューミン
	（b）非腐植物質（生物遺体の強度の分解物と微生物による再合成産物）：タンパク質、炭水化物とその誘導体、蝋、樹脂、脂肪、タンニン質、リグニン質とその分解生成物

第1図　土壌有機物の構成（筒木、1994）

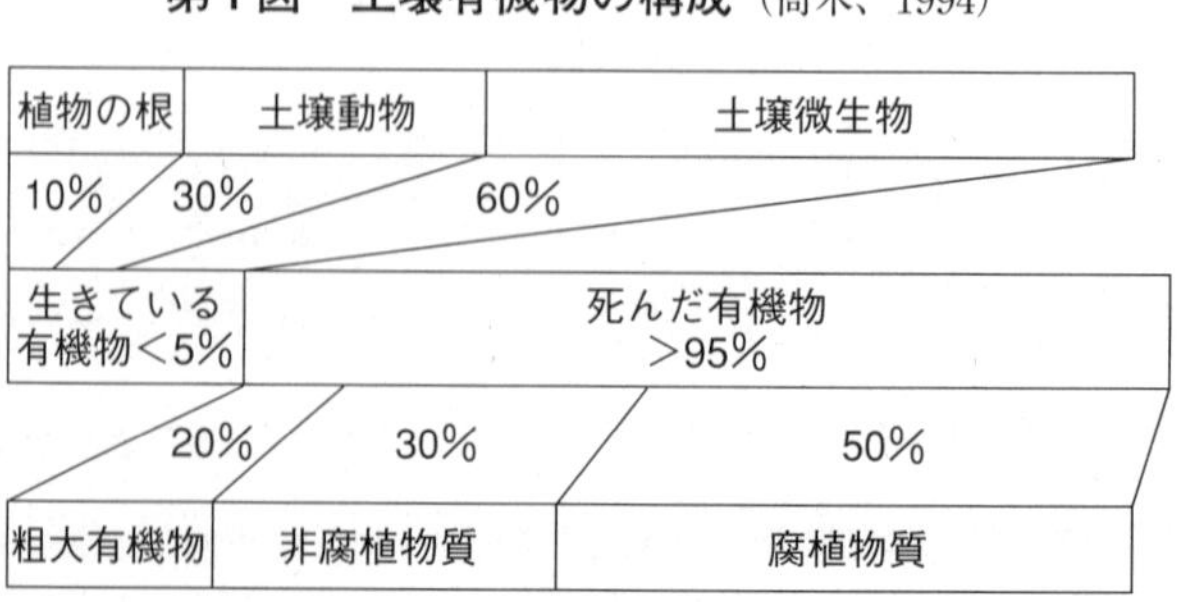

た有機物の五〇％が腐植物質であり、三〇％が非腐植物質、二〇％が粗大有機物であるとしている（第1図）。

腐植酸、フルボ酸、ヒューミン

腐植は、しばしば腐植酸、フルボ酸およびヒューミンに分けて扱われる。これは、第2図に示すように、土壌から新鮮および分解不十分な動植物遺体を除いた後、アルカリその他の溶媒で抽出を行ない、抽出されない不溶件の画分をヒューミンと呼び、可溶部のうち酸で沈澱する画分を腐植酸、酸で沈澱しない画分をフルボ酸と呼ぶ。これらは、概念上の分け方ではなく、一定の実験操作により得られる土壌有機物の画分の名称である。

コノノワは腐植酸、フルボ酸およびヒューミンを腐植物質としている（第1表）が、第3図に示したように、いずれの腐植画分も腐植物質と非腐植物質の両方から成っていると考えるべきである。なお、土壌から新鮮および分解不十分な動植物遺体を完全に除くことは不可能であるため、それらが存在する状態の土壌から腐植の抽出を行なうのが普通である。この場合、新鮮および分解不十分な動植物遺体のかなりの部分はヒューミン画分に含まれる。

第２図　腐植の分画

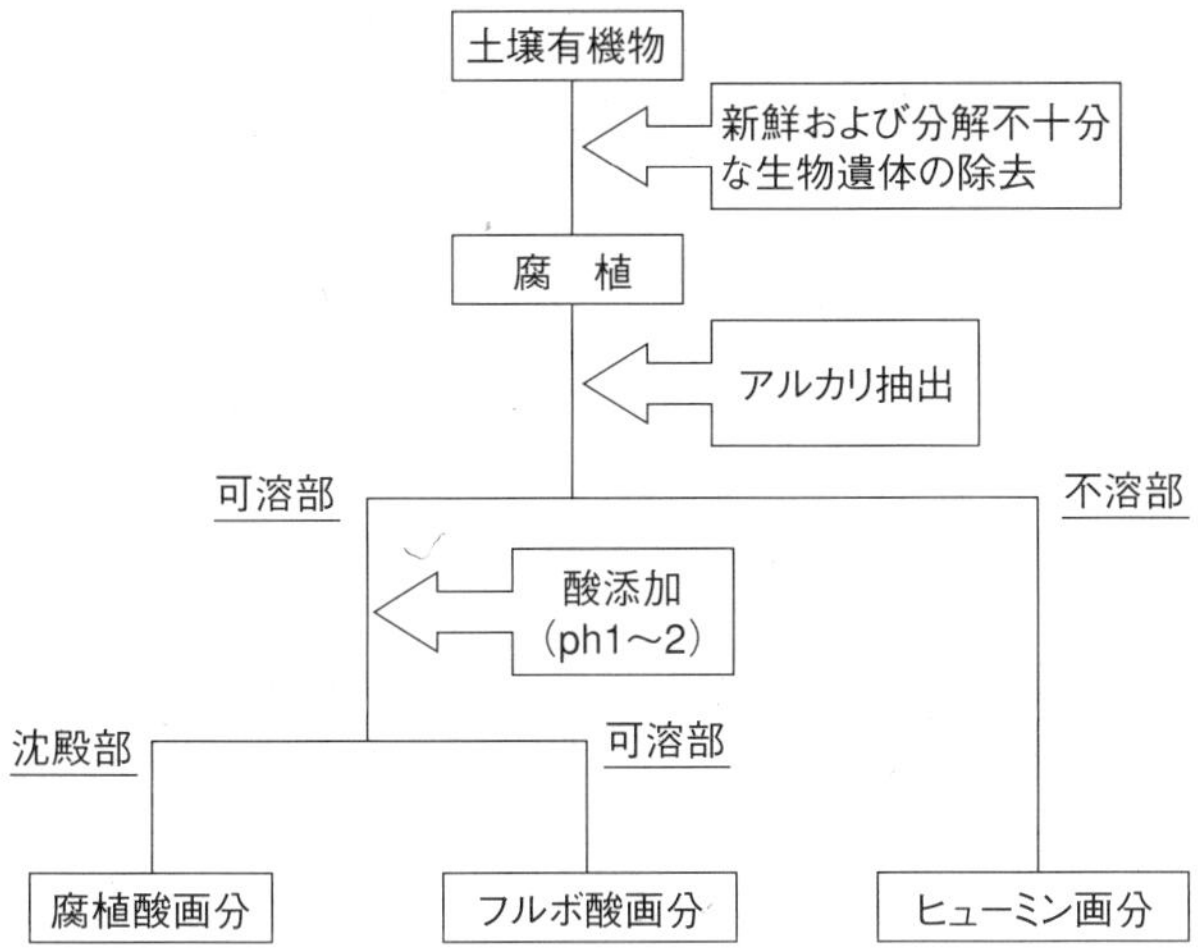

第3図　腐植画分と腐植物質・非腐植物質の関係

（熊田、1981）

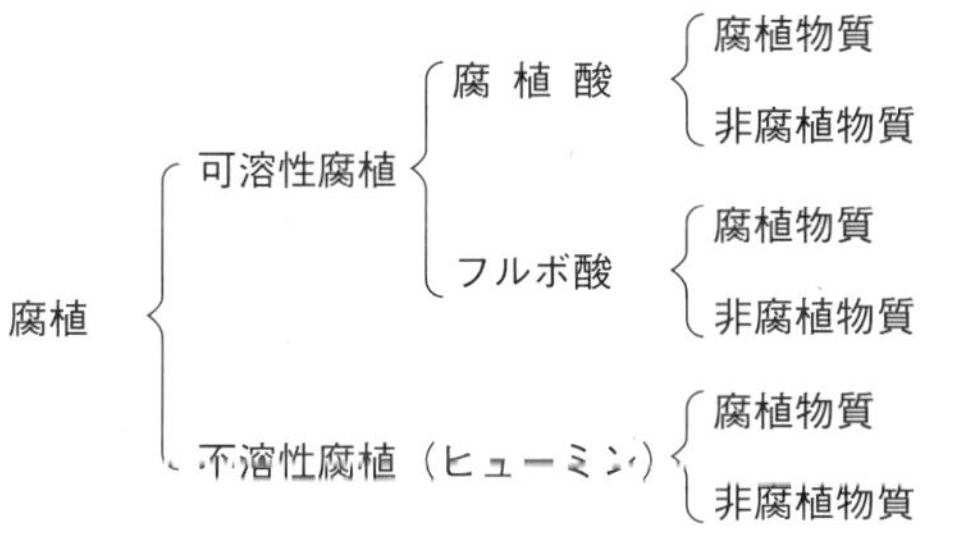

腐植化度

腐植は、暗色有機物である腐植物質とともに暗色を呈さない非腐植物質を含んでいても、全体としては黄褐色～黒色を呈している。一般に、暗色の程度を腐植化度といい、暗色の程度が高い、すなわち黒色みが強いほど腐植化度が高いと表現する。腐植酸が褐色～黒色を呈するのに対して、フルボ酸は淡褐色～黄褐色を呈する。したがって、腐植酸のほうがフルボ酸より腐植化度が高いといえる。

腐植が腐植物質と非腐植物質から成るとすると、その腐植化度は腐植物質の暗色の程度と非腐植物質の量によって大きく変わる。たとえばフルボ酸は、腐植物質の暗色の程度が低いだけでなく、多糖類のような非腐植物質を多く含んでいることから、腐植酸と比べて腐植化度が低くなっている。

また、腐植酸では、沖積低地の水田土壌作土や堆厩肥に含まれる腐植化度の低い腐植酸も暗色の程度が低い腐植物質を含むと同時に非腐植物質を含むために、フルボ酸ほどではないが、腐植化度が低くなっている。一方、火山灰土壌である黒ボク土に含まれる腐植化度の高い腐植酸は、腐植物質の暗色の程度が非常に高いだけでなく、非腐植物質の量も少ないと推定される。

ヒューミンは、腐植のなかでもっとも実体が不明な画分であるが、腐植化度が比較的高くて抽出されにくい腐植物質と、さまざまな不溶性の非腐植物質から構成されていると考えられる。

土壌中での腐植の存在状態

土壌は大きさの異なるさまざまな粒子から成り立っているが、土壌有機物は粒子として単独で存在する場合と、無機粒子に結合して存在する場合とがある。単独の有機物粒子はおもに砂粒子の大きさ（二〇～二〇〇〇㎛）である。他方、これより細かい有機物は、シルト粒子（二～二〇㎛）や粘土粒子（二㎛以下）と有機・無機複合体を形成している。

粗粒有機物

砂粒子の大きさの粗粒有機物は、主として腐朽植物遺体であり、かなりの部分が第1表にある新鮮および分解不十分な動植物遺体に相当すると考えられる。しかし、腐朽植物遺体には分解程度が異なる有機物が含まれ、植物遺体の形を残したままの有機物から、暗褐色ないし黒色で植物遺体の形が認識できないものまでさまざまである。粗粒有機物は、微生物によって分解され、無機化と微細化が進行するが、分解が進むにつれて腐植物質が生成されてくる。

複合体の形成

シルト粒子や粘土粒子と複合体を形成している有機物は、もとの生物遺体の形態がまったく認められない無定形の有機物、すなわち腐植である。もっとも腐植化度の高い腐植は、粘土粒子よりシルト粒子と複合体を形成している。粘土粒子やシルト粒子と複合体を形成している腐植のうち、非腐植物質の部分はおもに微生物代謝産物である。非腐植物質はかなりの程度微生物分解を受けるが、シルト粒子より粘土粒子と結合した非腐植物質のほうが微生物分解を受けやすい。

＊

土壌中の腐植は、量的には砂粒子の大きさの粗粒有機物として存在する部分より、有機・無機複合体を形成して存在する部分が多い。とくに、多量の腐植が集積している黒ボク土では、大部分の腐植が有機・無機複合体を形成している。

腐植の機能

栄養腐植と耐久腐植

腐植は機能的な面から、栄養腐植と耐久腐植に区分される場合がある。栄養腐植は、微生物によって容易に分解・利用されうる腐植でおもに化学的、生理的に活性な物質とされ、耐久腐植は難分解性の腐植で土壌の理化学性の改善に関与する物質とされる。前者は非腐植物質や腐植化度の低い腐植物質が相当するのに対して、後者は比較的腐植化度の高い腐植物質が相当すると考えられる。

植物養分の貯蔵庫

土壌中の腐植の機能としてもっとも大きいのは、植物養分の貯蔵庫としての働きであり、有機物の形態で蓄えられた窒素、リンや硫黄が微生物によって無機化され、植物に吸収・利用されるようになる。微生物分解を受けて植物養分に変化するのは、栄養腐植の部分である。これは、主として粘土粒子と結合した微生物由来物質と推察される。しかし、腐植物質を中心とする耐久腐植の部分も微生物分解をまったく受けないわけではなく、長期的にみればしだいに無機化されて土壌から失われていく。

団粒形成

腐植は土壌の理化学性とも密接にかかわっている。土壌の物理性の面では、腐植は団粒形成に関与している。土壌団粒は、粗大な団粒であるマクロ団粒と微少な団粒であるミクロ団粒とに区分できる。マクロ団粒は大きさが二五〇μm以上の団粒であり、ミクロ団粒は二五〇μm未満の団粒と規定される。

ミクロ団粒は、シルト粒子や粘土粒子が結合されてできている比較的強固な団粒であり、粒子の結合には多価陽イオン、非晶質アルミニウムや酸化鉄などの無機物とともに、腐植物質に富む耐久腐植が大きな役割を果たしている。

これに対して、マクロ団粒はミクロ団粒と粗大有機物が結びつけられてできており、微生物が生産する多糖類や糸状菌菌糸によって結びつけられて形成されているため、ミクロ団粒ほど強固な団粒ではない。マクロ団粒内の植物由来の粗大有機物や微生物由来の非腐植物質を主成分とする栄養腐植は、多糖類や菌糸の生産に際して微生物に利用され、マクロ団粒の安定性の増大に寄与している。

第４図　耕地土壌における有機物の動態と無機態窒素の放出および団粒形成との関係

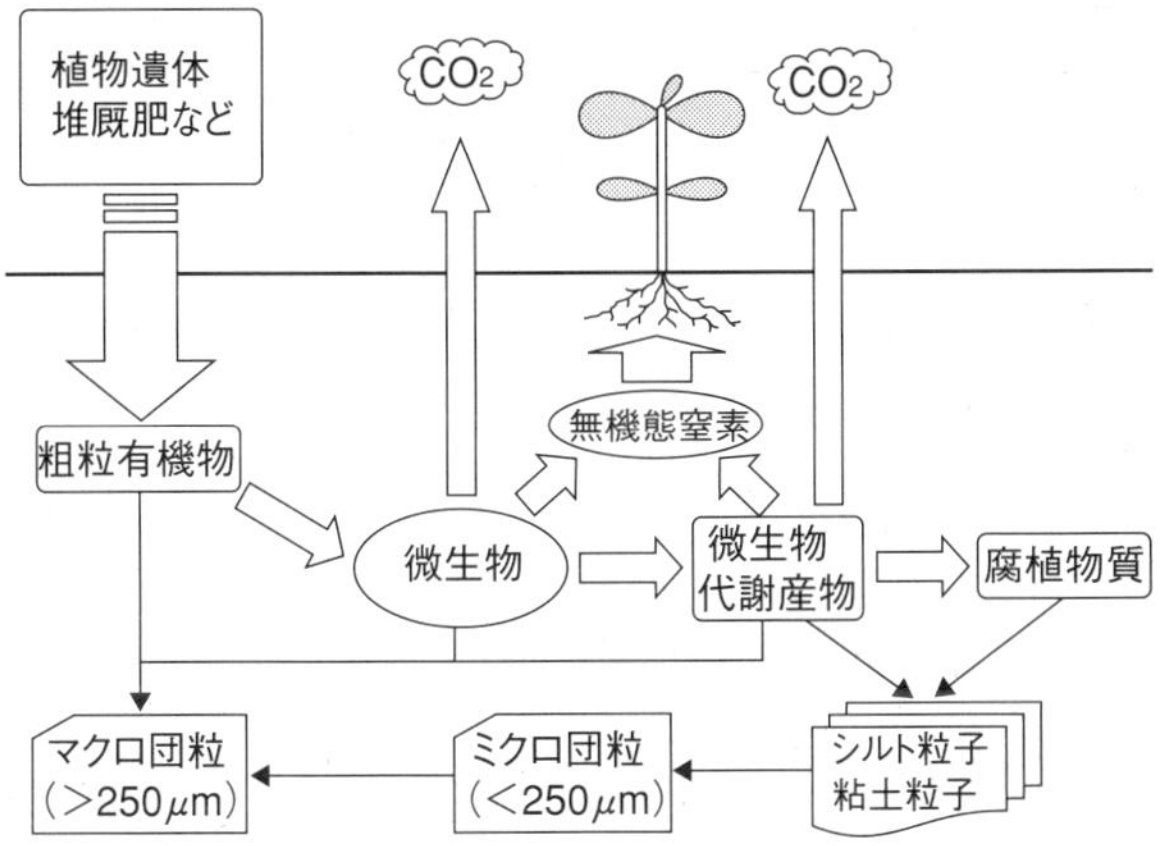

陽イオン交換、金属イオンとの錯体形成

化学性の面では、腐植は粘土鉱物と同様に陽イオン交換を行ない、また各種の金属イオンと錯体を形成する。こうした機能は非腐植物質よりも腐植物質によるものであり、おもに腐植物質に存在するカルボキシル基やフェノール性水酸基によって行なわれる。単位重量当たりの腐植物質の陽イオン交換容量（CEC）は粘土鉱物よりはるかに大きいため、黒ボク土のように腐植含量の高い土壌では陽イオン交換への腐植物質の寄与が大きい。しかし、腐植物質の陽イオン交換基はpH依存負荷電であることから、酸性土壌ではCECが大きく低下する。金属イオンとの錯体形成能も腐植含量の多い土壌で高く、銅やカドミウムなどの重金属を固定する能力が高い。

土壌溶液、すなわち土壌中の水にも腐植物質が溶存しているが、土壌溶液中の腐植物質は金属イオンと錯体を形成し、土壌中での金属の移動に関与している。土壌溶液中の腐植はフルボ酸が主体であり、腐植酸はわずかしか含まれない。

植物の生育促進

腐植のうちでも、とくに腐植物質は、しばしば植物の生育に対して促進的な効果を及ぼす。その効果は、発芽、幼植物の生育、発根、根の伸長、地上部の生育などに現われるが、地上部よりむしろ根の生育に顕著に現われるようである。また、腐植物質の植物生育に対する作用には最適濃度が存在し、過剰の濃度では阻害効果が現われるとされる。

土壌の腐植含量

腐植含量の推定方法

土壌の腐植含量の推定値は、有機態炭素含量に係数一・七二を乗じて算出される。腐植は土壌有機物のうちでも褐色〜黒色を呈する部分であるが、土壌の腐植含量は土壌有機物含量とほぼ比例するため、このような推定がなされる。わが国では大部分の土壌が酸性を呈し、炭酸塩として存在する無機態の炭素は無視できるので、一般的には全炭素含量（T−C）を有機態炭素含量とみなす。

簡易な方法として、土壌からアルカリ溶液（水酸化ナトリウム溶液とピロリン酸ナトリウム溶液の混合液）で抽出した液の吸光度から腐植含量を推定する場合もある。また、おおよその腐植含量は土色（明度と彩度）から判断できる。

土壌の種類と腐植含量

わが国の耕地土壌表層の土壌群別の腐植含量を第2表に示す。ここに示した値は、昭和三四〜五三年に農林水産省の補助事業として全国の都道府県で実施された地力保全基本調査に使われた代表断面データのうち、土壌群別の全炭素含量の平均値（織田ら、一九八七）に係数一・七二を乗じて算出した。表からわかるように、土壌の種類によって腐植含量は大きく異なる。これは、土壌の腐植含量が自然条件によってかなりの程度決定されるからである。

土壌中の腐植の大部分はシルト粒子や粘土粒子と有機・無機複合体を形成しているが、複合体を形成している腐植は形成していない腐植よりも土壌中で安定に存在する。このため、シルトや粘土が多くなると、土壌の腐植含量も多くなる。

さらに、土壌に含まれる粘土鉱物の種類も腐植含量に影響を及ぼす。一般に、カオリナイトやハロイサイトのような一：一型粘土鉱物を含む土壌より、モンモリロナイトやバーミキュライトのような二：一型粘土鉱物を含む土壌のほうが腐植含量が高くなる傾向にある。第2表からわかるように、火山灰土壌である黒ボク土や多湿黒ボク土の腐植含量はかなり高いが、これは非晶質粘土鉱物であるアロフェンやアルミニウム化合物が腐植と結合するためとされている。

第2表　日本の耕地土壌表層の土壌群別腐植含量

水田土壌		畑土壌	
土壌群	腐植含量*（%）	土壌群	腐植含量*（%）
多湿黒ボク土	8.4	岩屑土	2.6
黄色土	4.0	砂丘未熟土	1.3
褐色低地土	3.8	黒ボク土	7.9
灰色低地土	3.8	褐色森林土	3.4
グライ土	3.8	黄色土	2.4
泥炭土	9.3	褐色低地土	2.2

注　＊全炭素含量の平均値（織田ら、1987）に係数1.72を乗じて求めた

腐植含量の目標値

作物栽培を行なうのにどの程度の腐植含量が望ましいのかは一概にはいえない。たとえば、黒ボク土の腐植含量は沖積土である褐色低地土と比べてかなり高いが、生産力は黒ボク土のほうが劣る場合が多い。しかし、岩屑土や砂丘未熟土のように腐植含量が低い土壌や、何らかの原因で腐植に富んだ表土が取り除かれているような土壌では、有機物施用によって腐植含量を増加させる必要がある。

腐植含量の目標値は、岩屑土と砂丘未熟土の普通畑・樹園地で二％、黒ボク土と泥炭土を除いた各土壌群の水田で二％、普通畑・樹園地で三％とされている（上沢、一九九四）。腐植が十分存在する土壌でも、有機物を施用しない場合には腐植含量が低下するため、腐植含量の低下を補う程度の有機物の施用が望ましい。

腐植の補給

施用有機物中の腐植と土壌中の腐植の違い

土壌腐植を増大したり維持するためには、有機物の施用が必要である。ただし、留意し

なければならないのは、堆厩肥などに含まれる腐植は土壌中に存在する腐植とはその質がかなり異なることである。

堆厩肥などの有機物に含まれる腐植や土壌中でこれらが分解されて生成する腐植は、土壌の腐植と比べて腐植化度が非常に低い。腐植酸についてみると、堆厩肥に含まれる腐植酸は熊田（一九八一）の分類ではR＞p型（腐植化度がもっとも低い）であり、土壌に含まれるRp型腐植酸よりさらに腐植化度が低いとされる。堆厩肥由来の腐植の腐植化度が低いのは、腐植物質自体が腐植化度が低いと同時に非腐植物質を多く含んでいるためであり、機能面からみると耐久腐植ではなく、栄養腐植の働きが大きいことを意味する。

堆肥の栄養腐植としての効果

堆厩肥は、その大部分が粗粒な有機物から成り、土壌に施用されると砂サイズの有機物として存在するが、堆厩肥の製造過程で生成した腐植も、こうした粗粒有機物に含まれている。堆厩肥由来の粗粒有機物は、土壌微生物による分解を受けてその大部分は無機化され、炭酸ガスと水に変わるが、一部はアンモニウムイオンやリン酸イオンとして放出されて植物の養分となる。こうした微生物分解の過程で生成した腐植および堆厩肥にもともと含まれる腐植は、腐植化度が低く、非腐植物質として微生物代謝産物を多く含み、シルト粒子や粘土粒子に吸着されてさらに変化を遂げる。シルト粒子や粘土粒子に吸着された腐植、そのうちでも非腐植物質の部分は微生物分解を受け、アンモニウムイオンのような植物養分を放出する。

微生物分解を免れた腐植は、生物的および非生物的なさまざまな過程を経てしだいに腐植化度が上昇すると推定されるが、土壌にもともと存在する腐植と同等になり、耐久腐植としての役割を果たすまでになるにはかなりの期間を要する。

以上のように、堆厩肥などの有機物を施用した場合の腐植の効果は、短期的には栄養腐植としての効果であり、微生物分解に伴う植物養分の放出、すなわち肥料的効果が主体となる。同時に、有機物分解の過程では、微生物の増殖により微生物菌体、とくに糸状菌菌糸ならびに多糖のような微生物代謝産物が増加し、ミクロ団粒を結びつけてマクロ団粒の形成を促進する。こうした堆厩肥などの栄養腐植としての効果は、腐植含量の高い黒ボク土でも発現し、黒ボク土への有機物施用効果は非黒ボク土と比べてむしろ高い場合もある。これは、黒ボク土の腐植は非常に腐植化度が高く、耐久腐植としての働きが主であるためである。

耐久腐植としての効果

他方、堆厩肥などにCECの増大などの耐久腐植としての効果を求めようとすれば、長い期間を要するとともに多量の有機物を施用する必要がある。ただし、前述のように堆厩肥などの有機物に由来する腐植は微生物によって分解されやすく、またカリウムなどの無機養分も多く含まれているので、多量の有機物を長期間施用することは養分の供給過多や養分バランスの崩れにつながることに注意すべきである。

さらに、施用する有機物の質も重要であり、未熟な堆厩肥は土壌中で速やかに分解される成分が多いが、腐熟が進むほど土壌中で長期間残留する成分が多くなる。したがって、腐植を補給する目的では、完熟した有機物を適量施用することが望ましい。

なお、CECの増加など、耐久腐植の効果を目的とした土壌改良資材として、亜炭を硝酸で分解し、炭酸カルシウムで中和した腐植酸資材が市販されているが、効果を発揮させるためにはかなり多量の施用が必要である。

『農業技術大系　土壌施肥編』第四巻　腐植　二〇〇四年より抜粋

本書は『別冊 現代農業』2006年3月号を単行本化したものです。
編集協力　本田進一郎

著者所属および地名表記は、原則として執筆いただいた当時のままといたしました。また、各記事末尾の○○○年○○月号に雑誌名がないものは、すべて『現代農業』からです。

堆肥 とことん活用読本
身近な素材―なんでもリサイクル

2010年2月20日　第1刷発行
2013年3月15日　第2刷発行

農文協　編

発行所　社団法人　農山漁村文化協会
郵便番号 107-8668 東京都港区赤坂7丁目6-1
電話 03(3585)1141(営業)　03(3585)1147(編集)
FAX 03(3589)1387　　振替 00120-3-144478
URL http://www.ruralnet.or.jp/

ISBN978-4-540-09293-0　DTP製作／ニシ工芸㈱
〈検印廃止〉　印刷・製本／凸版印刷㈱